严格依据
人力资源和社会保障部
最新考试大纲编写

U0743138

全国职称计算机考试
讲义·真题·预测三合一

Word 2007
中文字处理

全国专业技术人员计算机应用能力考试命题研究中心 编著

人 民 邮 电 出 版 社
北 京

图书在版编目（CIP）数据

全国职称计算机考试讲义·真题·预测三合一. Word 2007中文字处理 / 全国专业技术人员计算机应用能力考试命题研究中心编著. -- 北京 ： 人民邮电出版社，2015.4（2016.4 重印）

ISBN 978-7-115-38815-5

Ⅰ. ①全… Ⅱ. ①全… Ⅲ. ①文字处理系统－职称－资格考试－自学参考资料 Ⅳ. ①TP3

中国版本图书馆CIP数据核字(2015)第054881号

内 容 提 要

本书面向全国专业技术人员计算机应用能力考试（又称"全国职称计算机考试"或"全国计算机职称考试"）的"Word 2007中文字处理"科目，以国家人力资源和社会保障部人事考试中心颁布的最新版考试大纲为依据，在多年研究该考试命题特点及解题规律的基础上编写而成。

本书共有 9 章。第 0 章总结提炼考试的重点内容及其命题规律，为考生提供全面的复习和应试策略；第 1 章～第 8 章严格按照最新版考试大纲的要求，对所有考点进行准确的命题分析及精辟的讲解，每章分别从"考情分析"、"操作指南"和"经典例题" 3 个方面逐一展开，并在章末提供"过关强化练习及解题思路"供考生自测练习。

本书配套 1 张独家题库版光盘。该光盘主要提供 400 道源自真考题库的试题，以及与真实考试环境完全一致的仿真考试系统。此外，还有应试指南、同步练习、试题精解、疑难题库和书中实例素材等内容。

本书适合作为全国职称计算机考试的培训用书或自学参考书。

◆ 编　　著　全国专业技术人员计算机应用能力考试命题研究中心
　　责任编辑　李　莎
　　责任印制　杨林杰

◆ 人民邮电出版社出版发行　　北京市丰台区成寿寺路 11 号
　　邮编　100164　电子邮件　315@ptpress.com.cn
　　网址　http://www.ptpress.com.cn
　　北京九州迅驰传媒文化有限公司印刷

◆ 开本：787×1092　1/16
　　印张：12.25　　　　　2015 年 4 月第 1 版
　　字数：282 千字　　　2016 年 4 月北京第 5 次印刷

定价：29.80 元（附光盘）

读者服务热线：(010)81055410　印装质量热线：(010)81055316
反盗版热线：(010)81055315
广告经营许可证：京东工商广字第 8052 号

❖ 前　言 ❖

▶ 编写初衷 ◀

全国专业技术人员计算机应用能力考试（又称"全国职称计算机考试"或者"全国计算机职称考试"）是由国家人力资源和社会保障部人事考试中心组织的针对非计算机专业人员的考试，是各企事业单位在评聘相应专业技术职务时指定要求通过的考试。

本书面向"Word 2007 中文字处理"科目，是针对有一定软件基础，但不熟悉考试形式、出题方式和考试环境，以及需要进行高效复习的考生而编写的考前冲刺辅导书。书中通过"精讲精练"的方式，对"Word 2007 中文字处理"科目考试大纲要求的考点逐一归纳讲解，并对与该考点对应的近年真题和模拟题进行精心剖析，从而让考生快速熟悉考试及掌握解题思路。每章末尾提供过关练习题，本书配套光盘中还提供了 10 套全真模拟试题，使考生一书在手，即可进行高效的复习与试题练习。

▶ 给考生的帮助 ◀

1. 紧扣考试大纲，明确复习要点，减少复习时间

本书以最新考试大纲为依据，不仅全面覆盖考试大纲的知识点，并在各章的"考点要求"栏目中对各考点按照考试大纲的"掌握"、"熟悉"和"了解"的不同要求进行了归纳整理，帮助考生明确复习要点，判断出各考点的重要程度，提高复习效率。

2. 讲解浅显易懂、步骤操作连贯，让考生一学就会

本书结合计算机应用能力考试的特点，尽量做到语言描述清楚、浅显，使考生一看就懂。操作步骤连贯、一步一图，并通过在图中配上操作提示的方式，帮助考生通过读图轻松掌握操作方法。此外，书中还提供"考场点拨"小栏目，帮助考生轻松答题。

3. 考点精讲，让考生学得更快

由于考生大多是非计算机专业人员，即使已对计算机的操作有一定了解，掌握得也并不全面，尤其是有些操作有多种方法，而在考试中可能会指定考查其中的某一种方法。因此本书在对考点进行讲解时，通过方法 1、方法 2……的方式总结出各种操作方法，对一些重点和难点还会结合历年真题或模拟题举例介绍，使考生既能较快地掌握具体的知识点，又能较好地把握整个知识体系。

4. 典型例题，先解析再答题，让考生的复习更高效

编者在深入研究近几年考试真题的基础上，深入剖析考题，在每个考点后面提供了大量的真题及典型例题进行演练。这些例题着重体现了同一考点的不同考查方式以及多种答题方法，

并给出详细的解题步骤。考生可结合书中的操作步骤反复练习，并通过每章最后的过关练习进行自测，举一反三地解答其他类似考题。

5. 专业的考情分析与答题分析，为考生指点迷津

每个考点中的"考情分析"板块介绍了命题规律、命题方式和答题要点，各道例题在讲解中还从考生的答题角度介绍了在考试时少走弯路的方法以及答题技巧等，使考生不但能熟悉考题形式，还能掌握正确的答题方法。

6. 配套仿真考试光盘，帮助考生轻松过关

本书的配套光盘中提供仿真考试系统，帮助考生提前熟悉上机考试环境及方式，并提供10套共400道仿真考题及其试题精解演示，可供考生模拟演练，获知答题思路及其具体操作方法，进一步突破复习难点，取得事半功倍的复习效果。

▶ 如何使用本书 ◀

◆ 充分了解考试要求，明确复习思路。建议考生先仔细阅读第0章的"考纲分析与应试策略"，充分了解要考的是哪些知识点，弄清考试重点，掌握复习方法，了解考试过程中应注意的问题及一些通用的解题技巧。

◆ 抓住考试重点，有的放矢。书中的例题都经过精心设计，但需注意考试是随机抽题，而考题的要求也是千变万化的，只是考查的重点与方式基本不变。因而考生应注意对各考点与考查方式进行归纳总结，抓住考查重点，掌握其操作要领，以不变应万变。建议将考点与各软件的主菜单对应起来学习，以便在考试时快速找准操作命令。

◆ 善用配套光盘，勤于练习。考生除了练习书中的试题外，还应通过配套光盘所提供的仿真考试系统进行反复练习。这样不仅能熟悉考试环境，还能检测自己的掌握情况，及时查漏补缺。

▶ 联系我们 ◀

尽管在编写与出版过程中，编者一直精益求精，但由于水平有限，书中难免有疏漏和不足之处，恳请广大读者批评指正。本书责任编辑的联系邮箱为 lisha@ptpress.com.cn。

编 者

▪▪ 光盘使用说明 ▪▪

将光盘放入光驱中,光盘会自动开始运行,并进入演示主界面。若不能自动运行,可在"我的电脑"窗口中双击光盘盘符,或在光盘的根目录下双击 autorun.exe 文件图标也可运行光盘。

在光盘演示主界面上方有"考试简介"、"应试指南"、"同步练习"、"试题精解"、"疑难题库"、"仿真考试"、"实例素材"以及"退出光盘"8 个选项卡和一个"超值赠送"图标。

单击"超值赠送"图标,将打开"上机操作要点记忆锦囊"窗口,在其中可以查看各个考点的上机操作要点,如图 1 所示。

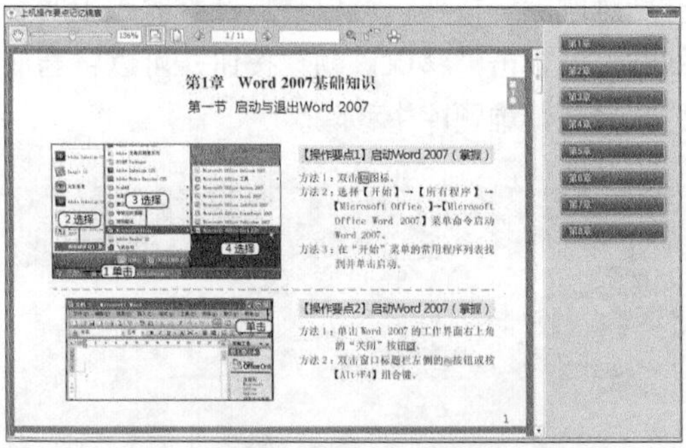

图 1 "上机操作要点记忆锦囊"窗口

单击某个选项卡,即可进入对应模块。下面分别介绍各个模块的功能。

1. "考试简介"模块

该模块主要介绍全国职称计算机考试的考试形式、考试时间和考试科目等内容,单击右侧窗格中的按钮即可查看相应内容,如图 2

所示。

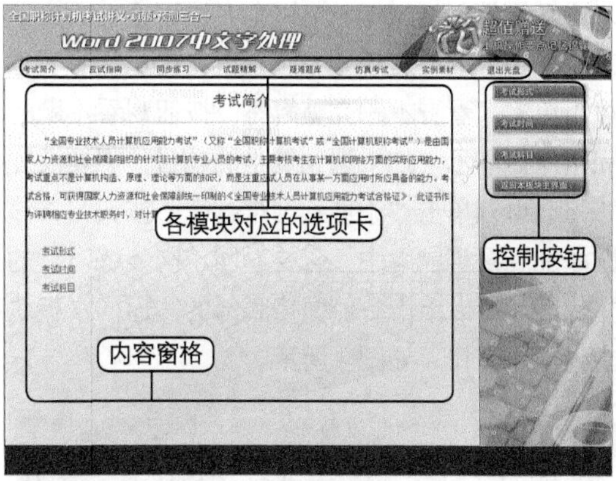

图 2 "考试简介"模块

2. "应试指南"模块

该模块主要介绍如何使用本光盘中的全国职称计算机考试系统。单击其右侧窗格中的按钮即可查看相应的内容,如图 3 所示。

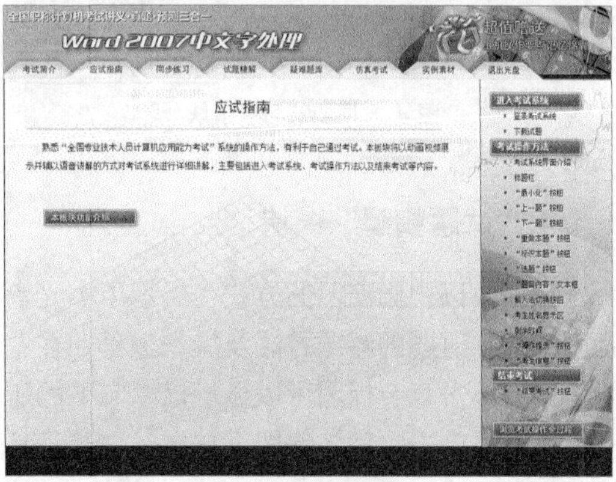

图 3 "应试指南"模块

3. "同步练习"模块

考生在该模块中可以按照书中的章节有计划地练习本光盘题库中的每一道题。在右侧窗格中单击章节标题可以显示该章节下的所有题目，再单击题目名称即可在该窗格的右下方显示具体的题目要求，并可在左侧窗格中进行练习。如果不知道该怎样操作，可以在右侧窗格的下方单击"怎么继续做这道题"按钮查看提示信息，也可以单击"看看本题完整解答"按钮观看本题的完整操作演示。如果遇到疑难的题目，想要反复练习，可以单击"添加到疑难题库"按钮，将该题添加到疑难题库中。若要返回"同步练习"的主界面，可以单击右侧窗格底部的"返回本板块主界面"按钮，如图4所示。

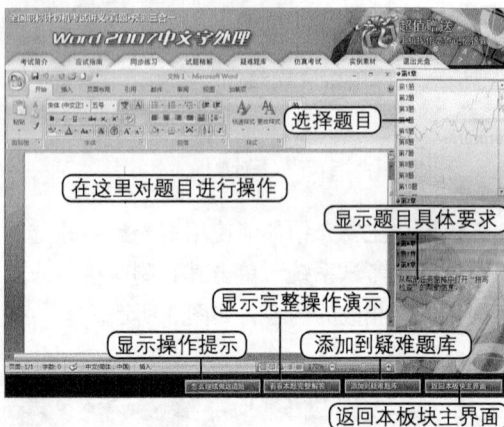

图4 "同步练习"模块

4. "试题精解"模块

该模块以视频演示的方式，展示了本光盘题库中每一道题的解题方法及操作过程。在右侧窗格中单击章节标题可以显示该章节下的所有题目，再单击题目名称即可在右下方显示具体的题目要求。此时单击"看看本题怎么做"按钮，即可观看该题的解答演示，如图5所示。

图5 "试题精解"模块

5. "疑难题库"模块

在"同步练习"、"试题精解"和"仿真考试"这3个模块中进行练习时，可将其中疑难或做错了的题目添加到"疑难题库"模块中，以便在该模块中反复练习，如图6所示。单击"清空疑难题库"按钮，可以清除疑难题库中所有的题目；单击"移除该题"按钮，可以将当前的题目从疑难题库中移除。

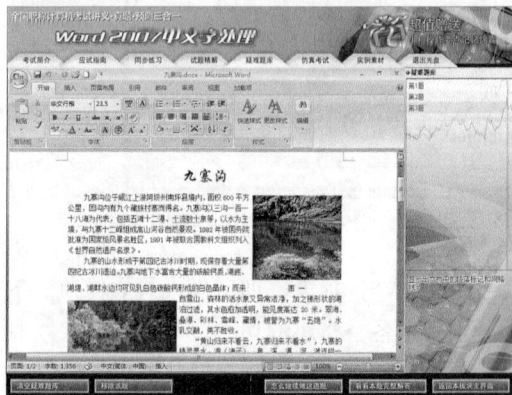

图6 "疑难题库"模块

6. "仿真考试"模块

该模块提供了10套共400道试题供读者

进行模拟考试，其主界面如图7所示。在右侧窗格中可以通过"第1套题"~"第10套题"按钮选择相应的试题，也可以通过"随机生成一套试题"按钮随机抽题。

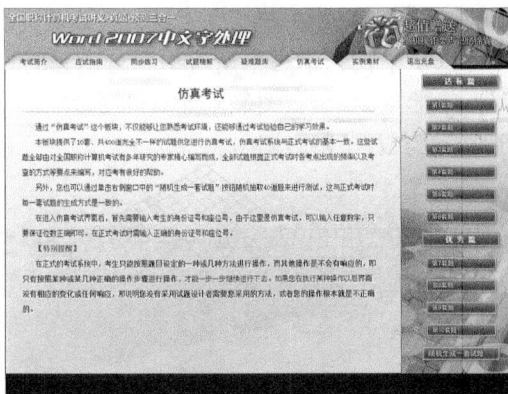

图7 "仿真考试"模块

（1）在如图7所示的右侧窗格中单击任一按钮后即可进入登录界面，在此输入考生的座位号（2位数字）和身份证号（模拟考试时可以输入15位数字或者18位数字），如图8所示。

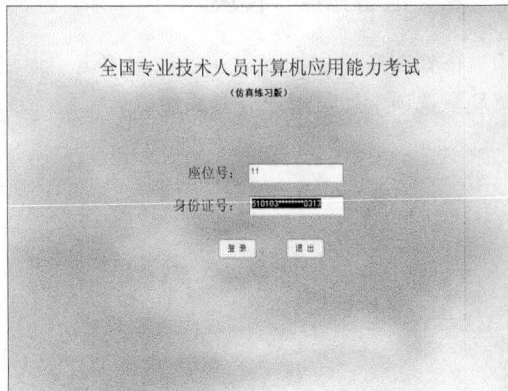

图8 仿真考试的登录界面

（2）单击"登录"按钮进入提示界面，此时应仔细阅读其中的"操作提示"信息，并等待进入考试界面，如图9所示。

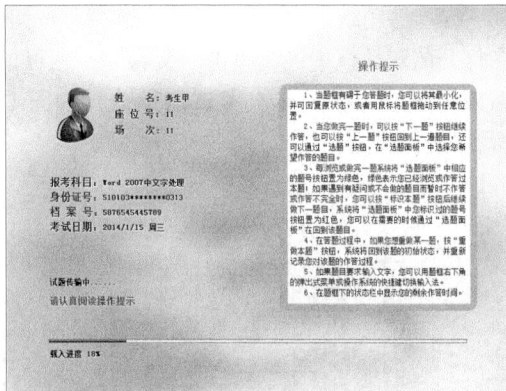

图9 操作提示界面

（3）进入考试界面，可以看到右下角有一个对话框，如图10所示。在该对话框的中间窗格显示的是该题的"操作要求"，单击"上一题"和"下一题"按钮可以跳转题目；单击"重做本题"按钮可以重做该题；单击"标识本题"按钮可对当前题目进行标识；单击"选题"按钮，可以在弹出的对话框中任意选择要做的题目。如果要选择输入法，可以单击右下角的 CH 按钮，在弹出的菜单中选择所需的输入法即可。

图10 考试界面

说明：单击"选题"按钮后，在打开的对话框中，被"标识"过的题目号将以红色呈现，此时可以方便地识别与选择被标识的题目。

（4）答题结束后，单击"考试结束"按钮，在打开的对话框中连续单击"交卷"按钮可以结束考试，并显示本次考试的得分，如图11所示。

图11 考试结束界面

其中以绿色显示做对了的题目，以红色显示做错了的题目，单击相应的题号，可以直接观看该题目的操作演示。单击"返回重做"按钮可以返回考试界面重新解答做错的题目。单击"查看错题演示"按钮将打开"错题演示"模块，在其中可以观看做错的题目的完整解答演示。单击"添加错题到疑难题库"按钮，可以将所有做错的题目全部添加到疑难题库中。单击"返回主界面"按钮，可以直接返回光盘主界面。

7. "实例素材"模块

单击光盘主界面中的"实例素材"选项卡，将进入"实例素材"模块，如图12所示。单击其中的"本书实例素材"按钮，可以打开光盘的根目录，其中提供了"素材"文件夹。读者可以从中找到本书中所有使用过的素材文件。建议将该文件夹复制到计算机硬盘中，以便在学习过程中随时调用。

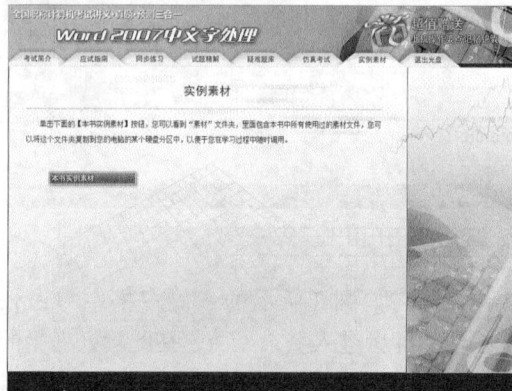

图12 "实例素材"模块

8. "退出光盘"模块

在如图2所示的光盘主界面中单击"退出光盘"选项卡即可退出光盘系统。

∷ 目 录 ∷

▶全真模拟试题◀

第 **0** 章　▶考纲分析与应试策略◀

本章介绍的复习方法、应试经验与技巧是在总结近年考试真题与出题规律的基础上，结合一些考生的应试经验进行的归纳，考生应灵活运用，并结合光盘中的仿真考试系统环境加以理解，为考试做好准备。

0.1　考试介绍

全国专业技术人员计算机应用能力考试（又称"全国职称计算机考试"或"全国计算机职称考试"）是由国家人力资源和社会保障部人事考试中心组织的针对非计算机专业人员的考试，主要考核考生在计算机和网络方面的实际应用能力，考试重点不是计算机结构、原理、理论等方面的知识，而是注重考查应试人员在从事某一方面应用时所应具备的能力。考试合格，可获得国家人力资源和社会保障部统一印制的《全国专业技术人员计算机应用能力考试合格证》，此证书作为评聘相应专业技术职务时对计算机应用能力要求的凭证，在全国范围内有效。

1. 考试形式

考试科目采取模块化设计，每一科目单独考试。考试全部采用实际操作的考核形式，由40道上机操作题构成，每科考试时间为50分钟。

在考试过程中，考试系统会截取某一操作过程让应试人员进行操作，通过对应试人员实际操作过程的评价，判断其是否达到操作要求、是否符合操作规范，进而测评出应试人员的实际应用能力。

2. 考试时间

全国职称计算机考试不设定全国统一的考试时间，各省市的考试时间由相应的人事部门确定，一般一年有多次考试的机会，报考前可以查阅当地人事部门的相关通知。考生在某一考试中如果未能通过，可以多次重复报考该科目，多次参加考试，直到通过考试。

3. 考试科目

自 2014 年 9 月 1 日起，该考试新增了"中文 Windows 7 操作系统"和"Internet 应用（Windows 7 版）"两个考试科目（模块），停考4 个考试科目（模块），并将"Internet 应用"更名为"Internet 应用（Windows XP 版）"。调整后，可以报考的科目由原 26 个调整为 24 个，其详细情况可参考随书光盘的"考试简介"板块。

报考时选择自己最为常用、最为熟悉或者与平常应用有一定相关性的科目有利于顺利通过考试，尽量避免选择那些平时不用甚至都没有听说过的模块。如 Windows XP（或

Windows 7）和 Word 是我们平常工作和生活中接触较多的软件。而 PowerPoint 又与 Word 有一定相关性，很多基本操作方法都相同或相似。事实上，Word 2003/2007、PowerPoint 2003/2007、Internet、Windows XP/7、Excel 2003 /2007 这些科目报考人数最多，也是最容易通过的科目。

0.2 考试内容

"Word 2007 中文字处理"科目（新大纲）考试要求的内容如下。

1. Word 2007 基础知识

（1）要求掌握的内容。
◆ 掌握 Word 功能区的设置和使用。
◆ 快速访问工具栏的设置和使用。
◆ 掌握"Word 选项"中"常用"、"显示"和"版式"选项的设置。
◆ 掌握新建、打开及保存文档的操作。
◆ 掌握利用文档视图的设置方法。
◆ 掌握显示比例和设置显示／隐藏设置的方法。
◆ 掌握利用关键字查看"帮助"的方法。
（2）要求熟悉的内容。
◆ 熟悉查看或编辑文档属性的方法。
◆ 熟悉利用"帮助"目录获得帮助的方法。
（3）要求了解的内容。
◆ 了解状态栏的设置和使用。
◆ 了解"Word 选项"中"保存"和"高级"选项的设置。
◆ 了解文档窗口的操作及浏览方式。

2. 基本编辑

（1）要求掌握的内容。
◆ 掌握文本的录入、插入、删除操作。
◆ 掌握文本的剪切、复制、粘贴、选择性粘贴操作。
◆ 掌握查找、替换和定位的操作方法。
◆ 掌握符号、特殊符号、编号、签名行的插入方法。
◆ 掌握日期和时间的插入方法。
◆ 掌握创建、编辑、访问和删除超链接的操作方法。
◆ 掌握撤消与重复操作的使用。
（2）要求熟悉的内容。
◆ 熟悉剪贴板的使用。
（3）要求了解的内容。
◆ 了解插入文件的操作方法。
◆ 了解自动更正的使用方法。
◆ 了解拼写和语法检查的使用方法。

3. 格式设置

（1）要求掌握的内容。
◆ 掌握文本的字体、字形、字号、颜色、下划线和其他效果的设置。
◆ 掌握字符边框、底纹、间距、缩放和位置升降的设置。
◆ 掌握段落的缩进、对齐方式、行间距、段落间距和段落的边框与底纹的设置。
◆ 掌握项目符号和编号的设置与更改。
◆ 掌握创建新样式、修改样式、使用和删除样式的操作。

（2）要求熟悉的内容。

◈ 熟悉首字下沉的设置方法。

◈ 熟悉双行合一、合并字符和纵横混排中文版式的使用方法。

（3）要求了解的内容。

◈ 了解多级列表的设置方法。

◈ 了解拼音指南和带圈字符中文版式的使用方法。

◈ 了解制表位、中文繁简转换的使用方法。

4. 表格

（1）要求掌握的内容。

◈ 掌握创建表格、文本和表格相互转换的操作。

◈ 掌握表格的选择、单元格内容的编辑。

◈ 掌握行、列和单元格的插入与删除。

◈ 掌握单元格及表格的合并与拆分。

◈ 掌握表格中数据格式和对齐方式的设置。

◈ 掌握表格行高和列宽的设置。

◈ 掌握表格边框和底纹的设置以及表格样式的应用。

（2）要求熟悉的内容。

◈ 熟悉绘制斜线表头的方法。

◈ 熟悉重复标题行和单元格编号的设置方法。

◈ 熟悉新建和修改表格样式的方法。

◈ 熟悉改变表格的大小和环绕方式的方法。

（3）要求了解的内容。

◈ 了解表格中数据排序和计算的方法。

5. 对象处理

（1）要求掌握的内容。

◈ 掌握如何设置绘图画布格式。

◈ 掌握剪贴画的插入、位置和文字环绕方式的设置。

◈ 掌握图片的插入、更换和调整以及图片的形状和边框的设置。

◈ 掌握形状的绘制、添加文字和样式的改变。

◈ 掌握 SmartArt 图形的创建、布局的更改、图文本的使用和设置。

◈ 掌握艺术字的插入和编辑、样式和形状的修改。

◈ 掌握文本框的插入、内容的输入、文本框格式以及排列方式的设置。

◈ 掌握图表的创建方法、更改图表类型、图表布局的方法以及图表样式的应用。

（2）要求熟悉的内容。

◈ 熟悉绘图画布的创建、删除和应用形状样式的操作。

◈ 熟悉图片样式和效果的设置。

◈ 熟悉形状的阴影和三维效果的设置、叠放次序和组合方式的设置。

◈ 熟悉艺术字的阴影和三维效果的设置。

◈ 熟悉图表标签、坐标轴和文字格式的设置。

（3）要求了解的内容。

◈ 了解编辑剪贴画的方法。

◈ 了解 SmartArt 图形格式的设置。

6. 页面布局与打印

（1）要求掌握的内容。

◈ 掌握文档的页边距、纸张的大小、纸张方向、版式、文档网格和文字方向的设置。

◈ 掌握页眉、页脚和页码的设置与编辑。

◈ 掌握页面颜色和边框的设置。

◈ 掌握分栏、分页和分节的设置。

◈ 掌握文档的打印预览、打印设置和打印的方法。

（2）要求熟悉的内容。

◈ 熟悉文档水印的设置方法。

（3）要求了解的内容。

◆ 了解如何使用主题。

◆ 了解如何为文档设置封面以及插入空白页。

7. 长文档处理

（1）要求掌握的内容。

◆ 掌握添加题注的操作。

◆ 掌握生成和更新文档目录的操作。

◆ 掌握审阅文档、添加批注和修订批注的操作。

◆ 掌握修订选项的设置。

◆ 掌握大纲的使用和分级显示方法。

◆ 掌握移动、展开或折叠大纲的方法。

（2）要求熟悉的内容。

◆ 熟悉生成和更新图表目录的操作。

◆ 熟悉文档的更改和比较以及保护文档的方法。

◆ 熟悉在文档中插入书签的方法。

（3）要求了解的内容。

◆ 了解插入脚注、尾注和交叉引用的方法。

◆ 了解为文档标记索引和生成索引的方法。

◆ 了解标记引文、生成引文目录、创建

书目引用源和插入书目的方法。

8. 长文档

（1）要求掌握的内容。

◆ 掌握在邮件合并操作中创建主文档和数据源文件的方法。

◆ 掌握执行邮件合并的方法。

◆ 掌握创建信封的方法。

（2）要求熟悉的内容。

◆ 熟悉信封选项的设置。

◆ 熟悉创建稿纸文档的方法。

◆ 熟悉插入和编辑数学公式的方法。

◆ 熟悉向窗体中添加内容控件和设置控件属性的方法。

（3）要求了解的内容。

◆ 了解制作标签的方法。

◆ 了解更改和删除稿纸文档的方法。

◆ 了解创建字帖、增减字符、更改书法选项及网格样式的方法。

掌握一些合理的复习方法可以使自己面对考试的时候能够得心应手、游刃有余。

0.3 复习方法

1. 熟悉考试形式

全国职称计算机考试是无纸化考试，考试题全部在计算机上操作，侧重考查考生的实际操作能力。因此，在复习时除了要选购一本合适的教材外，还应有一张包含仿真试题系统的光盘来做模拟练习或仿真考试，这样可以提前熟悉考试系统，感受考试气氛，对考试的形式做到心中有数。实际考试时，有的没使用过仿真考试软件的考生由于不熟悉考试规则和操作而不知所措，最终不能通过考试，十分可惜。

仿真试题系统中的题目在出题方式和考查的知识点方面类似于题库中的考题，并且能够基本涵盖考试大纲所要求的知识点。通过熟练地练习，在考试时就会发现自己做的大部分题都似曾相识，从而轻松地通过考试。

2. 全面细致复习，注重上机操作

全国职称计算机考试的复习以教材为主，教材中一般都包含了考试大纲，考试的所有知识点都在考试大纲内。考试时侧重基本操作，考查的知识点多而全，很可能会考一些很多自

已平时根本没用过的知识。因此复习时应对照考试大纲对相关知识点进行全面细致地复习。

由于考试采取机试的方式，所以在复习过程中，应根据教材的讲解，尽量边学习边上机操作，将考试大纲要求的每一个知识点均在计算机上操作通过，重要知识点甚至可以多次反复练习。在掌握所有知识点基本操作的基础上，可以有针对性地使用仿真试题系统进行测试巩固，找出自己的薄弱点，重点加以复习。

有的考生喜欢购买大量的仿真题来做，认为只有这样才可以保证顺利通过考试。其实复习时没有必要过多地购买各种各样的仿真试题来做，这些试题都是根据考试大纲的知识点来设计的，只要复习时多研究考试大纲，多上机操作，即可轻松应对考试。很多仿真试题考查的知识点是相同的，复习时关键在于掌握解题方法，而不在于能记忆多少道试题的具体操作步骤。

在熟悉考试大纲要求的各知识点基本操作的基础上，建议使用本书附带光盘中的"同步练习"和"仿真考试"功能进行练习和模拟考试，该系统中包含8套共320道完整试题，并有详尽的解题演示供反复巩固，这对于掌握绝大部分知识点的基本操作和熟悉考试环境就足够了。

对于另外购买或收集的模拟试题，可以着重了解题目的内容，注重操作方法的多样性，最好在解题的过程中注意分析各部分知识点的分值分布，以便于对考试中知识点考核有一个全面的了解。

3. 归纳整理，适当记忆

复习时进行一定的归纳整理，可以使复习渐渐变得轻松。例如，在计算机中，要实现某一操作有很多种方法，总结起来往往都是以下几种：执行某项菜单命令、单击某工具栏按钮、执行某右键菜单命令、按某快捷键。考试时如果题目中没有明确的要求或暗示使用某种方法，而自己使用常用的方法又无法解题，则应考虑使用其他几种方法。

对于一些常用或重要的快捷键，以及Windows XP中的一些概念、工具名称等，应适当加以记忆，否则如果考试时遇到该知识点，就会不知所措。

0.4 应试经验与技巧

掌握一些从实践中总结出来的经验和技巧，可以在考试时充分发挥出自己的实际水平，从而取得较为理想的成绩。

1. 考试细节先知晓

全国职称计算机考试采取网络报名、上机考试的方式，因此应注意考试前、考试中的一些细节。

（1）不要弄错考试的具体时间和地点。异地考生尤其不要迟到，考试前应清楚考点的具体地址，最好能提前摸清从居住地到考点的路线、交通方式以及路上大致花费的时间，以免错过考试时间。

（2）仔细阅读准考证上的考试须知。计算机考试有别于其他考试，千万不要犯经验错误。入场时间一般在考前30分钟，具体见准考证。千万不能忘了带准考证和身份证，以免进不了考场。

（3）考试采取网上报名，现场照相的方式。该照片不仅用于识别应试人员身份，如果应试人员考试合格，还要将此照片打印到应试人员的考试证书上，这样能够有效地预防应试人员替考，保证考试的公平与公正。照相后应按照考场中的计算机编号对号入座。双击"考试工具"输入准考证上的身份证号和座位号，单击"登录"按钮，进入待考界面。如果准考证上的身份证号有误，考后应联系监考老师更正。

（4）考试系统只允许登录一次，一旦退出系统便认为是交卷，不能再次登录。这一点与平时在模拟系统中有所不同，真正考试时不能像模拟试题系统那样即时查看成绩，单击"结束考试"按钮并确认交卷后就不能再答题了，应特别注意。考生答完题即使不单击"结束考试"按钮，50分钟时间到后，计算机也会自动交卷。

（5）考试过程中如果出现死机、突然断电等情况，不必紧张，请告知监考老师为你处理。考试中如果出现用鼠标单击什么地方都没有反应，如单击"上一题"、"下一题"时没有出现题目的变化的情况，就可判断为死机。无论什么情况，你之前做过的题都保存在系统中，不会因为故障而丢失。等监考老师排除故障后可以接着进行考试，时间也会续算，不会因此而减少。

（6）考试前考试服务器自动分配场次、考试时间，然后打印出准考证，考生的考试信息一旦生成即不能改动。因此在考试时一定要填好表或涂准卡，注意各模块的代码，以防带来不必要的麻烦。

（7）每个考生的试卷都是在考前临时随机生成的，无规律可言。不同考生所生成的试卷都不同，这样能够有效地预防考生之间的抄袭行为，保证考试的公平与公正。

（8）每场考试开考前都要经过国家人事部考试中心的验证，通过后方能开考。等一个批次考完后，考试服务器自动阅卷，没有人为干

预的因素，其公正性不必怀疑。

2. 做题方法技巧多

为了考查考生对各方面知识点的应用能力，考试系统有一些特别的地方，因此考生在做题时也可应用一些解题技巧。

（1）掌握"先易后难"的做题总原则

参加考试的基本要求是合格，也就是说只需要答对24道题目就能通过考试。如果要在50分钟内做40道操作题，这就要求考生应快速地做题。当阅读一道题时，如果不能在第一时间看出该题的做法，或者即使能看出该题的做法，但是已经知道这道题在做的时候非常麻烦，需要的步骤多、时间长，可以先不做该题，用鼠标单击"标识本题"按钮，继续做下一题。

第一轮做完，再来做标识的题目，以增加通过考试的概率，甚至获取高分。单击"选题"按钮，那些标识为红色的题目就是自己标识的未做的题目，再单击题号切换到相应的题目，继续做该题。如果经过较长时间仍然不能解出该题，就继续标识该题，再去做其他未做的题目。用这种方法，可以保证自己在规定时间内能做完易做的题目，不致因为时间分配不当而丢掉自己有把握做对的题目的分数。

在使用这种方法时，注意应将没做完或没想出解决方法的题目都做标识，如果第二轮、第三轮没有做出经过标识的题目时，更应该再一次地标识该题，否则以后就不知道自己还有哪些题目没有做出来了。

（2）注意理解领会题目的考查意图

在平常的应用中，完成一个操作可能有多种方法，但是由于考试的试题是被设计在特定的试题环境下，有的题目设计时只想考查考生

使用某一种方法的能力，因此，考生必须注意判断命题者的考查意图，分析出题目要求用哪种具体操作才能正确地做对，而不能只用自己习惯的方式去操作。

例如，有一道题目为：在当前位置创建一个5行3列，列宽为2cm的表格。一般考生在答题时会选择的快速操作方法是：在【插入】→【表格】组中单击"表格"按钮，在弹出的下拉列表的表格选择区的第5行第3列处单击创建。但这种方式不能设置表格的列宽，因此只能通过在弹出的下拉列表中选择"插入表格"选项，打开"插入表格"对话框，在其中设置行列和列宽来完成本题的操作。

这种限制考生解题只能用一种方法的题目在考试中经常出现。例如，当使用功能区中的按钮或按钮下拉菜单中的选项都不能完成试题时，应考虑单击鼠标右键试试能否调出快捷菜单，很多试题就是专门考查考生使用鼠标右键调用快捷菜单功能的。因此，这就要求考生在练习时要注意一题多解，即在练习时要多注意这一道题有哪几种做法，并逐一尝试，当然在考试时用其中的一种做法就可以了。

（3）善于利用考试系统的仿真环境

该考试采用仿真环境进行考试，也就是说如果参加Word 2007科目的考试，考试时使用的并不是真正的Word 2007系统，而只是一个仿真平台。在这种平台上，考生答题的时候只有采用了正确的操作方式，界面才会有变化，才能继续进行下一步操作，否则考试程序没有响应。一般来说，试题解答完毕后，对试题界面执行任何操作都不会再有响应。

如果这一道试题的界面依然可以操作，说明这道题目做得还不完整，或者根本没有做对，这也提醒考生需要重做本题。

（4）大胆解题、细心观察

由于考试环境是一个仿真环境，与当前题目无关的菜单、按钮等都被屏蔽了，只有选对了菜单命令，或单击了正确的按钮，才会打开相应的对话框继续下面的操作，或者界面才会有相应的变化。所以当考生大致确定使用哪一种方式解题时，便可大胆地尝试，同时须仔细地进行观察，如果方法不正确是不会有响应的，这样可以提高自己的做题速度。

另外，如果自己要找的选项在对话框中的内容较多时，不需要逐项去找，也不需要去认真思考，只要拖动滚动条到相应的位置，如果正确的选项在这一区域，系统就会停止于这一区域，再拖动滚动条也拖不动了，在这一区域中再单击各选项，能够选中的选项就是题目所要求的选项。

因此，考试时应大胆地执行相应的命令，细心地观察操作的效果，直到操作的结果是一张静止的图片为止。

（5）掌握解答复杂要求题目的技巧

国家考试题库不定期更新，总体上来说试题题目的难度有所增加，考查的知识点综合性、连贯性更强，因此在考试中很可能会碰到一些题目的题干文字比较多、比较复杂的情况。对于这类长难题目，可以不用一次性将题目要求读完再去考虑题目的解答方法，而是可以边读题目要求边按已想到的方法去解题。如果前面的操作能顺利执行下去，说明已经找到了正确的解题方法，可以继续读下面的题目要求并解答。如果操作不能执行，则可再多读一些题目要求。这样可以大大提高做题的速度。

3. 操作注意事项

参加考试时，应注意操作效果和方法问

题，以免出现误解或失误。

（1）在考试系统中操作的效果可能与在真实的软件环境中的有些小差别。例如，在设置打印文档时，单击"打印"按钮后，文档不会真的被打印出来，但只要操作正确、操作完整，最后的界面类似于一张静止的图片，便能够得分。

（2）记住软件的常用快捷键。有些题目限定考生只能使用快捷键的功能。比如，有一道题目为：将当前选择的文本移动到文档开始处。如果考生使用鼠标拖动功能区中的命令，无法移动，显然这是考查使用键盘上的【Ctrl+X】组合键剪切和【Ctrl+V】组合键粘贴的操作。

（3）注意切换英文字母的大小写以及中文字符的半角、全角状态。在 Windows 操作系统中，有时需要区分字母的大小写。例如，一道题目为：将文档的打开密码设为 DDEE。解答这个题目时如果不注意将密码的几个字母大写，则无论怎么操作，题目也不能继续下去。如果在输入汉字时，发现输入的是大写英文字母，则是【Caps Lock】键处于启用状态所致，需要按一下该键取消其启用状态，才能正常使用输入法输入汉字。

另外，适时切换中文输入法状态下字符的半角、全角状态，可以解答不同的题目。

（4）在试题界面中，"复制"、"粘贴"的快捷键【Ctrl + C】和【Ctrl + V】一般是无效的。

当试题中要求输入文字时，需要用输入法手动输入。但考试中最好使用鼠标单击试题界面右下角的输入法图标CH切换输入法，而不要使用键盘切换，因为使用键盘可能会造成要求答下一题时题目面板丢失，在屏幕上找不到的情况。

一旦发生这种情况，可以要求监考老师对考试系统进行重置。重置后可以继续答题，不需要再重新解答前面的题目，但由于需要再重新输入座位号和身份证号，会浪费时间。

（5）每道题做完后，都在空白处单击几下鼠标，因为有的题目需要单击空白处才能让系统确认答题完成，否则可能不予计分。

第 **1** 章 ▸ **Word 2007基础知识** ◂

■■ 考情分析

　　本章主要考查 Word 2007 的基础知识，共 21 个考点，包括启动 Word 2007、设置 Word 选项、创建和保存 Word 文档、打开文档、设置 Word 2007 操作界面、设置文档视图方式、设置标尺和使用关键字搜索帮助等。本章不少考点都是必考考点，通常在考试的前面几道考题都是本章的知识点。本章考点操作虽然简单，但考生不可以掉以轻心，需要熟练掌握相关考点的具体操作方法，或实现该考点操作的几种方法。因为，一些考题在命题时会指定使用一种操作方法来答题，考生必须采用题目要求的操作方法来解答才能进行操作。

■■ 考点要求

☑ **要求掌握的考点**
考点级别：★ ★ ★

- ▢ 启动 Word 2007
- ▢ 退出 Word 2007
- ▢ 设置快速访问工具栏
- ▢ 设置功能区
- ▢ 设置"常用"选项
- ▢ 设置"显示"选项
- ▢ 设置"版式"选项
- ▢ 新建文档
- ▢ 保存文档
- ▢ 打开文档
- ▢ 设置文档显示比例
- ▢ 切换文档视图方式

- ▢ 设置显示或隐藏标尺等
- ▢ 通过关键字获取帮助

☑ **要求熟悉的考点**
考点级别：★ ★

- ▢ 查看和编辑文档属性
- ▢ 通过"帮助"目录获取帮助

☑ **要求了解的考点**
考点级别：★

- ▢ 使用"Office"按钮
- ▢ 设置和使用状态栏
- ▢ 设置"保存"选项
- ▢ 设置"高级"选项
- ▢ 设置多窗口浏览文档

1.1 启动与退出Word 2007

考点1 启动Word 2007 (★★★)

🔍 考情分析

该考点是必考的考点之一，且常与工作界面和文档的基本操作，以及文本输入编辑等操作结合起来考查，即先要求启动 Word，再进行其他相应操作。出题时，一般会明确启动方式。若没有明确要求，考生应先使用最常用的方式进行操作，然后再尝试其他方式。

🌀 操作指南

启动 Word 2007 可执行以下任意一种操作。

方法1：创建桌面快捷方式并双击该图标图，或在该图标上单击鼠标右键，在弹出的快捷菜单中选择"打开"菜单命令。

方法2：选择【开始】→【所有程序】→【Microsoft Office 】→【Microsoft Office Word 2007】菜单命令启动 Word 2007。

方法3：在"开始"菜单的常用程序列表（"开始"菜单最左边一栏）找到并单击启动。

方法4：找到并用鼠标左键双击指定的 Word 2007 文档。

📝 经典例题

【例题1】通过桌面快捷方式启动 Word 2007。

【解析】本题明确要求使用桌面快捷方式启动 Word 2007，因此，只能通过桌面快捷方式答题才能得到本题分数，具体操作如下。

❶ 在桌面上找到 Word 2007 的快捷方式图标图。

❷ 双击该图标或在图标上单击鼠标右键，在弹出的快捷菜单中选择"打开"菜单命令即可启动 Word 2007，操作过程如图1-1所示。

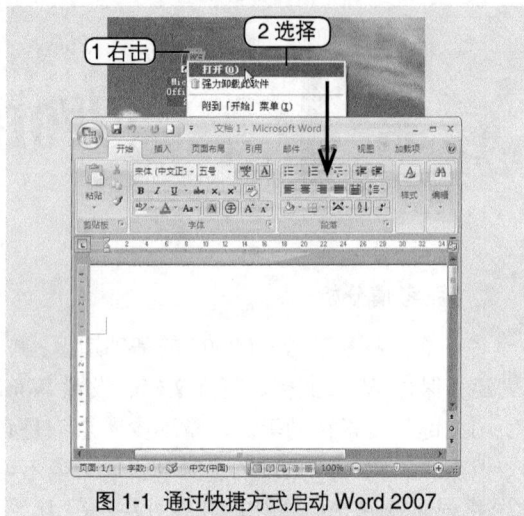

图 1-1 通过快捷方式启动 Word 2007

【例题2】通过"开始"菜单启动 Word 2007。

【解析】本题要求使用"开始"菜单来启动，通过开始菜单启动有两种方法，考生选择常用的一种启动即可，具体操作如下。

❶ 单击桌面任务栏左下角的 开始 按钮，在弹出的"开始"菜单中选择"所有程序"菜单命令。

❷ 在弹出的子菜单中选择 Word 2007 所在的程序组，这里选择"Microsoft Office"菜单命令。

❸ 在弹出的子菜单中选择"Microsoft Office Word 2007"菜单命令即可启动 Word 2007，操作过程如图1-2所示。

图 1-2 通过"开始"菜单启动 Word 2007

对于没有要求具体方法的考题，考生在答题时可参考考题环境来选择答题方式，如考题环境为已打开的资源管理器窗口，其中已有 Word 文档，则可通过双击该文档启动，若考题环境为桌面，则可通过"开始"菜单或桌面快捷方式启动。

考点2 退出Word 2007（★★★）

🔍 考情分析

本题单独出现在考题中的概率较低，一般是结合启动 Word 2007 和文档的基本操作等一起考查，考生只要掌握退出 Word 2007 的几种方法即可。

🎯 操作指南

关闭 Word 2007 可执行以下任意一种操作，如图 1-3 所示。

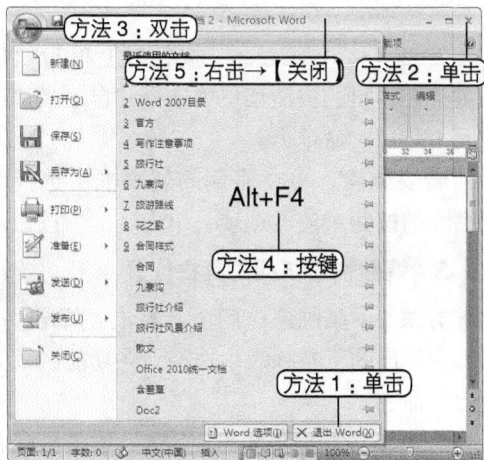

图 1-3 退出 Word 2007

📝 经典例题

【例题】退出 Word 2007。

【解析】本题没有要求使用何种方法，考生选择熟悉的方法快速答题即可，具体操作如下。

① 在 Word 2007 工作窗口中单击"Office"按钮。

② 在打开的面板中单击 ✕ 退出 Word 按钮，如图 1-4 所示。

图 1-4 退出 Word 2007

1.2 工作窗口组成与操作

考点1 使用"Office"按钮（★）

🔍 考情分析

该考点一般不单独出现在考题中，通常结合文档的基本操作或设置 Word 选项这两个考点进行考查，考生只需要了解"Office"按钮的使用方法即可。

🎯 操作指南

单击"Office"按钮，在打开的面板中选择需要的选项或单击相应的按钮即可完成对应的操作。

📝 经典例题

【例题】启动 Word 2007，然后查看 Word 2007 的打印选项。

【解析】本题结合启动一起考查"Office"按钮的操作，具体操作如下。

① 单击桌面任务栏左下角的 开始 按钮，

在弹出的"开始"菜单中选择"所有程序"菜单命令。

2 在弹出的子菜单中选择 Word 2007 所在的程序组，这里选择"Microsoft Office"菜单命令。

3 在弹出的子菜单中选择"Microsoft Office Word 2007"菜单命令即可启动 Word 2007。

4 单击"Office"按钮，在打开的面板中选择"打印"选项即可，操作过程如图1-5所示。

图1-5 "Office"按钮菜单

考点2 设置快速访问工具栏
（★★★）

考情分析

该考点属于考纲中要求掌握的内容，是 Word 2007 的新增功能，因此，考生一定要掌握设置快速访问工具栏的具体操作。

操作指南

1. 设置快速访问工具栏中的按钮

在快速访问工具栏右侧单击按钮，在弹出的下拉列表中选择需要添加的按钮选项，使其前面出现✓标记；如需要删除已经存在的按钮，可选择对应的按钮选项，取消✓标记。

2. 自定义快速访问工具栏

打开"Word 选项"对话框的"自定义"选项卡，在"从下列位置选择命令"下拉列表中选择命令所在的位置，在下面的下拉列表中选择具体命令，单击 添加(A) >> 按钮即可添加。打开"Word 选项"对话框有以下几种方法。

方法1：在快速访问工具栏中单击按钮，在弹出的下拉列表中选择"其他命令"命令。

方法2：单击按钮，在打开的面板中单击 Word 选项(I) 按钮，在打开的对话框中单击"自定义"选项卡。

方法3：在"Office"按钮上单击鼠标右键，在弹出的快捷菜单中选择"自定义快速访问工具栏"命令。

若要删除，可在右侧的列表框中选择需要删除的按钮对应的选项，单击 删除(R) 按钮。

3. 调整快速访问工具栏位置

方法1：在快速访问工具栏右侧单击按钮，在弹出的下拉列表中选择"在功能区下方显示"命令。

方法2：在功能选项卡空白处单击鼠标右键，在弹出的快捷菜单中选择"在功能区下方显示快速访问工具栏"命令。

经典例题

【例题1】向快速访问工具栏中添加"表格"按钮，然后将其移到"保存"按钮的右侧。

【解析】本题要求先将"表格"按钮添加

到快速访问工具栏，然后再移动位置，具体操作如下。

◼ 在快速访问工具栏中单击█按钮，在弹出的下拉列表中选择"其他命令"命令。

◼ 在"从下列位置选择命令"下拉列表中选择"插入 选项卡"选项，在下面的下拉列表中选择"表格"选项。

◼ 单击 添加(A) >> 按钮即可将其添加到快速访问工具栏中，操作过程如图1-6所示。

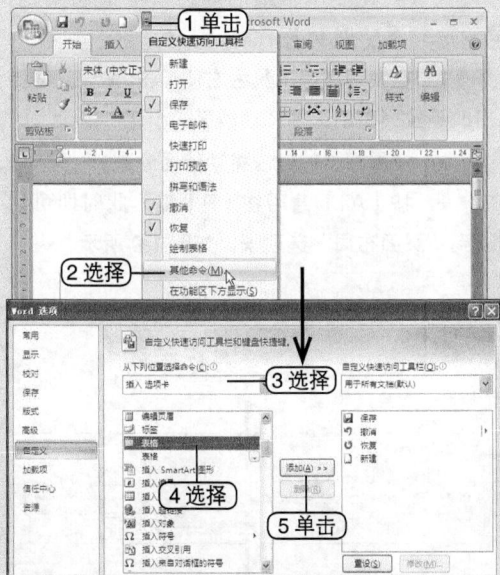

图1-6　添加按钮

◼ 在右侧的列表中选择添加的"表格"按钮选项。

◼ 在右侧单击3次 ▲ 按钮即可将其移动到"保存"按钮下边。

◼ 单击 确定 按钮应用设置，操作过程如图1-7所示。

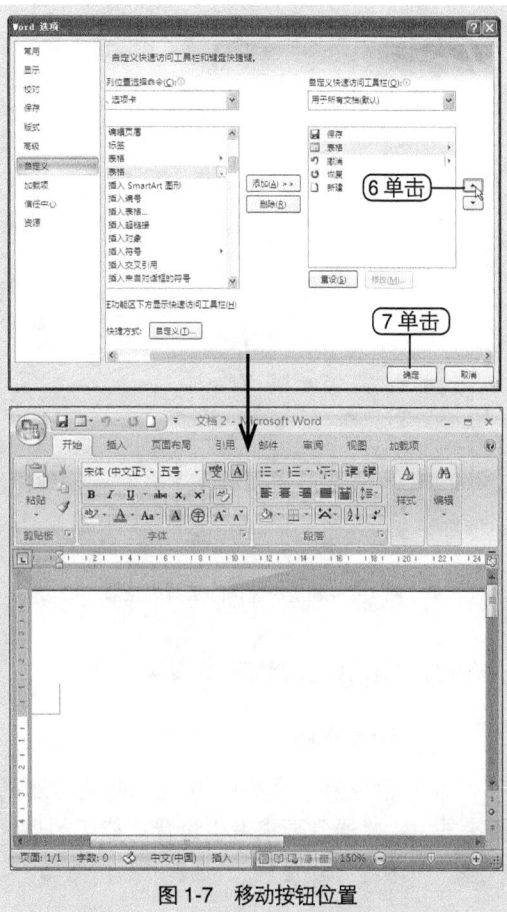

图1-7　移动按钮位置

【例题2】将快速访问工具栏设置在功能区下方显示。

【解析】本题要求调整快速访问工具栏的显示位置，具体操作如下。

在快速访问工具栏中单击█按钮，在弹出的下拉列表中选择"在功能区下方显示"命令，操作过程如图1-8所示。

本题也可以使用另一种方法操作：在功能区选项卡空白处单击鼠标右键，在弹出的快捷菜单中选择"在功能区下方显示快速访问工具栏"命令。

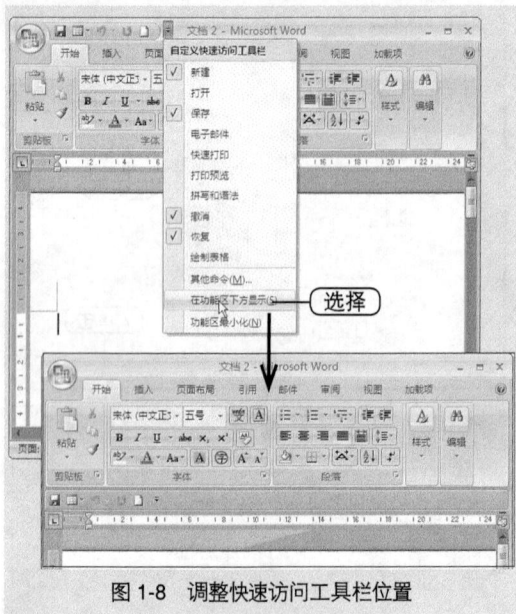

图1-8 调整快速访问工具栏位置

考点3 设置功能区（★★★）

考情分析

该考点是要求掌握的考点，抽到考题的概率非常大，通常要求考生设置功能区的显示状态。

操作指南

1.设置功能区显示状态

设置功能区最小化有以下几种方法。

方法1：在快速访问工具栏右侧单击 按钮，在弹出的下拉列表中选择"功能区最小化"命令。

方法2：在选项卡的命令按钮上单击鼠标右键，在弹出的快捷菜单中选择"功能区最小化"命令。

方法3：按【Ctrl+F1】组合键。

方法4：在功能区当前选项卡上双击。

2.使用通用快捷键

按【Alt】键后，窗口界面将显示相应的数字和字母，接着在键盘上按相应的键位。

经典例题

【例题1】最小化功能区，然后将其还原，最后利用快捷键切换到"页面布局"选项卡。

【解析】本题主要考查功能区的设置和使用方法，先要求设置功能区最小化显示，然后再将其最大化显示，最后通过快捷键切换到指定的选项卡，具体操作如下。

1 在快速访问工具栏右侧单击 按钮，在弹出的下拉列表中选择"功能区最小化"命令。

2 使用相同的方法将功能区还原。

3 按【Alt】键后按【P】键，此时即可切换到"页面布局"选项卡，如图1-9所示。

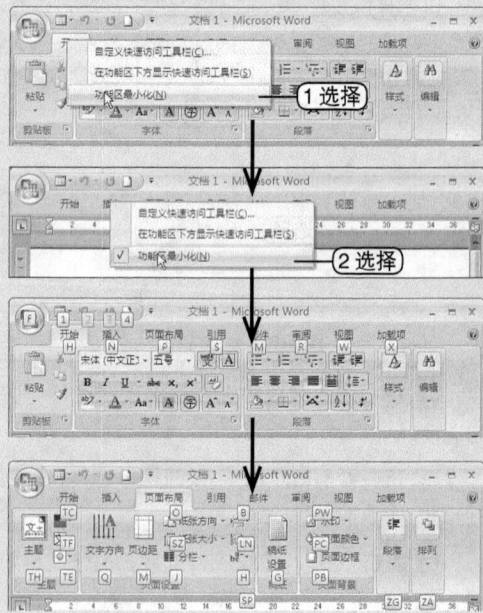

图1-9 设置功能区的操作

④ 按两次【Esc】键退出快捷键操作状态，效果如图1-10所示。

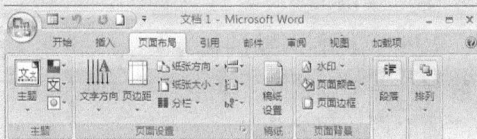

图1-10 完成效果

考点4 设置和使用状态栏（★）

考情分析

该考点只需考生了解，通常不会单独出题，考生了解状态栏上的相关功能即可。

操作指南

状态栏位于Word窗口底部，状态栏上的选项并不是固定的，在状态栏的空白处单击鼠标右键，在弹出的快捷菜单中可选择需要在状态栏上显示或隐藏的选项。

经典例题

【例题】利用状态栏统计当前文档字数。

【解析】本题要求利用状态栏完成操作，具体操作如下。

① 在状态栏上单击 字数: 按钮可打开"字数统计"对话框，在其中显示了当前文档的字数等信息。

② 单击 关闭 按钮关闭对话框，操作过程如图1-11所示。

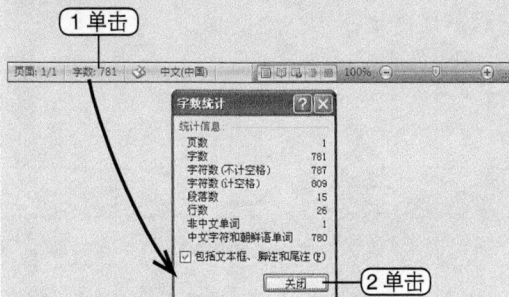

图1-11 统计字数

1.3 设置Word选项

考点1 设置"常用"选项（★★★）

考情分析

该考点属于需要掌握的知识，考生需要熟悉"常用"选项卡中的参数设置方法和类别，出题方式一般是要求设置相应的功能。

操作指南

单击 按钮，在打开的面板中单击 Word 选项 按钮即可打开"Word 选项"对话框，默认打开"常用"选项卡，在右侧的面板中即可进行设置。

经典例题

【例题1】设置不显示屏幕提示。

【解析】本题要求设置不显示Word的屏幕提示，在答题时需要知道该设置是在"Word选项"对话框的"常用"选项卡中完成的，具体操作如下。

① 单击 按钮，在打开的面板中单击 Word 选项(I) 按钮即可打开"Word 选项"对话框，如图1-12所示。

图1-12 单击按钮

2 在"屏幕提示样式"下拉列表框中选择"不显示屏幕提示"选项。

3 单击 确定 按钮应用设置,返回 Word 窗口,将鼠标移动到相关按钮上,将不会出现提示框,操作过程如图 1-13 所示。

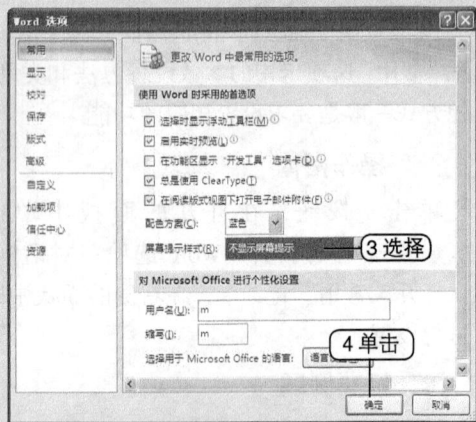

图 1-13　设置不显示屏幕提示

【例题 2】设置 Word 窗口颜色为"黑色"。

【解析】本题要求设置 Word 窗口颜色为黑色,具体操作如下。

1 单击 按钮,在打开的面板中单击 Word 选项(I) 按钮即可打开"Word 选项"对话框。

2 在"配色方案"下拉列表框中选择"黑色"选项。

3 单击 确定 按钮应用设置,返回 Word 窗口即可看到效果,操作过程如图 1-14 所示。

图 1-14　更改窗口颜色

考点2　设置"显示"选项(★★★)

考情分析

该考点抽到考题的概率较大,出题方式一般与上一考点相同,考生需要掌握在该选项中能够实现的相关设置。

操作指南

单击 按钮,在打开的面板中单击 Word 选项(I) 按钮即可打开"Word 选项"对话框。在左侧单击"显示"选项卡,在右侧的面板中即可进行相应的设置。

经典例题

【例题 1】设置在屏幕上始终显示"可选连字符"。

【解析】本题要求设置始终在文文档中显示"可选连字符",根据前面所学知识可知,要完成本题需要在"Word 选项"对话框的"显示"选项卡中设置,具体操作如下。

1 单击 按钮,在打开的面板中单击 Word 选项(I) 按钮即可打开"Word 选项"对话框,如图 1-15 所示。

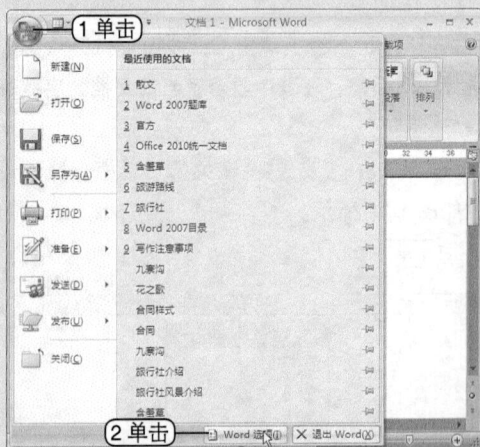

图 1-15　单击按钮

2 在左侧单击"显示"选项卡,在右侧的"始终在屏幕上显示这些格式标记"栏中选中"可选连字符"复选框。

③ 单击 [确定] 按钮应用设置，返回 Word 窗口，按【Ctrl+-】组合键即可查看效果。操作过程如图 1-16 所示。

图 1-16 设置始终显示可选连字符

【例题 2】设置可以将文档的背景色和图片打印出来。

【解析】本题要求设置打印时能够将背景色和图片打印出来，具体操作如下。

① 单击 按钮，在打开的面板中单击 [Word 选项①] 按钮即可打开"Word 选项"对话框。

② 在左侧单击"显示"选项卡，在右侧的"打印选项"栏中选中"打印背景色和图像"复选框。

③ 单击 [确定] 按钮即可应用设置。操作过程如图 1-17 所示。

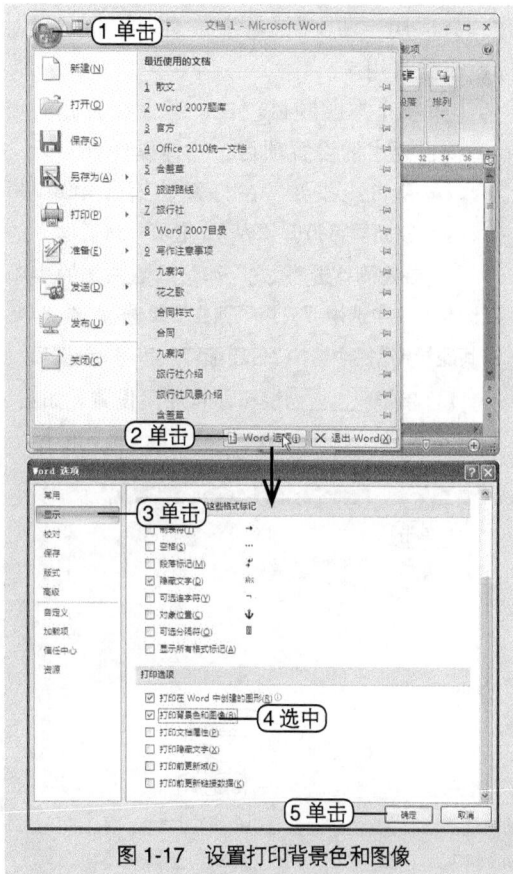

图 1-17 设置打印背景色和图像

考点3 设置"版式"选项（★★★）

考情分析

该考点抽到考题的概率较小，但也需要考生掌握其中相关知识的设置方法，以便在遇到类似考题时能快速作答。

操作指南

单击 按钮，在打开的面板中单击 [Word 选项①] 按钮即可打开"Word 选项"对话框。在左侧单击"版式"选项卡，在右侧的面板中即可进行相应的设置。

经典例题

【例题】设置 Word 文档在进行字距调整

时"只适用于西文",对字符间距控制时只对标点符号有用。

【解析】本题题目较长,考生在答题时要看清题目要求的设置项目,具体操作如下。

1 单击 按钮,在打开的面板中单击 Word 选项 按钮即可打开"Word 选项"对话框。

2 在左侧单击"版式"选项卡,在右侧的"字距调整"栏中选中"只用于西文"单选项,在"字符间距控制"栏中选中"只压缩标点符号"单选项。

3 单击 确定 按钮即可应用设置。如图1-18所示。

图1-18 设置"版式"选项卡

考点4 设置"保存"选项(★)

考情分析

该考点在考纲中属于需要了解的考点,但抽到考题的概率却相对较大,因此考生需要认真对待。命题方式通常是要求考生设置自动恢复文档时间等。

操作指南

单击 按钮,在打开的面板中单击 Word 选项 按钮即可打开"Word 选项"对话框。在左侧单击"保存"选项卡,在右侧的面板中可设置文档默认保存格式、自动恢复信息时间间隔和自动恢复文件位置。

经典例题

【例题】将保存自动恢复信息时间间隔设置为5分钟。

【解析】本题需要设置自动恢复信息时间间隔,在"Word 选项"对话框的"保存"选项卡中即可完成,具体操作如下。

1 单击 按钮,在打开的面板中单击 Word 选项 按钮即可打开"Word 选项"对话框。

2 在左侧单击"保存"选项卡,在右侧的"保存文档"栏中选中"保存自动恢复信息时间间隔"复选框,并在右侧的数值框中输入数值,例如"5"。

3 单击 确定 按钮即可应用设置,操作过程如图1-19所示。

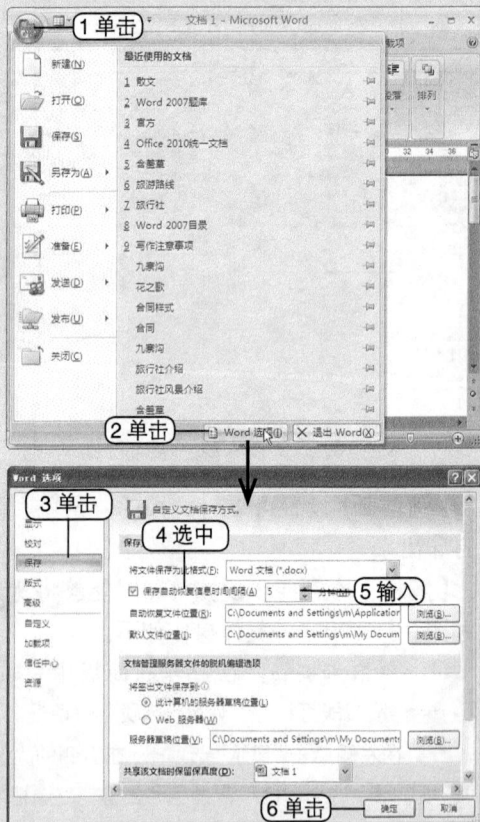

图1-19 设置文档自动恢复时间间隔

考点5 设置"高级"选项（★）

考情分析

该考点抽到考题的概率较低，通常考查考生在该选项下设置 Word 的相关功能，考生只需了解设置方法即可。

操作指南

单击 按钮，在打开的面板中单击 Word 选项 按钮即可打开"Word 选项"对话框。在左侧单击"高级"选项卡，在右侧的面板中可设置相关的编辑选项、显示文档内容等。

经典例题

【例题】先将"保存自动恢复信息时间间隔"设置为 3 分钟，再取消"允许拖放式文字编辑"功能。

【解析】根据本题要求可知需要通过"保存"和"高级"两个选项卡解题，具体操作如下。

1 单击 按钮，在打开的面板中单击 Word 选项 按钮即可打开"Word 选项"对话框，如图 1-20 所示。

图 1-20 打开"Word 选项"对话框

2 在左侧单击"保存"选项卡，在右侧的"保存文档"栏中选中"保存自动恢复信息时间间隔"复选框，并在右侧的数值框中输入间隔时间"3"。

3 在左侧单击"高级"选项，在右侧的"编辑选项"栏中取消选中"允许拖放式文字编辑"复选框。

4 单击 确定 按钮应用设置即可，操作过程如图 1-21 所示。

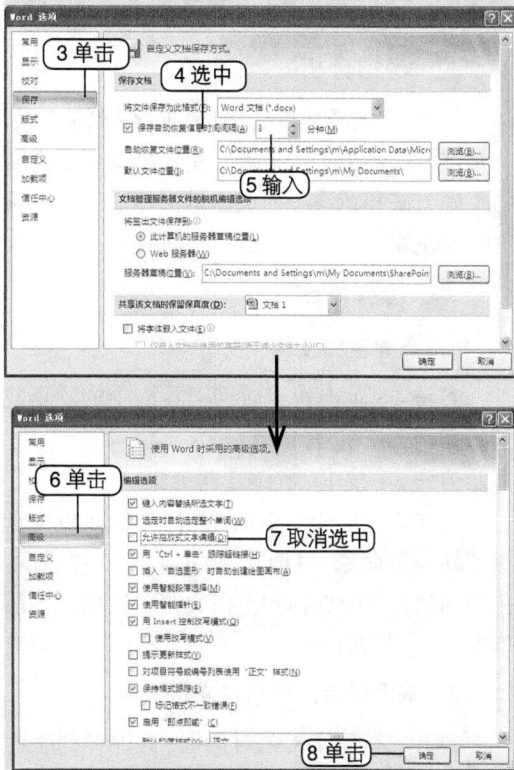

图 1-21 设置"保存"和"高级"选项

考场点拨

考试时，若考生不知道题目要求的设置项在"Word 选项"对话框的哪一个选项卡，可打开"Word 选项"对话框，在其中单击不同的选项卡依次查找。若设置的结果不符合题目要求，单击 确定 按钮后考试界面不会发生任何变化，只有符合题目要求时才能继续本题的下一步操作。

1.4 Word文档的基本操作

◎ 说明：练习环境为光盘 :\素材\第1章\散文.docx。

考点1 新建文档（★★★）

🔍 考情分析

该考点是考生大纲中要求掌握的考点，非常重要，属于必考考点。主要考查新建文档的不同方式和新建不同类型的文档的知识，考生需要重视。

🎯 操作指南

1. 新建空白文档

方法1：单击快速访问工具栏中的"新建空白文档"按钮🗋。

方法2：按【Ctrl+N】组合键。

方法3：单击🔘按钮，在打开的面板中选择"新建"命令，打开"新建文档"对话框。在中间列表框中选择"空白文档"选项，然后单击 创建 按钮即可。

2. 根据现有内容新建文档

打开"新建文档"对话框，在左侧列表中单击"根据现有内容新建"选项卡，打开"根据现有文档新建"对话框，在其中选择需要的文档，单击 新建(C) 按钮即可新建。

3. 根据"已安装的模版"创建文档

打开"新建文档"对话框，在左侧列表中单击"已安装的模板"选项卡，在中间的列表框中选择需要创建文档的模板，在右下角选中"文档"单选项，单击 创建 按钮即可。

4. 根据网上的模版创建

打开"新建文档"对话框，在左侧列表中的"Microsoft Office Online"栏下选择需要的模板类型，然后在中间的列表中选择需要的模板，单击 下载 按钮即可将其从网上下载到本地电脑，并根据模板创建文档。

📝 经典例题

【例题1】 在 Word 2007 中新建一个空白文档。

【解析】 该题未指定新建文档的方式，一般用最常用的方法答题便可，具体操作如下。

1 单击🔘按钮，在打开的面板中选择"新建"命令。

2 打开"新建文档"对话框，在中间列表框中选择"空白文档"选项，然后单击 创建 按钮即可，如图1-22所示。

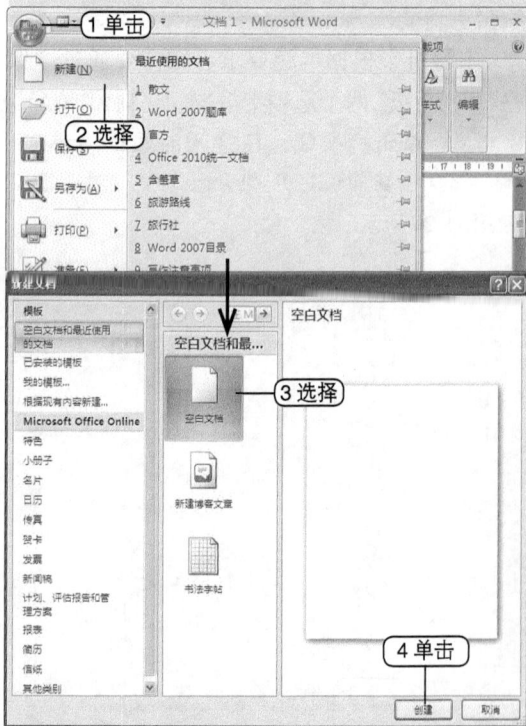

图1-22 新建空白文档

【例题2】 根据模板文件，新建一个"主管人员报表"文档。

【解析】本命题要求根据系统自带的模板文件新建文档,首先打开"新建文档"对话框,再通过指定模板新建文档,具体操作如下。

① 单击 按钮,在打开的面板中选择"新建"命令。

② 打开"新建文档"对话框,在左侧单击"已安装的模板"选项卡,在中间列表框中选择"主管人员报表"选项。

③ 单击 创建 按钮即可根据选择的模板新建文档,如图 1-23 所示。

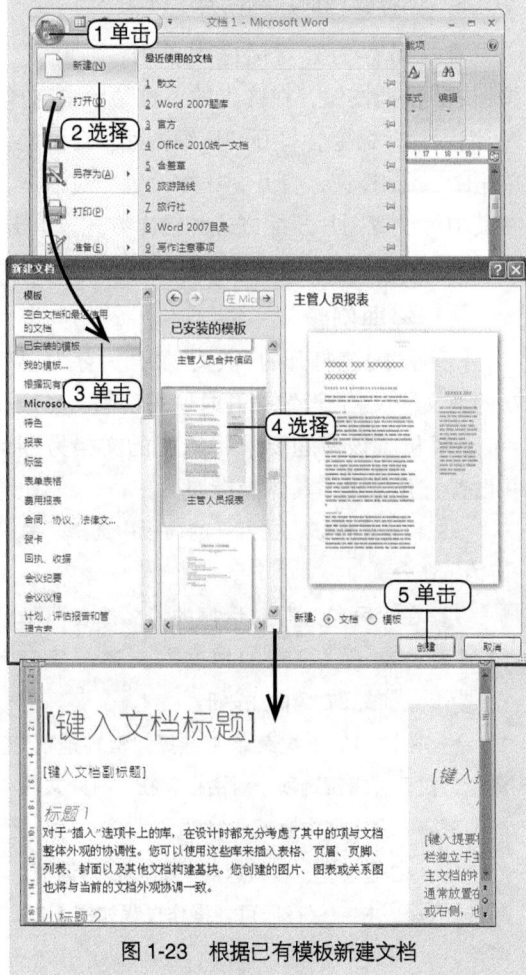

图 1-23　根据已有模板新建文档

【例题 3】快速新建一份"报告"格式的

文档,保持默认设置,不输入内容。

【解析】该题考查的是根据模板新建文档的方法,具体操作如下。

① 单击 按钮,在打开的面板中选择"新建"命令。

② 打开"新建文档"对话框,在左侧单击"已安装的模板"选项卡,在中间列表框中双击"平衡报告"选项,即可快速创建,如图 1-24 所示。

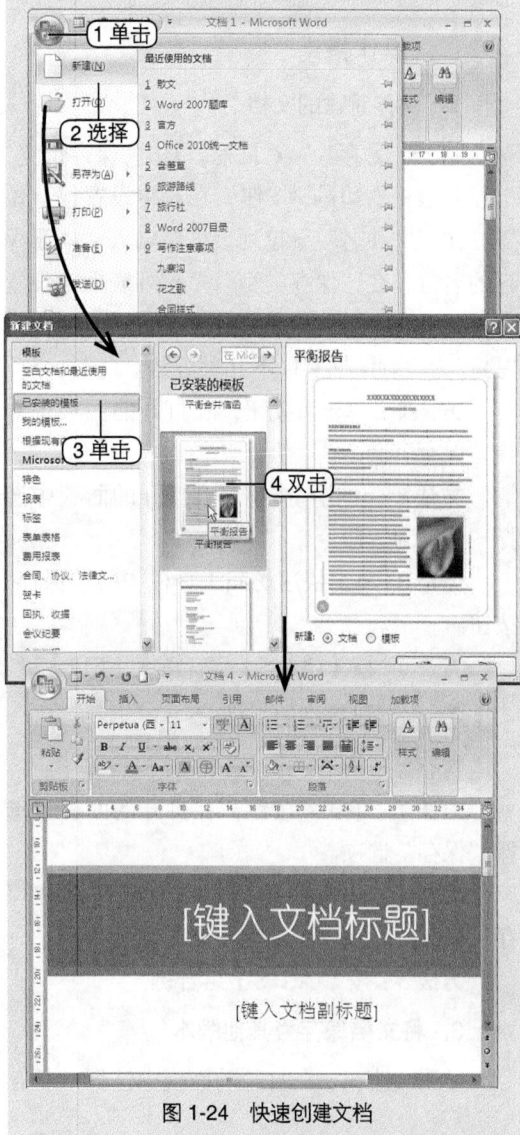

图 1-24　快速创建文档

考点2　保存文档（★★★）

考情分析

该考点抽到考题的概率非常大，考生需要掌握不同情况下保存文档的方法，从而在遇到类似考题时能够轻松答题。出题方式通常是要求考生将文档以何种方式保存在电脑中，并设置相关选项等。

操作指南

1. 保存新建的文档

打开"另存为"对话框，单击"保存位置"下拉列表框右边的 ✓ 按钮，在其中设置保存位置，在"文件名"下拉列表框中输入文档要保存的名称，在"保存类型"下拉列表框中设置文件保存类型，单击 保存(S) 按钮即可。打开"另存为"对话框有以下几种方法。

方法1：单击 按钮，在打开的面板中选择"保存"命令。

方法2：单击 按钮，在打开的面板中选择"另存为"命令。

方法3：单击快速访问工具栏中的"保存"按钮 。

方法4：按【Ctrl+S】组合键或【F12】键。

2. 保存已存在的文档

保存已经存在的文档的具体操作如下。

方法1：单击 按钮，在打开的面板中选择"保存"选项。

方法2：单击快速访问工具栏中的"保存"按钮 。

方法3：按【Ctrl+S】组合键。

3. 将文档保存为其他版本

单击 按钮，在打开的面板中选择"另存为"命令，在右侧的列表中选择相应的选项，即可将文档保存为相应版本的文档。

4. 加密保存文档

在"另存为"对话框中单击 工具(L) 按钮右侧的 按钮，在弹出的下拉菜单中选择"常规选项"命令，打开"常规选项"对话框，在其中可设置打开文件时的密码和修改文件时的密码，单击 确定 按钮即可应用设置。

5. 保存文档时压缩图片

在"另存为"对话框中单击 工具(L) 按钮右侧的 按钮，在弹出的下拉菜单中选择"压缩图片"命令，打开"压缩图片"对话框，单击 选项(O)... 按钮，打开"压缩设置"对话框，在其中可设置图片压缩方式和输出方式，单击 确定 按钮即可应用设置。

经典例题

【例题1】将打开的"散文"文档另存为"喜欢的散文"文档，设置打开时使用密码"111"。

【解析】该考题要求将已有的文档另存，并设置打开密码，具体操作如下。

１ 单击 按钮，在打开的面板中选择"另存为"命令。

２ 在"另存为"对话框的"文件名"下拉列表中输入"喜欢的散文"文本，单击 工具(L) 按钮右侧的 按钮。

３ 在弹出的下拉菜单中选择"常规选项"命令，打开"常规选项"对话框，在"打开文件时的密码"文本框中输入"111"。

４ 单击 确定 按钮返回"另存为"对话框，单击 保存(S) 按钮保存即可，操作过程如图1-25所示。

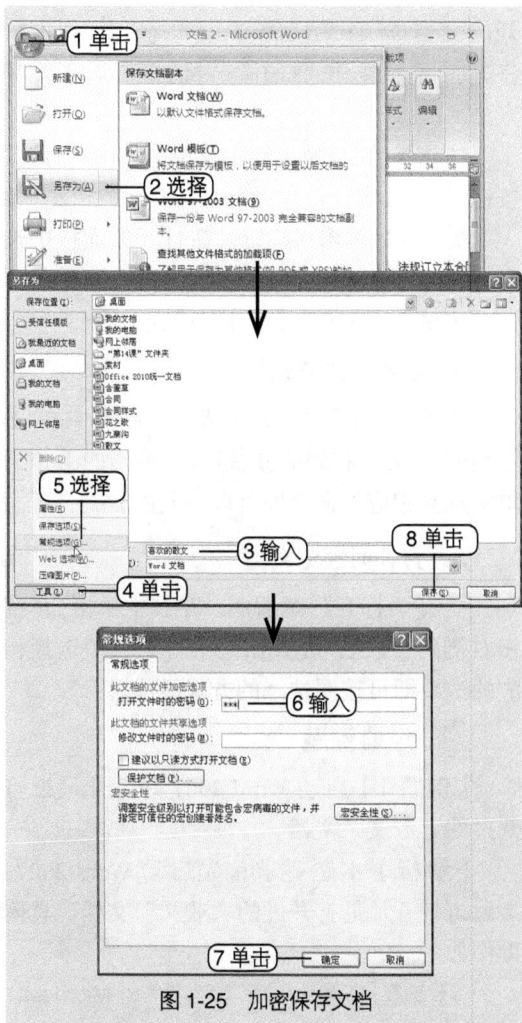

图 1-25　加密保存文档

方法 3：单击快速访问工具栏中的"保存"
按钮■。

方法 4：按【Ctrl+S】组合键或【F12】键。

2 单击"保存位置"下拉列表框右边的✓按
钮，在弹出的下拉列表中选择"本地磁盘（G:）"。

3 在"文件名"下拉列表框中输入"练习"文本。

4 单击保存(S)按钮即可保存，操作过程
如图 1-26 所示。

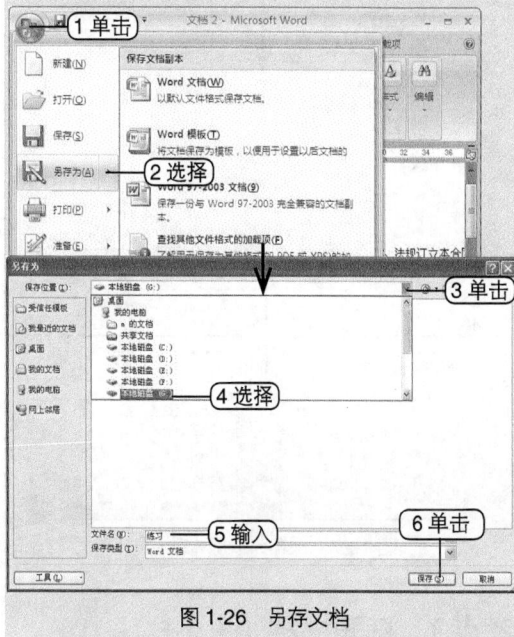

图 1-26　另存文档

【例题 2】请将打开的文档保存到 G 盘，
并保存为"练习"。

【解析】本题操作相对简单，直接根据题
目要求答题即可，具体操作如下。

1 通过以下任一方法，打开"另存为"对
话框。

方法 1：单击◎按钮，在打开的面板中选择
"保存"命令。

方法 2：单击◎按钮，在打开的面板中选择
"另存为"命令。

【例题 3】设置当前文档，使其能在低版本
的 Word 中处理，文件名和保存位置不变。

【解析】本题实际上要求考生将当前 Word
2007 中的文档保存为"Word 97-2003"格式的
文档，使其能够在 Word 2003 中打开，具体操作
如下。

1 单击◎按钮，在打开的面板中选择"另
存为"命令，在右侧的子菜单中选择"Word 97-
2003 文档"命令。

2 在打开的对话框中直接单击保存(S)按

钮即可保存，Word 窗口标题栏将相应发生变化，操作过程如图 1-27 所示。

图 1-27　保存为低版本的文档

考点3　打开文档（★★★）

考情分析

该考点通常会结合其他考点进行考查，命题方式通常是要求考生打开指定的文档或以指定的方式打开指定的文档等。

操作指南

打开文档包括通过常规方式打开、通过不同的方法打开和设置打开时预览。

1.　常规方式打开

在打开的"打开"对话框中选择需要打开的文档选项，然后单击 打开(O) 按钮即可将其打开。打开"打开"对话框有以下几种方法。

方法 1：在快速访问工具栏中单击"打开"按钮。

方法 2：单击 按钮，在打开的面板中选择"打开"命令。

方法 3：按【Ctrl+O】组合键。

2.　以不同的方式打开

打开"打开"对话框，在其中单击 打开(O) 按钮右侧的 按钮，在弹出的下拉菜单中选择相应的命令即可以不同的方式打开。

3.　打开时预览文档

打开"打开"对话框，在其中单击 按钮右侧的 按钮，在弹出的下拉菜单中选择相应的选项即可按照选择的方式显示。

经典例题

【例题 1】启动 Word 2007 并打开最近打开过的"散文"文档。

【解析】本题要求首先启动 Word 2007，然后再打开最近打开过的"散文"文档，具体操作如下。

1 选择【开始】→【所有程序】→【Microsoft Office】→【Microsoft Office Word 2007】菜单命令启动 Word 2007。

2 单击 按钮，在打开的面板中选择"散文"选项，如图 1-28 所示。

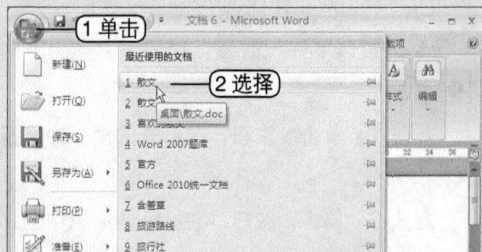

图 1-28　打开最近打开过的文档

【例题2】在当前文档中打开桌面上名为"散文"的 Word 文件。

【解析】本题通过常规方式即可将其打开，具体操作如下。

1 通过以下任一方法，打开"打开"对话框。在快速访问工具栏中单击"打开"按钮 📂。

2 在打开的"打开"对话框左侧选择"桌面"选项，在右侧选择"散文"选项。

3 单击 [打开(O)] 按钮即可将其打开，操作过程如图 1-29 所示。

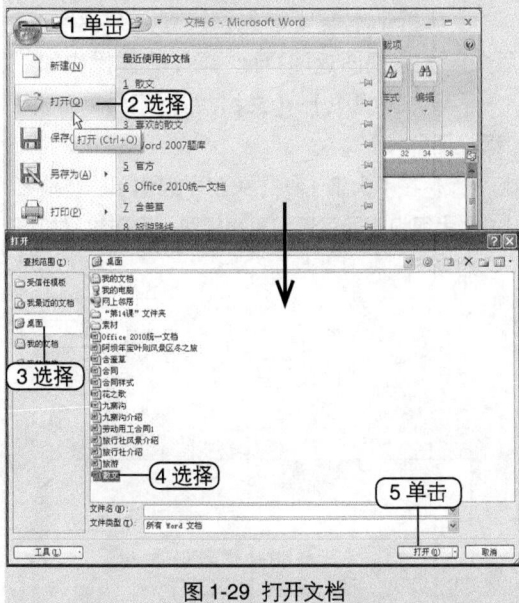

图 1-29 打开文档

【例题3】设置 Word 在打开文档时能够预览文档。

【解析】本题要求设置打开时预览文档，具体操作如下。

1 在快速访问工具栏中单击"打开"按钮 📂，打开"打开"对话框。

2 在打开的对话框右侧单击 📠 · 按钮右侧的·按钮，在弹出的下拉菜单中选择"预览"选项，如图 1-30 所示。

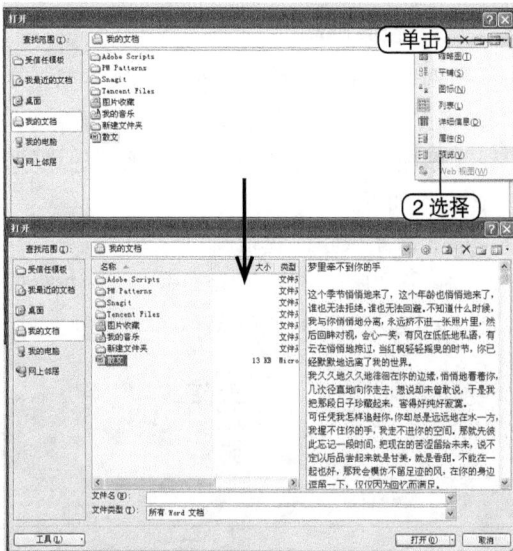

图 1-30 设置打开时预览

1.5 查看文档

🔘 说明：练习环境为光盘:\素材\第 1 章\旅游路线 .docx、九寨沟 .docx。

考点1　设置文档显示比例（★★★）

🔍 考情分析

该考点属于考纲中要求掌握的知识点，操作相对简单，考生在答题时需要仔细看清题目要求。

🛰 操作指南

单击"视图"选项卡，在"显示比例"组中单击相应的按钮可设置单页、双页、页宽、100% 显示，单击"显示比例"按钮 🔍，打开"显示比例"对话框，在其中选中相应的单选项，然后单击 [确定] 按钮即可。

经典例题

【例题】保持当前页面视图和文本格式不变，将文字所占宽度设置为与屏幕宽度相近。

【解析】本题考查页面显示比例的设置，具体操作如下。

❶ 单击"视图"选项卡。

❷ 在"显示比例"组中单击 📄页宽 按钮即可，操作过程如图1-31所示。

图1-31 页宽大小显示文档

考点2 切换文档视图方式（★★★）

考情分析

该考点抽到考题的概率较大，考生需要重点掌握。该考点通常结合其他考点一起出题，命题方式一般是要求考生切换到指定的视图。

操作指南

在各个显示视图之间进行切换有以下两种方法。

方法1：在【视图】→【文档视图】组中单击相应的按钮即可切换到相应的视图中。

方法2：在状态栏右侧的"视图模式"按钮 中单击相应的按钮即可进行切换。

经典例题

【例题】将当前文档切换到大纲视图，然后关闭大纲视图，返回到页面视图中。

【解析】本题要求先切换到大纲视图，然后关闭大纲视图返回页面视图，具体操作如下。

❶ 在【视图】→【文档视图】组中单击"大纲视图"按钮 。

❷ 在【大纲】→【关闭】组中单击 按钮关闭大纲视图即可返回页面视图，操作过程如图1-32所示。

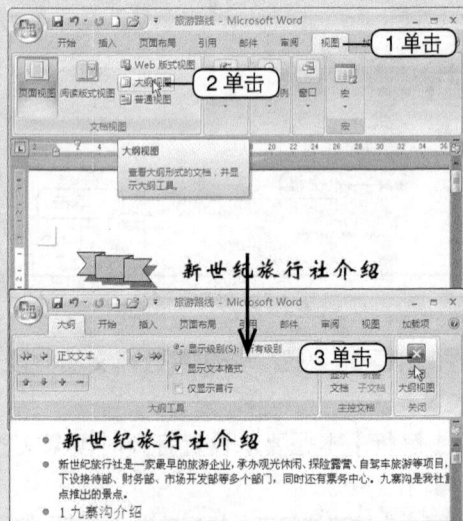

图1-32 切换文档视图

考点3 显示或隐藏辅助设置 (★★★)

考情分析

该考点抽到考题的概率较大，命题方式通常为要求考生设置显示或隐藏标尺、网格线、文档结构图、缩略图等，考生按照题意答题即可。

操作指南

1. 显示或隐藏标尺

方法1： 在【视图】→【显示/隐藏】组中选中或取消选中"标尺"复选框。

方法2： 在垂直滚动条上方单击"标尺"按钮 。

2. 显示或隐藏缩略图和文档结构图

在【视图】→【显示/隐藏】组中选中"缩略图"复选框即可打开"缩略图"窗格；在【视图】→【显示/隐藏】组中选中"文档结构图"复选框，或在"缩略图"窗格上方单击·按钮，在弹出的下拉列表中选择"文档结构图"选项即可切换。

3. 显示或隐藏网格

在【视图】→【显示/隐藏】组中选中"网格线"复选框即可在文档中显示网格线，取消选中可隐藏网格线。

经典例题

【例题】 将当前文档切换到"普通视图"，然后显示出"标尺"和"缩略图"。

【解析】 本题要求先切换文档视图，然后再显示标尺和缩略图，具体操作如下。

❶ 在【视图】→【文档视图】组中单击"普通视图"按钮 。

❷ 在【视图】→【显示\隐藏】组中选中"标尺"复选框和"缩略图"复选框即可，操作过程如

图1-33 所示。

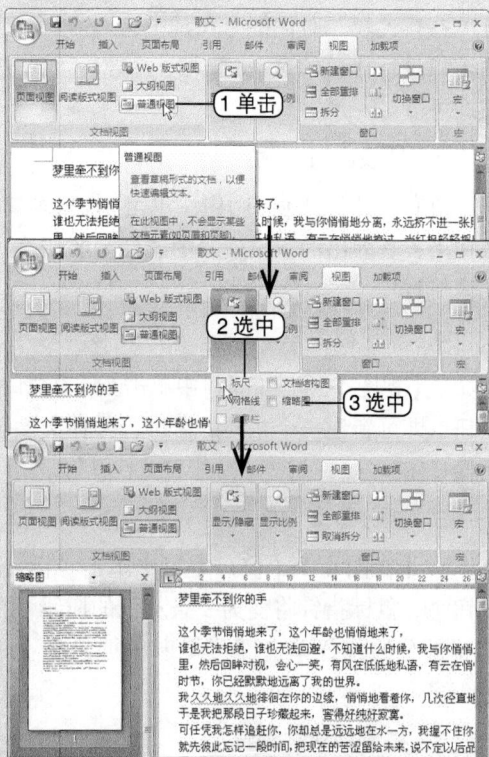

图1-33 切换视图并显示标尺和缩略图

考点4 设置多窗口浏览文档（★）

考情分析

该考点属于考纲中要求了解的内容，因此考生只需了解相关知识，遇到这类考题能够找到答题方法即可。

操作指南

1. 重排窗口

打开两个或两个以上的 Word 窗口，在【视图】→【窗口】组中单击"全部重排"按钮 ，即可将打开的所有 Word 窗口全部排列在屏幕上。

2. 并排比较

选择需要进行比较的窗口，在【视图】

→【窗口】组中单击"并排查看"按钮 ⬚，打开"并排比较"对话框，在其中选择需要与当前窗口进行比较的 Word 文档，单击 确定 按钮即可。

3. 切换窗口

在【视图】→【窗口】组中单击"切换窗口"按钮 ⬚，在弹出的下拉列表中选择需要切换到的窗口选项。

4. 新建窗口

在【视图】→【窗口】组中单击"新建窗口"按钮 ⬚ 即可新建一个相同的窗口，并在文件名后面显示"：2"。

5. 拆分窗口

在【视图】→【窗口】组中单击"拆分"按钮 ⬚，鼠标指针将变为一条灰色的横线，在需要拆分的位置单击即可将窗口拆分为上下两个窗口。

6. 按窗口对象浏览

在垂直滚动条下方单击"选择浏览对象"按钮 ⬚，在弹出的下拉列表中单击需要的浏览对象按钮即可按该方式浏览文档，单击滚动条上的 ⬚ 按钮或 ⬚ 按钮可跳转到前一个或下一个对象。

✎ 经典例题

【例题 1】（1）将文档拆分窗口；（2）将下面的部分切换到大纲视图。

【解析】本题要求先拆分窗口，然后再切换视图方式，具体操作如下。

❶ 在【视图】→【窗口】组中单击"拆分"按钮 ⬚。

❷ 鼠标指针将变为一条灰色横线，在文档中单击即可拆分窗口。

❸ 将插入点定位到下方的窗口，使用以下

任一方式即可切换到大纲视图，操作过程如图 1-34 所示。

方法 1：在【视图】→【文档视图】组中单击"大纲视图"按钮 ⬚。

方法 2：在状态栏右侧的 ⬚⬚⬚⬚⬚ 中单击"大纲视图"按钮 ⬚。

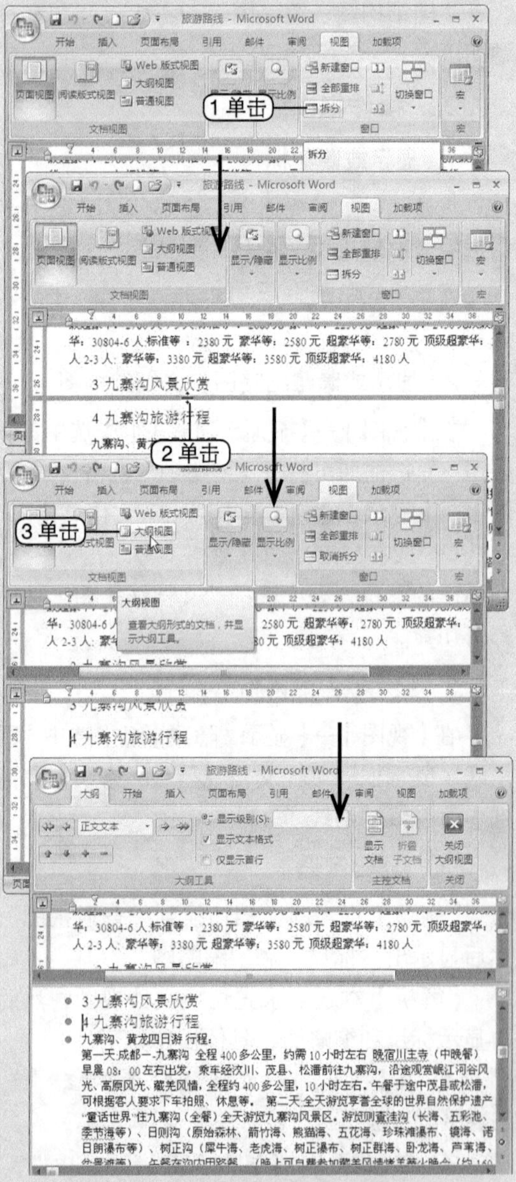

图 1-34　拆分窗口与切换视图

【例题2】为当前文档新建窗口，并将两个新窗口并排比较。

【解析】本题要求为当前文档新建窗口，然后再将两个窗口进行并排比较，具体操作如下。

1 在【视图】→【窗口】组中单击"新建窗口"按钮，此时即可新建一个相同的窗口，在文件名后面显示"：2"。

2 选择其中任一窗口，在【视图】→【窗口】组中单击"并排查看"按钮。

3 打开"并排比较"对话框，在其中选择另一窗口选项。

4 单击 确定 按钮，操作过程如图1-35所示。

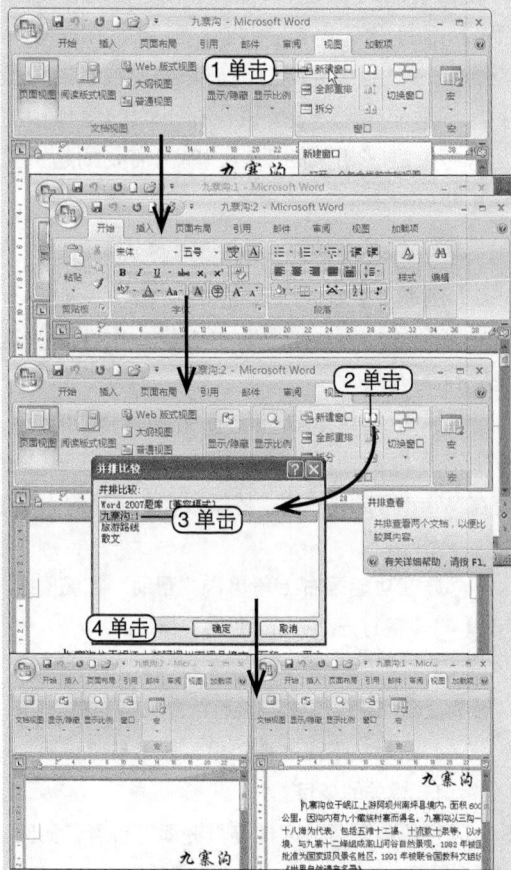

图1-35 并排比较文档

考点5 查看和编辑文档属性（★★）

考情分析

该考点抽到考题的概率较大，需要考生熟悉相关的操作，命题方式通常是要求考生查看或设置打开文档的属性。

操作指南

单击 按钮，在打开的面板中选择"准备"选项，在面板右侧选择"属性"命令，在功能区将打开"文档信息"面板，单击 文档属性 按钮右侧的下拉按钮，在弹出的下拉列表中选择"高级属性"命令，打开"属性"对话框，在其中不同的选项卡中可设置相应的属性，完成后单击 确定 按钮。

经典例题

【例题】查看文档的属性和字数统计，然后将文档的标题和关键字分别设置为"工作"和"考试"。

【解析】本题要求查看文档的属性，以及更改文档的属性，具体操作如下。

1 单击 按钮，在打开的面板中选择"准备"选项。

2 在面板右侧选择"属性"命令，在功能区将打开"文档信息"面板。

3 单击 文档属性 按钮右侧的下拉按钮，在弹出的下拉列表中选择"高级属性"命令。

4 打开相应的"属性"对话框，在其中的"常规"选项卡中可查看文档属性。

5 单击"统计"选项卡，在其中可查看文档的行数和字数统计信息。

6 单击"摘要"选项卡，分别在"标题"和"关键词"文本框中输入"工作"和"考试"。

7 单击 确定 按钮即可，操作过程如图1-36所示。

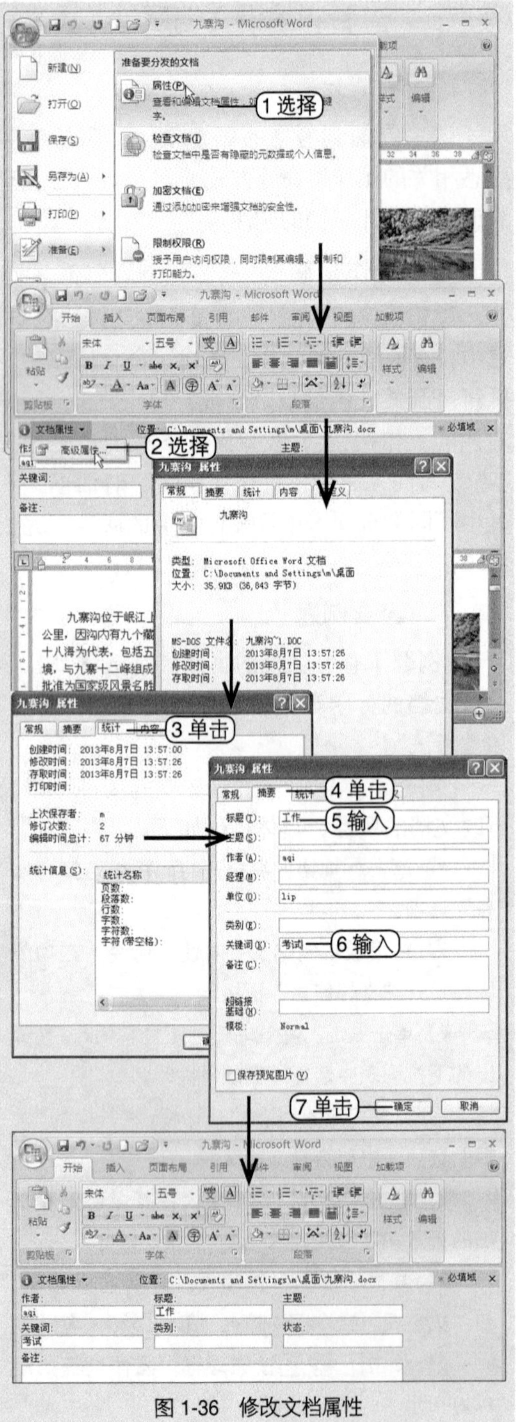

图 1-36　修改文档属性

1.6　使用Word帮助

考点1　通过关键字获取帮助（★★★）

考情分析

该考点是考纲中要求掌握的内容，抽到考题的概率比较大，因此对于该考点内容考生需要熟练掌握，命题方式一般为要求考生查找指定关键字的帮助信息。

操作指南

在功能区右上角单击"帮助"按钮或按【F1】键打开"Word 帮助"窗口，在"键入要搜索的字词"文本框中输入需要搜索的关键字，然后单击 搜索 按钮，在下面的窗口中将显示与关键字相关的条目，单击需要的超链接打开即可查看。

经典例题

【例题1】在网上下载的文档中一般含有大量多余的空行，在帮助中查找一次性删除这些空行的方法。

【解析】本题题目没有明确具体的操作，考生需要根据题目来理解题意。本题其实是考查在 Word 帮助中查找"替换段落标记"的方法，具体操作如下。

　　❶ 在功能区右上角单击"帮助"按钮或按【F1】键打开"Word 帮助"窗口。

　　❷ 在"键入要搜索的字词"文本框中输入"替换段落标记"文本，然后单击 搜索 按钮。

　　❸ 此时在下面的窗口中将显示与"替换段落标记"相关的条目。

　　❹ 单击需要的超链接打开即可查看，如图 1-37 所示。

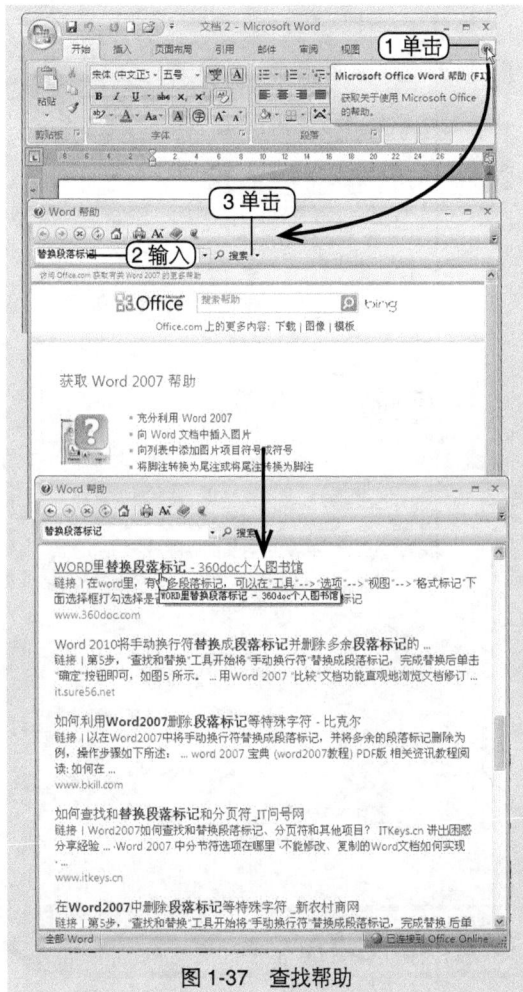

图 1-37　查找帮助

【例题 2】通过搜索的方式，查找"插入超链接"的方法。

【解析】该考题要求查找指定的帮助信息，具体操作如下。

1 在功能区右上角单击"帮助"按钮☺或按【F1】键打开"Word 帮助"窗口。

2 在"键入要搜索的字词"文本框中输入"插入超链接"文本，然后单击 搜索▾ 按钮。

3 此时在下面的窗口中将显示与"插入超链接"相关的条目，单击需要的超链接打开即可查看，如图 1-38 所示。

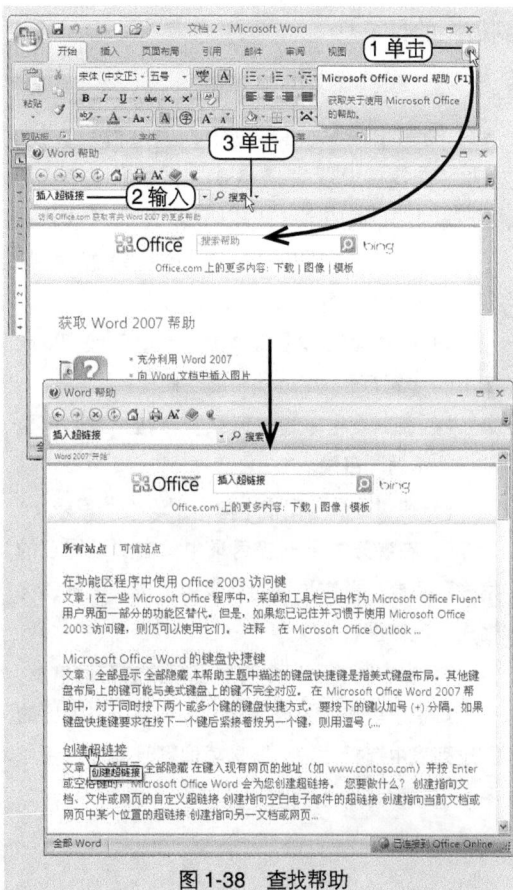

图 1-38　查找帮助

考点2　通过"帮助"目录获取帮助（★★）

📖 考情分析

该考点是考纲中要求熟悉的考点，命题方式一般为要求通过"帮助"目录查找"×××"的操作方法，考生只需熟悉相关操作即可。

🎨 操作指南

在功能区右上角单击"帮助"按钮☺或按【F1】键打开"Word 帮助"窗口，在工具栏单击"目录"按钮📖，显示帮助目录，在左侧单击需要的目录选项，展开下一级目录，直到找到需要的目录。

✎ 经典例题

【例题】在 Word 帮助中，通过目录查找的方法，查找"设置表格格式"的操作方法，并将查找到的信息在窗口中以"较大"字号显示。

【解析】本题明确要求通过目录查找帮助信息，然后更改字号，具体操作如下。

❶ 在功能区右上角单击"帮助"按钮 ❔ 或按【F1】键打开"Word 帮助"窗口。

❷ 在工具栏单击"目录"按钮 📖，即可显示出"帮助"目录。

❸ 在"目录"窗格中单击"表格"目录。

❹ 在展开的下一级目录中单击"设置表的格式"目录，再在展开的目录中单击"设置表格格式"超链接。

❺ 在右侧的窗口中将显示相关的帮助信息，在工具栏中单击"更改字号"按钮 Aᴬ，在弹出的下拉列表中选择"较大"选项即可。操作过程如图 1-39 所示。

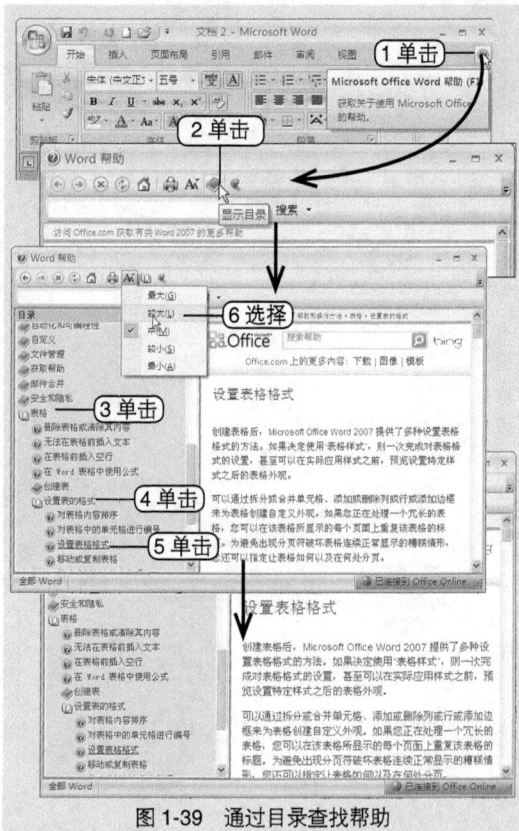

图 1-39　通过目录查找帮助

过关强化练习及解题思路

🔘 说明：

各题练习环境为光盘：\ 同步练习 \ 第 1 章 \

各题解答演示见光盘：\ 试题精解 \ 第 1 章 \

1. 过关题目

第 1 题　利用"开始"菜单启动 Word 2007。

第 2 题　新建空白 Word 文档，将 Windows 剪贴板上的图片内容粘贴到新建的文档中。

第 3 题　在快速访问工具栏中添加"新建"按钮。

第 4 题　将当前空白文档保存到桌面上，文件名为"TT.docx"。

第 5 题　退出当前的 Word 2007 程序。

第 6 题　从帮助任务窗格中打开"拼写检查"的帮助信息。

第 7 题　在当前文档中，设置文件打开密码为 666，修改密码为 777，并只能以只读方式打开。

第 8 题　设置文档的标题为：花丛小学，作者为：王老师。

第 9 题　将当前文档另存为网页文档形式

后，将其打开。

第10题　显示出文档中的段落标记和网格线。

第11题　对当前的"散文"窗口新建另一个窗口，并进行并排比较。

第12题　将保存自动恢复信息时间间隔设置为3分钟。

第13题　将正在编辑的文档切换到页面视图下，并设置为"页宽"显示。

第14题　关闭文档结构图，将视图切换到大纲视图。

2. 解题思路

第1题　选择【开始】→【所有程序】→【Microsoft Office 】→【Microsoft Office Word 2007】菜单命令。

第2题　单击 按钮，在打开的面板中选择"新建"命令，打开"新建文档"对话框。在中间列表框中选择"空白文档"选项，按【Ctrl+v】组合键进行粘贴。

第3题　在快速访问工具栏右侧单击 按钮，在弹出的下拉列表中选择"新建"选项，使其前面出现 标记。

第4题　单击快速访问工具栏中的"保存"按钮 ，在打开的对话框中设置保存即可。

第5题　直接单击当前 Word 2007 窗口右侧的 按钮。

第6题　在【开始】→【字体】组中单击"对话框启动器"按钮 ，打开"字体"对话框，然后单击右侧的 按钮即可。

第7题　在"另存为"对话框中单击 按钮右侧的 按钮，在弹出的下拉菜单中选择"常规选项"命令，打开"常规选项"对话框，在其中设置打开文件时的密码和修改文件时的密码。

第8题　单击 按钮，在打开的面板中选择"准备"选项，在面板右侧选择"属性"命令，在功能区将打开"文档信息"面板，单击 文档属性 ▼按钮右侧的下拉按钮 ，在弹出的下拉列表中选择"高级属性"命令，打开"属性"对话框，在其中不同的选项卡中设置相应的属性。

第9题　单击 按钮，在打开的面板中选择"另存为"命令，在"保存类型"下拉列表中选择"网页格式"选项将其保存，然后找到保存的位置，双击将其打开。

第10题　单击 按钮，在打开的面板中单击 Word 选项 按钮即可打开"Word 选项"对话框。在左侧单击"显示"选项卡，在右侧的面板中进行相应的设置。

第11题　在【视图】→【窗口】组中单击"新建窗口"按钮 ，在【视图】→【窗口】组中单击"并排查看"按钮 。打开"并排比较"对话框，在其中选择另一窗口选项即可。

第12题　单击 按钮，在打开的面板中单击 Word 选项 按钮即可打开"Word 选项"对话框。在左侧单击"保存"选项卡，在右侧的"保存文档"栏中选中"保存自动恢复信息时间间隔"复选框，并在右侧的数值框中输入"3"即可。

第13题　在状态栏中单击"页面视图"按钮 ，然后在【视图】→【显示比例】组中单击 页宽 按钮。

第14题　在【视图】→【显示/隐藏】组中取消选中"文档结构图"复选框，然后单击"大纲视图"按钮 。

第 **2** 章 ▸输入、编辑与校对文本◂

▪▪ 考情分析

本章主要考查 Word 2007 文档中的相关操作，共 22 个考点，包括定位插入点输入文本，插入符号、编号、签名行、日期和时间，选择、查找、定位、替换、复制和粘贴文本，创建、编辑、访问和删除超链接，使用剪贴板、自动更正、拼写，以及检查校对等操作。本章的大部分考点都是必考考点，考生应熟练掌握编辑内容的选择和相关编辑命令的使用。

▪▪ 考点要求

☑ **要求掌握的考点**

考点级别：★★★

- ⬚ 定位插入点输入文本
- ⬚ 改写文本
- ⬚ 插入符号
- ⬚ 插入特殊符号
- ⬚ 插入编号
- ⬚ 插入签名行
- ⬚ 插入日期和时间
- ⬚ 选择文本
- ⬚ 剪切、移动和删除文本
- ⬚ 复制和粘贴文本
- ⬚ 选择性粘贴文本
- ⬚ 撤消、恢复或重复操作

- ⬚ 创建超链接
- ⬚ 访问和删除超链接
- ⬚ 查找文本
- ⬚ 替换文本
- ⬚ 定位文本
- ⬚ 编辑超链接

☑ **要求熟悉的考点**

考点级别：★★

- ⬚ 使用剪贴板

☑ **要求了解的考点**

考点级别：★

- ⬚ 插入文件和对象
- ⬚ 使用自动更正
- ⬚ 使用拼写和语法检查

2.1 输入、插入与改写文本

> ○ **说明**：练习环境为光盘:\素材\第2章\含羞草.docx。

考点1 定位插入点输入文本（★★★）

考情分析

该考点是经常出现考题的考点之一，考生需要掌握定位插入点的几种方式，以及如何输入文本。

操作指南

1. 定位插入点

方法1：如果要在已有文本的文档中定位插入点，可以将鼠标指针移动到目标位置，然后单击鼠标左键，即可将插入点定位至鼠标单击处。

方法2：使用快捷键可以移动插入点的位置，大部分快捷键为在编辑区中的按键。

2. 输入文本

定位文本插入点后，即可在 Word 中输入文本，包括输入英文、数字、中文等。要输入英文和数字可直接按键盘上相应的按键。如果要输入汉字，则应先选择一种中文输入法，然后再利用键盘进行输入。通过快捷键可在各种输入法状态间切换。

3. 插入文本

Word 默认状态是插入，在没有改变这种状态时，将文本插入点定位到需要插入文本的位置，然后输入文本即可。输入的文本将在插入点的位置，原来位置的文本将向后移动。

经典例题

【例题1】 将插入点定位到文档开头，然后通过键盘将其向右移动3个字符。

【解析】 本题要求将插入点定位到文档开头位置，然后再通过键盘移动插入点，具体操作如下。

1 将鼠标光标移动到文档开头，单击鼠标左键定位文本插入点。若不能通过鼠标单击定位插入点，则需按【Ctrl+Home】组合键进行定位。

2 按3次键盘上的方向键"→"移动插入点，如图2-1所示。

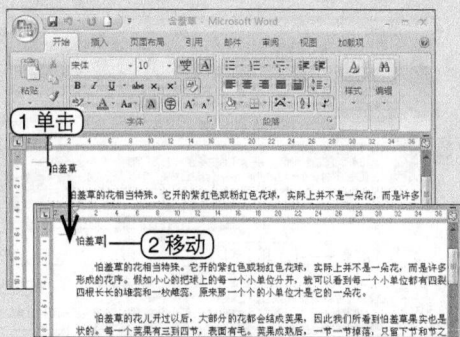

图2-1 定位并移动插入点

【例题2】 将插入点定位到第3行的"四裂"文本后，输入文本"的花瓣"。

【解析】 本题要求先定位插入点，然后再输入文本。考生任选一种熟悉且快捷的定位插入点方法即可。

1 将鼠标光标移动到第3行"四裂"文本后，单击鼠标左键定位插入点。

2 输入文本"的花瓣"，如图2-2所示。

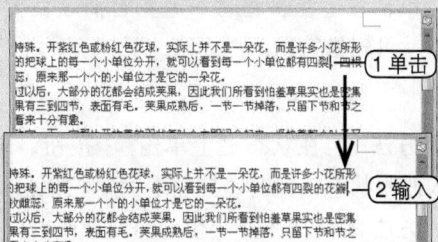

图2-2 定位插入点并输入文本

【例题3】在文档开始处插入符号"【",然后移动插入点到第一段末尾,插入"】"符号。

【解析】本题要求在指定的位置插入符号,然后移动插入点,再次插入符号。在移动插入点时,考生选择熟悉的方法完成操作即可,具体操作如下。

1 将鼠标光标移动到文档开头,单击鼠标左键定位文本插入点。

2 通过键盘输入"【",然后将鼠标光标移动到第一段末尾处单击,输入"】",过程如图2-3所示。

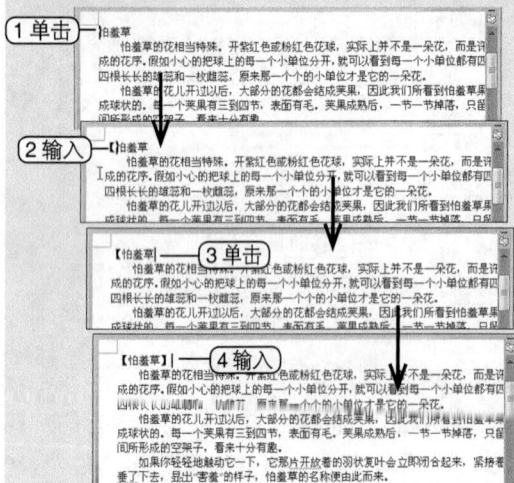

图2-3　插入文本

考点2　改写文本 (★★★)

考情分析

该考点出现考题的概率较高,但操作比较简单,考生在答题时一定要看清题目要求,这样就可轻松答题。

操作指南

方法1:在状态栏上单击 插入 按钮,即可进入改写状态,此时该按钮变为 改写 按钮。

方法2:将插入点定位到需要修改的位置,按【Insert】键进入改写状态。

经典例题

【例题】将第2行文本中的"相当"文本通过快捷键方法改写成"非常"。

【解析】本题要求通过快捷键进入改写状态,因此答题时一定要按照要求来进行操作,否则将不能继续,具体操作如下。

1 将鼠标光标移动到第2行"相当"文本前,单击定位插入点。

2 按【Insert】键进入改写状态,然后切换到中文输入法输入文本"非常"即可,如图2-4所示所示。

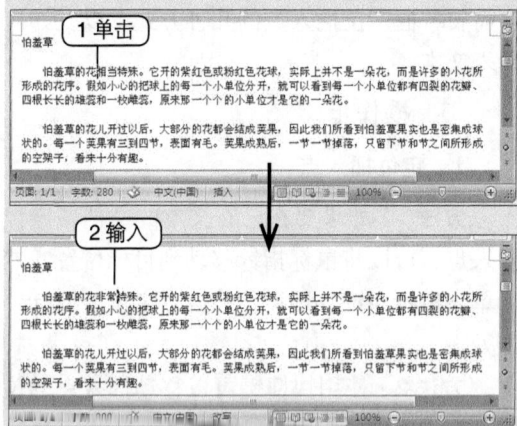

图2-4　改写文本

2.2　快速输入字符

考点1　插入符号 (★★★)

考情分析

该考点要求考生完全掌握,其命题方式一般是要求考生在指定的位置插入指定类型的符号或特殊字符。

操作指南

1. 插入符号

定位插入点，在【插入】→【符号】组中单击"符号"按钮Ω，在弹出的下拉列表中选择需要的符号。

若列表框中没有需要的符号，可选择"其他符号"命令，打开"符号"对话框的"符号"选项卡，在其中选择需要的符号即可。

2. 插入特殊字符

定位插入点，在【插入】→【符号】组中单击"符号"按钮Ω，选择"其他符号"命令，打开"符号"对话框，在"特殊字符"选项卡中选择需要的符号。

3. 为符号设置快捷键

在【插入】→【符号】组中单击"符号"按钮Ω，选择"其他符号"命令，打开"符号"对话框的"符号"选项卡，在其中选择要设置快捷键的符号，然后单击 快捷键(K)... 按钮，在打开的"自定义键盘"对话框中进行相关设置即可为符号设置快捷键。

经典例题

【例题1】请在标题文本前插入符号 📖。

【解析】本题要求先将插入点定位于文本前，然后利用"符号"对话框插入指定符号，具体操作如下。

❶ 在标题文本前单击鼠标左键定位插入点，在【插入】→【符号】组中单击"符号"按钮Ω，在弹出的下拉列表中选择"其他符号"命令。

❷ 打开"符号"对话框的"符号"选项卡，在"字体"下拉列表框中选择"Wingdings"选项。

❸ 在列表框中选择 📖 符号选项，单击 插入(I) 按钮即可将选择的符号插入文档，然后单击 关闭 按钮关闭对话框，操作过程如图

2-5 所示。

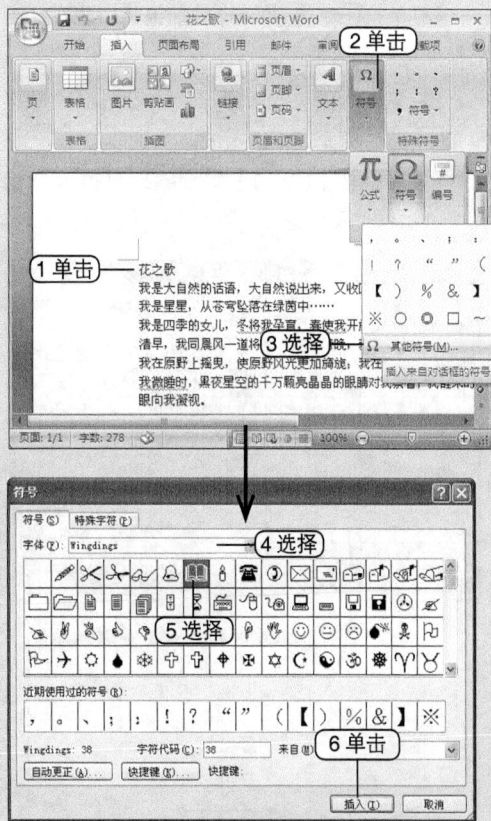

图 2-5 插入符号

【例题2】将"鼠标"符号的快捷键设为【Ctrl+1】，并利用快捷键插入鼠标符号。

【解析】本题要求为指定的符号设置快捷键，并使用快捷键将其插入到文档中。首先应选择需要设置的符号，然后为其指定快捷键，具体操作如下。

❶ 在【插入】→【符号】组中单击"符号"按钮Ω，选择"其他符号"命令，打开"符号"对话框的"符号"选项卡。

❷ 在打开的列表框中选择"鼠标"符号，然后单击 快捷键(K)... 按钮。

❸ 打开"自定义键盘"对话框，在"请按新快捷键"文本框中单击，并在键盘上按要指定

的【Ctrl+1】快捷键。

4 单击 指定(A) 按钮,快捷键将出现在"当前快捷键"列表框中。

5 单击 关闭 按钮,返回对话框,再次单击 关闭 按钮关闭对话框。

6 直接按【Ctrl+1】组合键即可插入鼠标符号,操作过程如图 2-6 所示。

图 2-6 为符号设置快捷键

考点2 插入特殊符号（★★★）

考情分析

该考点出现考题的概率较高,但命题方式比较单一,一般要求考生利用对话框或列表插入指定的特殊符号,考生只要掌握打开"插入特殊符号"对话框和在其中进行符号选

择的方法即可轻松答题。

操作指南

特殊符号包括数学符号、标点符号、单位符号等,通常情况下,在【插入】→【特殊符号】组中选择预设的特殊符号,即可将其插入到指定位置。如果预设符号中没有需要的符号,则要通过"插入特殊符号"对话框来进行设置。

经典例题

【例题】在每段文本前插入数字特殊符号"①",以此类推。

【解析】本题指定在每段文本前插入特殊符号,考生根据讲解的操作答题即可,具体操作如下。

1 在第一段开始处单击鼠标定位插入点,在【插入】→【特殊符号】组中单击 符号· 按钮。

2 在弹出的下拉列表中选择"更多"命令,打开"插入特殊符号"对话框。

3 单击"数字序号"选项卡,然后在列表框中单击选择符号"①",然后单击 确定 按钮,如图 2-7 所示,或直接双击即可插入。

4 利用相同的方法插入其他符号即可。

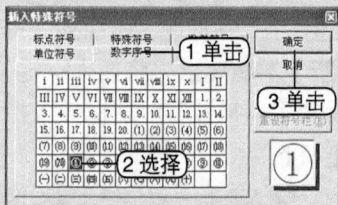

图 2-7 插入数字序号

考点3 插入编号（★★★）

考情分析

该考点是一个经常抽到考题的知识点,通常要求考生在指定位置插入指定格式的编

号，考生只需看清题目要求，按照讲解的方法操作便可轻松得到这类考题的分数。

操作指南

定位插入点，在【插入】→【符号】组中单击"编号"按钮，打开"编号"对话框，在其中的文本框中输入需要插入编号对应的阿拉伯数字，并在"编号类型"下拉列表框中选择一种样式。

经典例题

【例题】在文档第 4 段文本前插入编号 4，样式为"i，ii，iii，…"。

【解析】本题要求在指定位置插入指定的编号样式，具体操作如下。

> ❶ 在第 4 段文本前单击定位插入点。
>
> ❷ 在【插入】→【符号】组中单击"编号"按钮。
>
> ❸ 在打开的"编号"对话框的"编号"文本框中输入"4"，在"编号类型"下拉列表框中选择"i，ii，iii，…"样式。
>
> ❹ 单击 确定 按钮即可，如图 2-8 所示。

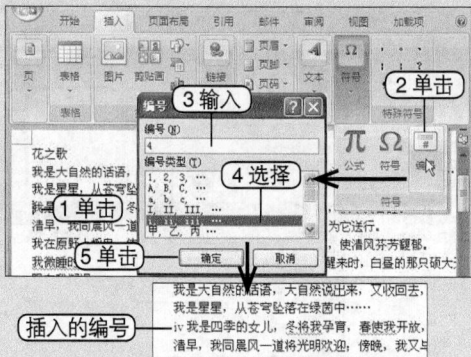

图 2-8　插入编号

考点4　插入签名行（★★★）

考情分析

该考点属于需要掌握的知识，操作方法简单，考生只需掌握如何使用签名行即可。

操作指南

1．插入 Microsoft Office 签名行

定位插入点，在【插入】→【文本】组中单击 签名行 按钮右侧的 按钮，再选择"Microsoft Office 签名行"命令，打开提示对话框，直接单击 确定(O) 按钮，在打开的"签名设置"对话框中进行相关设置。

2．插入图章签名行

插入好请求签名的签名行后，双击签名行，打开"签名"对话框，单击"选择图像"超链接，在打开的对话框中选择需要的图片。单击 选择(S) 按钮返回"签名"对话框，在其中可预览效果，再单击 签名(S) 按钮即可插入图章签名行。

经典例题

【例题】打开"合同"文档，在署名处插入 Microsoft Office 签名行，签名人姓名为"张弦"，职务为"董事长"，且是公司法人代表。

【解析】本题要求在文档末尾插入 Microsoft Office 签名行，并且指定了签名设置的具体参数，具体操作如下。

> ❶ 在"合同"文档上双击打开该文档，在署名处单击鼠标定位插入点，在【插入】→【文本】组中单击 签名行 按钮右侧的 按钮。
>
> ❷ 在弹出的下拉列表中选择"Microsoft Office 签名行"命令，打开提示对话框，直接单击 确定(O) 按钮。
>
> ❸ 打开"签名设置"对话框，在"建议的签名人"文本框中输入"法人代表"，在"建议的签名人职务"文本框中输入"董事长"，选中"在签名行中显示签署日期"复选框。
>
> ❹ 单击 确定 按钮即可插入请求签名的签名行，双击签名行，打开"签名"对话框，在其中输入"张弦"。

⑤ 单击 按钮即可插入签名行，操作过程如图 2-9 所示。

图 2-9 创建 Microsoft Office 签名行

考点5 插入日期和时间（★★★）

考情分析

该考点容易出现考题。比较常见的考查方式为在指定位置插入日期和时间，另外也有考查将某日期格式设置为默认格式的题目出现。

操作指南

方法1：当输入日期或时间前几个字符时，将自动弹出当前日期的屏幕提示，此时只需按【Enter】键即可。

方法2：将插入点定位到要插入日期的位置，在【插入】→【文本】组中单击 日期和时间 按钮，打开"日期和时间"对话框，在其中进行设置。

经典例题

【例题】请将如"13.8.10"的日期格式设置为系统的默认格式，并在文档末尾插入该格式的日期。

【解析】本题要求在文档末尾插入日期，首先应将插入点进行定位，再插入日期，具体操作如下。

① 在文档末尾单击鼠标左键定位插入点，在【插入】→【文本】组中单击 日期和时间 按钮，打开"日期和时间"对话框。

② 在"可用格式"列表框中选择指定格式的日期选项，单击 默认(D) 按钮。

③ 在打开的对话框中单击 是(Y) 按钮确定将该格式设为默认，返回"日期和时间"对话框，单击 确定 按钮即可在插入点位置快速插入日期和时间，操作过程如图 2-10 所示。

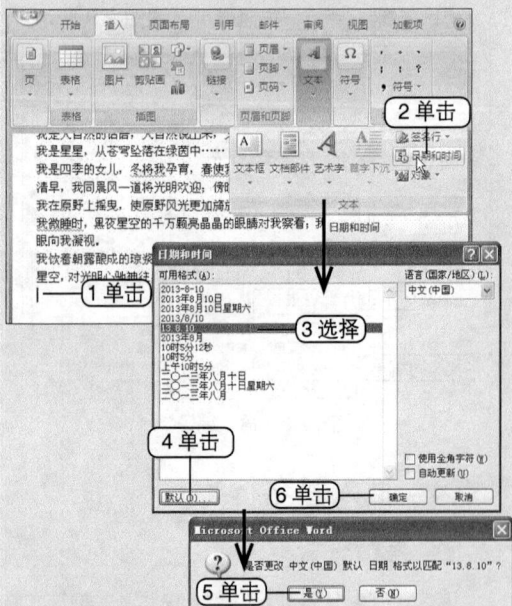

图 2-10 设置默认格式并快速插入日期和时间

考点6　插入文件和对象（★）

🔍 考情分析

该考点出现考题的概率很小。考生只需了解插入文件和对象的方法即可,需要注意的是要分清楚题目要求插入的是链接对象还是嵌入对象,在插入文件前需要先定位插入点。

🎨 操作指南

1. 插入文件

定位插入点,在【插入】→【文本】组中单击 对象按钮右侧的 按钮,再选择"文件中的文字"命令,在打开的"插入文件"对话框中进行相关设置即可。

2. 插入对象

定位插入点,在【插入】→【文本】组中单击 对象按钮右侧的 按钮,再选择"对象"命令,在打开的"对象"对话框中进行相应设置即可插入需要的对象。

📝 经典例题

【例题1】在插入点处插入"桌面"上的文档"含羞草 .docx"中的"含羞草"书签部分,并且以链接对象的方式插入。

【解析】本题要求在当前光标处插入文档中的部分文字,并要求以链接对象方式插入,具体操作如下。

❶ 在【插入】→【文本】组中单击 对象按钮右侧的 按钮。

❷ 在弹出的下拉列表中选择"文件中的文字"命令,打开"插入文件"对话框。

❸ 在"查找范围"下拉列表框中选择"桌面",在中间的列表框中选择"含羞草"文件。

❹ 单击 范围(R)... 按钮,打开"设置范围"对话框,在其中输入书签名称"含羞草",单击 确定 按钮返回对话框。

❺ 单击 插入(S) 按钮右侧的 按钮,在弹出的下拉列表中选择"插入为链接"选项。

❻ 此时插入的文件对象中的文件部分将显示在文档中,操作过程如图 2-11 所示。

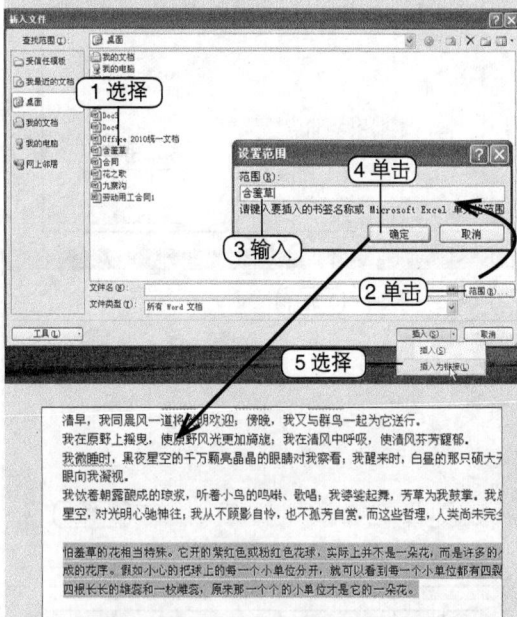

图 2-11　插入现有的文件

【例题2】将"员工工资表"表格以嵌入对象的方式插入到一个新建的空白文档中。

【解析】本题考查的是通过文件创建插入对象的方法,具体操作如下。

❶ 在快速启动栏单击"新建"按钮新建空白文档,在文档中要插入文件的位置定位插入点,在【插入】→【文本】组中单击 对象按钮右侧的 按钮。

❷ 在弹出的下拉列表中选择"对象"命令,打开"对象"对话框。

③ 单击"由文件创建"选项卡，在其中单击 浏览(B)... 按钮，在打开的对话框中选择光盘提供的"员工工资表"。

④ 单击 插入(S) 按钮，然后单击 确定 按钮即可将选择的文件作为嵌入对象插入。

⑤ 双击插入的工作表，可打开 Excel，对表格内容进行编辑，操作过程如图 2-12 所示。

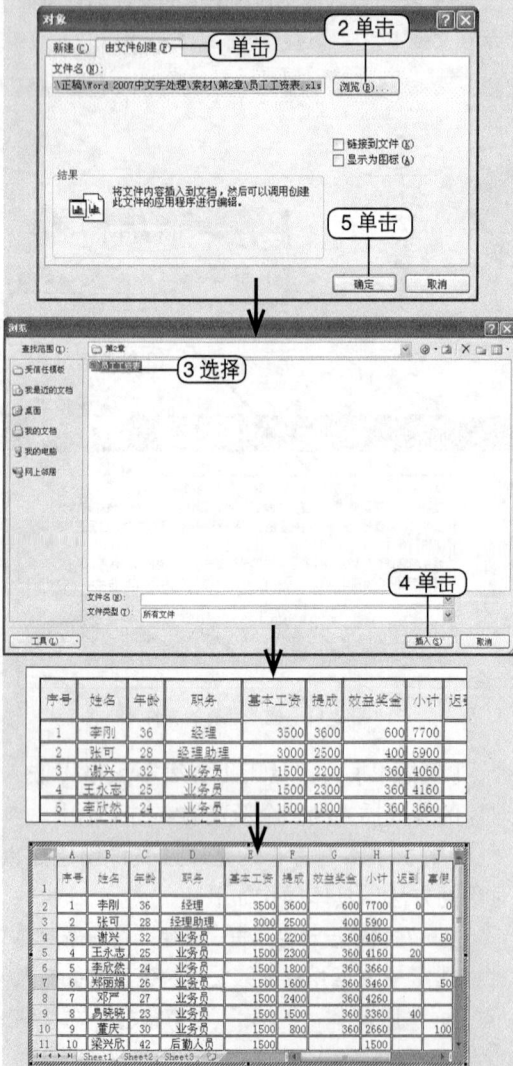

图2-12　在文档中插入表格对象

2.3　编辑文本

> 💿 **说明**：练习环境为光盘:\素材\第2章\散文.docx。

考点1　选择文本（★★★）

🔍 考情分析

该考点一般不单独出现在考题中，通常结合文本的其他编辑综合考查，考生可重点掌握运用鼠标拖动选择任意文本、选择整段文本和选择整篇文档的方法。选择文本有多种方法，在考试时若一种方法操作不了则换另一种。

🎨 操作指南

1. 选择任意数量的文本

方法1：将鼠标指针移到文档中，当其变成I形状时在要选择的文本起始处单击，然后按住鼠标左键不放拖曳至要选择文本的结尾处，释放鼠标左键即可选择文本。

方法2：单击文本起始处，再利用滚动条找到要选择文本的结束位置，按住【Shift】键不放，在结束位置处单击鼠标左键，释放【Shift】键，即可选取该区域的所有文本。

方法3：单击文本起始处，按【F8】键，此时状态栏中将显示 扩展式选定 按钮，再在要选择文本的结尾处单击鼠标即可选择该区域的所有文本。不使用扩展功能时，可单击状态栏上的 扩展式选定 按钮关闭扩展功能。

2. 选择单词、句子、一行或垂直文本块

选择一个单词、一个句子、一行文本或一个垂直文本块的方法分别如下几种。

◆ 选择一个单词：用鼠标左键双击该单词，即可选择该单词。

◆ 选择一个句子：按住【Ctrl】键不放，

单击句子中的任意位置即可选择。

◈ 选择一行文本：将鼠标指针移到文本编辑区左侧空白区域，当其变成反箭头⇗形状时单击，即可选择该行文本。在该处按住鼠标左键不放向下拖动可选择连续的多行文本。

◈ 选择一个垂直文本块：将插入点定位到文本选择内容的开始处，然后按住【Alt】键的同时在文本上拖曳鼠标即可选择垂直的文本块。

3. 选择整段文本

方法1：将鼠标指针移到段落起始处单击，按住鼠标左键不放拖动至该段落末尾（含段落标记）。

方法2：将鼠标指针移到文本编辑区左侧空白区域（称为"选择栏"），当鼠标指针变成⇗形状后双击鼠标左键，即可选择该段的所有文本内容。

方法3：将鼠标指针移动到需要选择的段落中，连续单击3次鼠标左键可选择该段落。

4. 选择整篇文档

方法1：将鼠标指针移到选择栏，当其变成⇗形状时，按住【Ctrl】键不放单击鼠标左键，即可选择整篇文档内容。

方法2：将鼠标指针移到选择栏，当指针变成⇗形状后，连续单击3次鼠标左键。

方法3：在【开始】→【编辑】组中单击 ⓘ选择 按钮，在弹出的下拉列表中选择"全选"命令，即可选择整篇文档。

方法4：按【Ctrl+A】组合键。

5. 其他选择方式

在Word中还包括以下几种特殊选择方式。

◈ 选择不连续的多个文本区域：先选一处文本，按住【Ctrl】键不放，再拖动鼠标在文档中选择其他文本。

◈ 选择页眉和页脚中的文本：双击页眉或页脚区域，进入页眉和页脚编辑状态，分别在页眉或页脚区域中单击并拖动，便可选择相应的内容。

◈ 选择非文本对象：对于文档中的图片、文本框、剪贴画等对象，只需用鼠标单击相应的对象便可选中。按住【Ctrl】键不放单击鼠标可以选择多个浮于文字上方的对象。

经典例题

【例题1】在当前文档中选择第1个段落。

【解析】解答该考题时若不能进行拖动选择，可考虑使用选择栏进行选择，具体操作如下。

方法1：在第1个段落最前面单击定位插入点，按住鼠标左键不放进行拖动，当选择第1段所有内容后释放鼠标，完成选择。

方法2：将鼠标指针移至第1段落选择栏，当指针变成⇗形状后双击鼠标左键，完成选择。

【例题2】将插入点定位在第4行，并选择该行的"会心一笑"。

【解析】本题没有要求选择文本的方法，考生选择一种自己熟悉的方法解答即可，答题时若不能进行拖动选择，可考虑使用快捷键进行选择，具体操作如下。

方法1：在第4行的文本"会心一笑"前单击定位插入点，按住鼠标左键不放进行拖动，当选择完所需的文本内容后释放鼠标，完成选择。

方法2：在第4行的文本"会心一笑"前单击定位插入点，然后按住【Shift】键在"笑"文本后单击即可选择。

考场点拨

选择文本后，若要取消选择，单击文档编辑区任意位置即可。

考点2　剪切、移动和删除文本（★★★）

考情分析

该考点要求考生必须熟练掌握，一般将剪切、移动和删除文本结合起来进行考查，或与其他知识点结合考查。

操作指南

1. 剪切文本

方法1：按【Ctrl+X】组合键。

方法2：在【开始】→【剪贴板】组中单击 ✂剪切 按钮。

方法3：单击鼠标右键，在弹出的快捷菜单中选择"剪切"菜单命令。

2. 移动文本

方法1：选择需要移动的文本后，按住鼠标左键不放，此时鼠标指针变为 形状，并出现一条虚线。移动鼠标指针，当虚线移动到目标位置时，释放鼠标左键即可将选择的文本移动到该处。

方法2：先将需要移动的文本剪切，然后在目标位置粘贴，也可将选择的文本移动到目标位置。

3. 删除文本

方法1：按【BackSpace】键删除插入点左侧的文本。

方法2：按【Del】键删除插入点右侧的文本或选择要删除的文本后按【Del】键。

方法3：选择文本后在【开始】→【剪贴板】组中单击 ✂剪切 按钮。

经典例题

【例题】使用剪切的方式将当前文档的第2个段落移动到第3个段落位置，然后将第4个段落删除。

【解析】本题要求使用剪切方式将段落移动，再删除第4个段落，具体操作如下。

1 选择文档的第2个段落，在【开始】→【剪贴板】组中单击 ✂剪切 按钮。

2 将文本插入点定位到第4段首，在【开始】→【剪贴板】组中单击"粘贴"按钮，如图2-13所示。

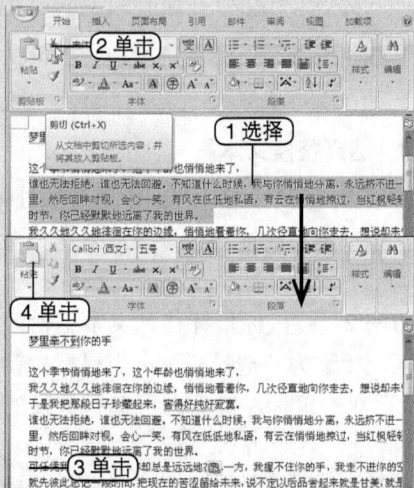

图2-13　剪切并粘贴文本

3 选择第4个段落，按【Del】键删除，如图2-14所示。

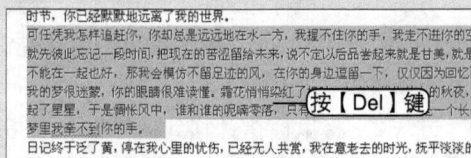

图2-14　删除文本内容

考点3　复制和粘贴文本（★★★）

考情分析

该考点出现考题的概率较高。其命题方式一般为将指定文本按指定的方法进行复制，然后将其粘贴到指定位置。

操作指南

通过复制和粘贴操作可以将选择的文本

复制到其他位置。复制文本有以下几种方法。

方法1：按【Ctrl+C】组合键。

方法2：在【开始】→【剪贴板】组中单击 复制按钮。

方法3：在选择的文本上单击鼠标右键，在弹出的快捷菜单中选择"复制"命令。

方法4：按住【Ctrl】键的同时用鼠标左键拖曳选定的文本到目标位置释放鼠标，或利用鼠标右键拖动到目标位置后释放，在弹出的菜单中选择"复制到此位置"命令。

粘贴文本有以下几种方法。

方法1：按【Ctrl+V】组合键。

方法2：在【开始】→【剪贴板】组中单击"粘贴"按钮，或单击其下的 按钮，在弹出的下拉菜单中选择"粘贴"命令。

方法3：单击鼠标右键，在弹出的快捷菜单中选择"粘贴"菜单命令。

经典例题

【例题1】新建一篇 Word 文档，将文档中选定的文字复制到新建的 Word 文档中，并保持默认文字格式。

【解析】该考题未指定复制方法，由于是在两个窗口间进行的复制操作，因此优先考虑用快捷键或右键菜单的方法答题，具体操作如下。

❶ 在 Word 文档窗口的快速启动区中单击"新建"按钮，新建一篇空白文档。

❷ 切换到另一文档窗口中，选择目标文本，按【Ctrl+C】组合键或单击鼠标右键，在弹出的快捷菜单中选择"复制"命令。

❸ 切换到 Word 新建文档窗口中，按【Ctrl+V】组合键或单击鼠标右键，在弹出的快捷菜单中选择"粘贴"菜单命令，完成操作。操作过程如图2-15所示。

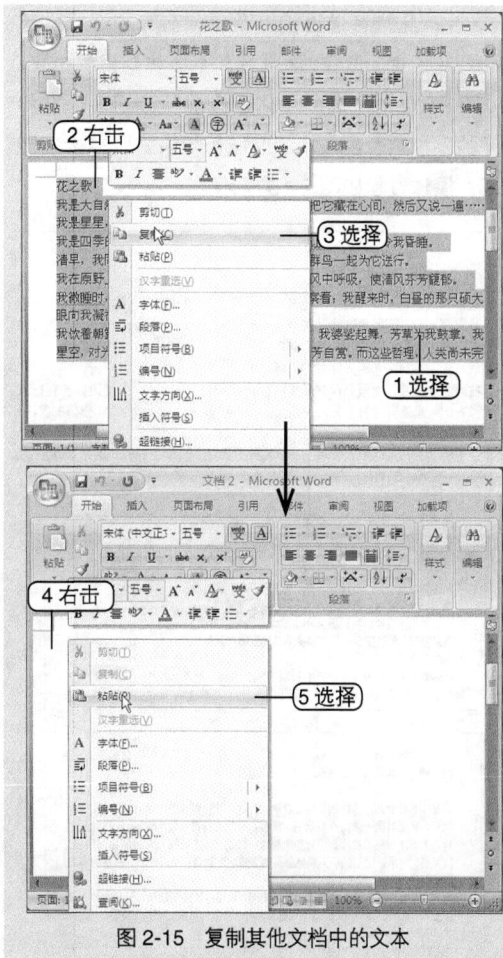

图 2-15　复制其他文档中的文本

考场点拨

在答题时考生可先创建文档，再进行复制和粘贴，也可先复制文本，然后再创建文档，粘贴文本。答题顺序没有固定，考生根据习惯快速答题即可。

【例题2】将选择的文字移到现在第2段文字末尾，设置"粘贴选项"，使得移动完成后该段文字与第2段文字的格式相同。

【解析】该考题指定了移动后的文字格式，具体操作如下。

❶ 将鼠标移动到选择的文字上，按住鼠标右键不放拖动文字到第2段文字末尾释放鼠标。

2 此时将弹出快捷菜单，在其中选择"移动到此位置"命令，即可将文字移动到目标位置。

3 单击出现的"粘贴选项"按钮，在打开的下拉列表中选中"匹配目标格式"单选项即可，操作过程如图2-16所示。

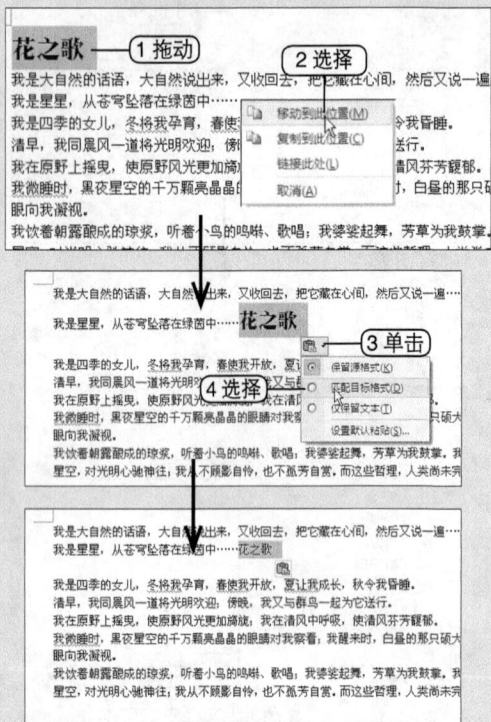

图 2-16 复制并粘贴文本

考点4 选择性粘贴文本（★★★）

考情分析

该考点出现考题的概率较高，其命题方式一般为要求考生将已复制的内容，如图片等其他对象进行选择性粘贴。

操作指南

复制文本后，定位插入点，在【开始】→【剪贴板】组中单击按钮下侧的按钮，再选择"选择性粘贴"命令。在打开的"选择性

粘贴"对话框中进行相应的设置即可。

经典例题

【例题1】将当前文档的第1～3段，以Microsoft Office Word 文档对象的形式粘贴到文档末尾。

【解析】本题要求将第1～3段的内容以文档对象的形式粘贴到文档末尾，即使用选择性粘贴将文本内容以图片形式进行粘贴，具体操作如下。

1 选择第1～3段文本，按【Ctrl+C】组合键复制文本。将文本插入点定位到文档末尾，在【开始】→【剪贴板】组中单击按钮下侧的按钮，在打开的下拉列表中选择"选择性粘贴"命令，如图2-17所示。

图 2-17 选择命令

2 在打开的"选择性粘贴"对话框中选中"粘贴"单选项，在"形式"列表框中选择"Microsoft Office Word 文档 对象"选项，单击 确定 按钮，操作过程如图2-18所示。

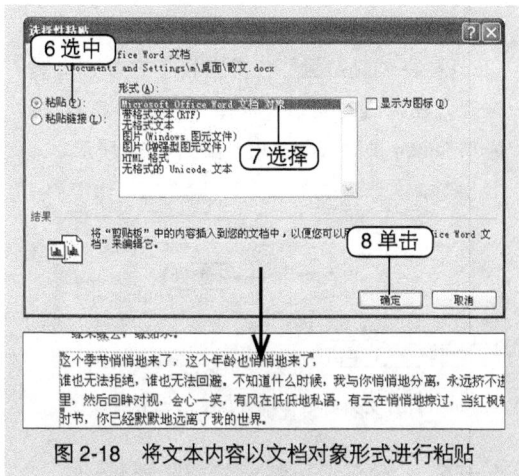

图 2-18　将文本内容以文档对象形式进行粘贴

【例题 2】将剪贴板中的内容以无格式文本的形式粘贴到当前光标处。

【解析】该考题指出剪贴板中已有内容，因此无需再执行复制操作，直接进行选择性粘贴操作。具体操作如下。

🔢 选择【开始】→【选择性粘贴】菜单命令，打开"选择性粘贴"对话框。

🔢 选中"粘贴"单选项，在"形式"列表框中选择"无格式文本"选项，单击 确定 按钮完成操作，操作过程如图 2-19 所示。

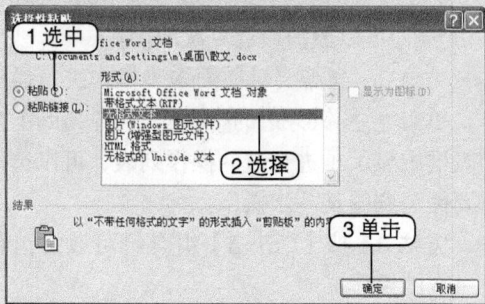

图 2-19　无格式文本粘贴

📖 **考场点拨**

复制文本后，按【Ctrl+Alt+V】组合键也可打开"选择性粘贴"对话框，该对话框中的"形式"列表框中的选项根据复制的对象不同而有所变化。

考点5　使用剪贴板（★★）

🔍 **考情分析**

该考点出现考题的概率较高，其命题方式为将剪贴板中的内容粘贴到插入点位置、删除剪贴板中的内容及设置剪贴板的打开方式等。

🎨 **操作指南**

1．打开剪贴板

在【开始】→【剪贴板】组中单击"对话框启动器"按钮🔲，即可在 Word 窗口左侧打开"剪贴板"任务窗格。再次单击"对话框启动器"按钮可关闭剪贴板。

2．设置剪贴板

在"剪贴板"任务窗格下方单击 选项▾ 按钮，在弹出的菜单中选择需要的选项即可进行相应的设置。

3．复制内容到剪贴板

方法 1：在【开始】→【剪贴板】组中单击"复制"按钮🔳，或按【Ctrl+C】组合键。

方法 2：在【开始】→【剪贴板】组中单击"剪切"按钮✂，或按【Ctrl+X】组合键。

方法 3：按【PrintScreen】键可将屏幕画面放入剪贴板。

方法 4：按【Alt+PrintScreen】键可将当前窗口画面放入剪贴板。

4．粘贴剪贴板中的内容

方法 1：在"剪贴板"任务窗格中使用鼠标单击需要的项目，即可将其添加到插入点处。也可将鼠标指针指向需要粘贴的项目，在其右侧出现▾按钮，单击该按钮，在弹出的下拉菜单中选择"粘贴"命令。

方法 2：在"剪贴板"任务窗格中单击 🔳全部粘贴 按钮，即可将其全部粘贴到插入点处。

5. 删除剪贴板中的内容

方法1：在"剪贴板"任务窗格中将鼠标指针指向需要粘贴的项目，在其右侧出现 ⌄ 按钮，单击该按钮，在弹出的下拉菜单中选择"删除"命令。

方法2：在"剪贴板"任务窗格中单击 ⛶全部清空 按钮，即可将其全部删除。

📝 经典例题

【例题1】将剪贴板上所有内容粘贴到文档末尾，再删除剪贴板中的内容。

【解析】本题要求首先将剪贴板中的内容粘贴到文档末尾，再删除剪贴板中的内容，具体操作如下。

❶ 在【开始】→【剪贴板】组中单击"对话框启动器"按钮 ⛶，打开"剪贴板"任务窗格。

❷ 将插入点定位到要粘贴的位置后单击 ⛶全部粘贴 按钮粘贴内容，再单击 ⛶全部清空 按钮清除剪贴板内容，操作过程如图2-20所示。

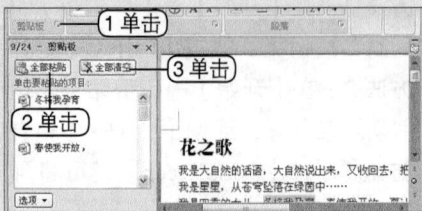

图2-20 利用剪贴板粘贴

📖 考场点拨

将内容复制到剪贴板时，"剪贴板"任务窗格中会显示复制的项目，最新的项目将显示在最顶端，包括Office程序图标和所复制文本的一部分或复制图形的缩略图。

【例题2】设置按两次【Ctrl+C】组合键后显示"剪贴板"任务窗格。

【解析】本题要求设置剪贴板的显示方式，具体操作如下。

❶ 在【开始】→【剪贴板】组中单击"对

话框启动器"按钮 ⛶，打开"剪贴板"任务窗格。

❷ 在"剪贴板"任务窗格下方单击 选项▾ 按钮，在弹出的菜单中选择"按Ctrl+C两次后显示Office剪贴板"选项，如图2-21所示。

图2-21 设置剪贴板的显示方式

考点6 撤消、恢复或重复操作（★★★）

🔍 考情分析

该考点出现考题的概率较小，一般也不会单独出现在考题中进行考查，有时可能会与其他考点结合考查，考生只需了解撤消、恢复或重复操作的几种方法即可。

🎨 操作指南

1. 撤消操作

方法1：单击快速访问工具栏中的"撤消"按钮 ↩，可以撤消最近一次的操作。

方法2：当需要对前面多步操作进行撤消时，单击 ↩ 按钮旁边的 ▾ 按钮，在弹出的下拉列表框中显示了进行过的操作列表，可以选择需要撤消到的某一步操作。

方法3：按【Ctrl+Z】组合键可以撤消最近一次的操作。

2. 恢复操作

方法1：单击快速访问工具栏中的"恢复"按钮 ↪，可以恢复最近一次的撤消操作。

方法2：多次单击 ↪ 按钮可恢复多步撤消的操作。

方法3：按【Ctrl+Y】组合键可以恢复最

近一次的撤消操作。

3. 重复操作

方法 1：单击快速访问工具栏中的"重复"按钮 ⟳，可以重复最近一次的输入或删除操作。

方法 2：按【Ctrl+Y】组合键也可以重复最近一次的输入或删除操作。

✎ 经典例题

【例题】通过快速访问工具栏剪切当前已选中的文字，然后进行撤消与恢复操作。

【解析】该考题指出通过快速访问工具栏进行操作，具体操作如下。

❶ 单击【开始】→【剪贴板】组中的"剪切"按钮 ✂，剪切文本。

❷ 单击快速访问工具栏中的"撤消"按钮 ⟲，撤消剪切操作。

❸ 单击快速访问工具栏中的"恢复"按钮 ⟳，恢复被撤消的剪切操作，如图 2-22 所示。

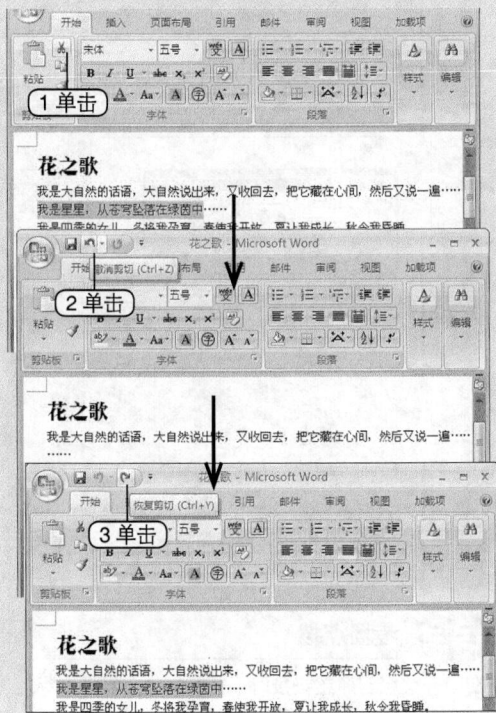

图 2-22 剪切、撤消与恢复操作

2.4 使用超链接

> ◎ **说明**：练习环境为光盘 :\素材\第 2 章\旅游路线 .docx、旅行社、docx。

考点 1 创建超链接（★★★）

🔍 考情分析

该考点是考纲中要求掌握的内容，出现考题的概率较大，其命题方式一般是为所选文字或图片设置指向某文档或文件的超链接。

🎯 操作指南

1. 在同一文档创建超链接

方法 1：在【插入】→【链接】组中单击"超链接"按钮 🔗。

方法 2：单击鼠标右键，在弹出的快捷菜单中选择"超链接"命令。

方法 3：按【Ctrl+K】组合键。

2. 创建指向文档、文件或网页的超链接

选择要创建为超链接的文本或图片，在【插入】→【链接】组中单击"超链接"按钮 🔗，打开"插入超链接"对话框，在其中进行相应设置。

3. 链接到新文档

创建链接到新文档超链接，选择要创建为超链接的文本或图片，在打开的"插入超链接"对话框中选择"新建文档"选项，在其中对应参数区进行设置。

4. 链接到空白电子邮件

选择要创建为超链接的文本或图片，在打开的"插入超链接"对话框中选择"电子邮件地址"选项，在"电子邮件地址"文本框中输入邮箱地址，在"主题"文本框中输入电子邮件的主题。

经典例题

【例题1】在光标处插入电子邮件地址为
"mailto:zqzr2013@126.com"的超链接，且其
主题为"网站咨询"。

【解析】本题要求在插入点处创建指定电
子邮件地址的超链接，且未明确操作方法，具
体操作如下。

❶ 用下列任一方法打开"插入超链接"对话框。

方法1：在【插入】→【链接】组中单击"超
链接"按钮。

方法2：单击鼠标右键，在弹出的快捷菜
单中选择"超链接"命令。

方法3：按【Ctrl+K】组合键。

❷ 在打开的"插入超链接"对话框中选择
"电子邮件地址"选项，在"电子邮件地址"文
本框中输入邮箱地址"mailto:zqzr2013@126.
com"，在"主题"文本框中输入"网站咨询"。

❸ 单击 确定 按钮即可，操作过程如图
2-23所示。

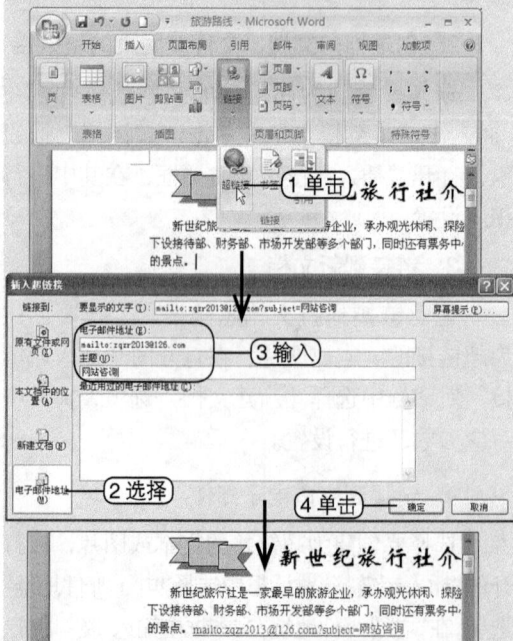

图2-23　创建内部超链接

【例题2】在当前文档中选中的文字上通
过快捷键插入超链接，链接位置为"文档顶
端"，提示为"消费价格"。

【解析】本题要求通过快捷键为选中的文
本插入超链接，且在同一文档中，具体操作如下。

❶ 按【Ctrl+K】组合键，打开"插入超链接"
对话框。

❷ 在左侧选择"本文档中的位置"选项，
在"请选择文档中的位置"列表中选择"文档顶
端"选项。

❸ 单击 屏幕提示(P)... 按钮，打开"设置超
链接屏幕提示"对话框，在其中的文本框中输入
鼠标指向超链接时希望出现的屏幕提示信息。

❹ 依次单击 确定 按钮即可，操作过程
如图2-24所示。

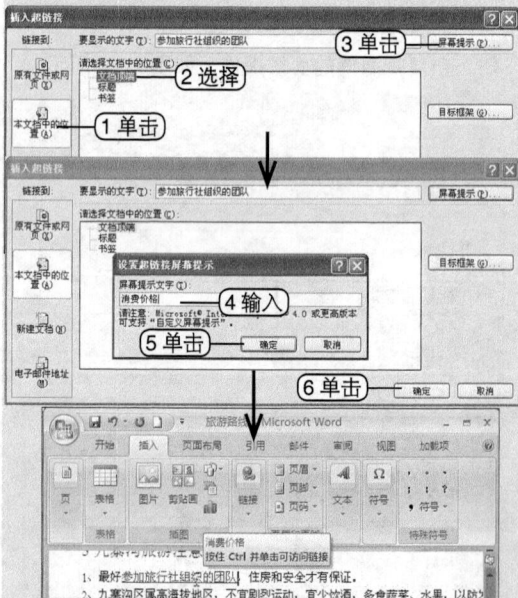

图2-24　创建超链接

📖 **考场点拨**

在同一文档创建超链接时，需要先为文档设置标题
样式或书签，否则将不能实现。

考点2　编辑超链接（★★）

考情分析

该考点要求考生掌握编辑超链接的相关方法即可，单独出现考题的概率小，通常与超链接的其他考点结合起来出题。

操作指南

方法1：单击鼠标右键，在弹出的快捷菜单中选择"超链接"命令。

方法2：在【插入】→【链接】组中单击"超链接"按钮。

方法3：按【Ctrl+K】组合键。

经典例题

【例题】为文档中"网站咨询"文字超链接添加屏幕提示，提示内容为"更多路线咨询"。

【解析】本题要求在已创建的超链接上进行修改编辑，添加屏幕提示，具体操作如下。

1️⃣ 选择"网站咨询"文字超链接。

2️⃣ 用下列任一方法打开"编辑超链接"对话框。

方法1：在要编辑的超链接上单击鼠标右键，在弹出的快捷菜单中选择"编辑超链接"命令。

方法2：在【插入】→【链接】组中单击"超链接"按钮。

方法3：按【Ctrl+K】组合键。

3️⃣ 在其对话框中单击 [屏幕提示(P)…] 按钮，打开"设置超链接屏幕提示"对话框，在其中的文本框中输入"更多路线咨询"文本。

4️⃣ 依次单击 [确定] 按钮即可完成修改，操作过程如图 2-25 所示。

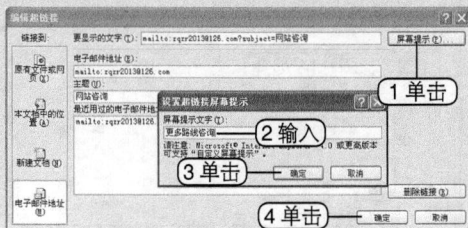

图 2-25　修改超链接屏幕提示

考点3　访问和删除超链接（★★★）

考情分析

该考点出现考题的概率较高，但涉及的操作都比较简单，命题方式一般为要求考生访问某个超链接或将某个超链接删除。

操作指南

1. 访问超链接

方法1：将鼠标指向已经创建超链接的文本或图片，按【Ctrl】键，当鼠标变为手形状时单击。

方法2：在创建了超链接的文本上单击鼠标右键，在弹出的快捷菜单中选择"打开超链接"命令。

2. 删除超链接

方法1：在要删除的超链接上单击鼠标右键，在弹出的快捷菜单中选择"编辑超链接"命令，或选择要删除的超链接，在【插入】→【超链接】组中单击"超链接"按钮，打开"编辑超链接"对话框，在其中单击 [删除链接(R)] 按钮。

方法2：在要删除的超链接上单击鼠标右键，在弹出的快捷菜单中选择"取消超链接"命令即可。

经典例题

【例题】访问"参加旅行社组织的团队"超链接，然后将其删除。

【解析】本题要求先访问创建的超链接，然后将其删除，没有要求具体的操作方法。考生根据自己的掌握程度，使用最熟悉的方法快速答题即可，具体操作如下。

1️⃣ 执行以下任一方法访问超链接。

方法1：将鼠标指向已经创建超链接的文本，按【Ctrl】键，当鼠标变为手形状时单击。

方法2：在创建了超链接的文本上单击鼠标右键，在弹出的快捷菜单中选择"打开超链接"命令。

2 执行以下任一方法删除超链接。

方法1：在要删除的超链接上单击鼠标右键，在弹出的快捷菜单中选择"编辑超链接"命令，或选择要删除的超链接，在【插入】→【超链接】组中单击"超链接"按钮🔍，打开"编辑超链接"对话框，在其中单击 删除链接(R) 按钮即可。

方法2：在要删除的超链接上单击鼠标右键，在弹出的快捷菜单中选择"取消超链接"命令，操作过程如图2-26所示。

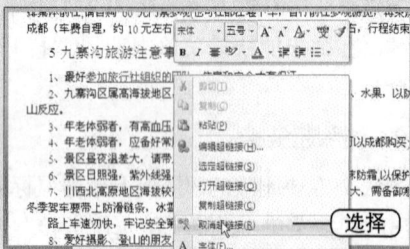

图2-26 删除超链接

2.5 查找和替换文本

◎ 说明：练习环境为光盘:\素材\第2章\旅游路线.docx。

考点1 查找文本（★★★）

🔍 考情分析

该考点出现考题的概率较高。考生要熟悉打开"查找和替换"对话框及进行简单查找的方法，命题时除了要求查找字符串外，有时也会要求查找指定格式的文本和符号。

🎨 操作指南

在【开始】→【编辑】组中单击 查找 按钮或按【Ctrl+F】组合键，打开"查找和替换"对话框，在其中进行设置即可。

另外，还可以通过设置格式来查找指定的文本对象，在"查找和替换"对话框中单击 更多(M)>> 按钮，展开隐藏的面板，在其中可对需要查找的相关格式或特殊对象进行设置。

📝 经典例题

【例题】查找文档中字体为"宋体、四号"的全部文本，并突出显示所有查找到的项目。

【解析】该考题指出了查找字符的格式，因此需要先进行格式设置，然后将查找到的内容突出显示，具体操作如下。

1 在【开始】→【编辑】组中单击 查找 按钮或按【Ctrl+F】组合键，打开"查找和替换"对话框。

2 在"查找"选项卡的"查找内容"下拉列表框中单击定位插入点，单击 更多(M)>> 按钮，展开隐藏的面板。

3 单击 格式(O)· 按钮，在弹出的下拉菜单中选择"字体"命令，如图2-27所示打开"查找字体"对话框。

图2-27 展开隐藏面板

4 在"查找字体"对话框中的"中文字体"下拉列表中选择"宋体"，在"字号"列表框中选择"四号"选项，单击 确定 按钮，返回"查找和替换"对话框。

5 单击 阅读突出显示(R)▼ 按钮，在打开的下拉菜单中选择"全部突出显示"命令，然后单击 关闭 按钮，如图2-28所示。

> ⊙ 说明：选择"全部突出显示"命令后，"取消"按钮将自动变为"关闭"按钮。

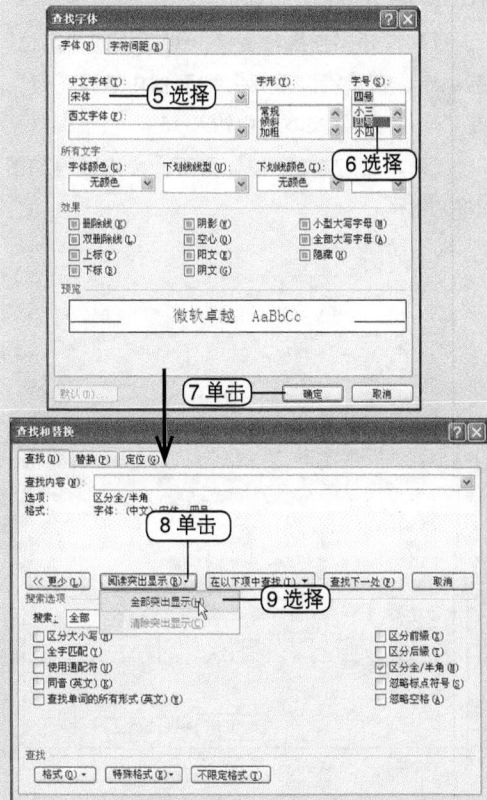

图 2-28　突出显示文本内容

> 📖 **考场点拨**
>
> 当不需要进行突出显示时，可将其取消，方法是单击 阅读突出显示(R)▼ 按钮，在打开的下拉菜单中选择"清除突出显示"命令即可。

考点2　替换文本（★★★）

🔍 考情分析

该考点通常会结合查找文本的知识点进行考查，抽到考题的概率较大，一般会明确指出需要替换的具体内容或格式。

🎯 操作指南

1. 直接替换

在【开始】→【编辑】组中单击 替换 按钮，打开"查找和替换"对话框的"替换"选项卡，在其中进行相应的设置，根据需要进行替换。

2. 其他替换技巧

使用替换功能可以替换字体格式、段落标记、空格、全/半角符号等。

📝 经典例题

【例题】将手动换行符一次性全部替换为手动分页符。

【解析】本题明确要求替换特殊格式，具体操作如下。

1 在【开始】→【编辑】组中单击 替换 按钮，打开"查找和替换"对话框的"替换"选项卡。

2 在"查找内容"下拉列表框中单击定位插入点，单击 更多(M)>> 按钮，然后单击 特殊格式(E)▼ 按钮，在弹出的下拉菜单中选择"手动换行符"命令，或直接在下拉列表框中输入"^l"。

3 在"替换为"下拉列表框中单击定位插入点，然后单击 特殊格式(E)▼ 按钮，在弹出的下拉菜单中选择"手动分页符"命令，或直接在下拉列表框中输入"^m"。

4 单击 全部替换(A) 按钮，然后在打开的提示对话框中单击 确定 按钮，最后单击 关闭 按钮关闭对话框即可，操作过程如图2-29所示。

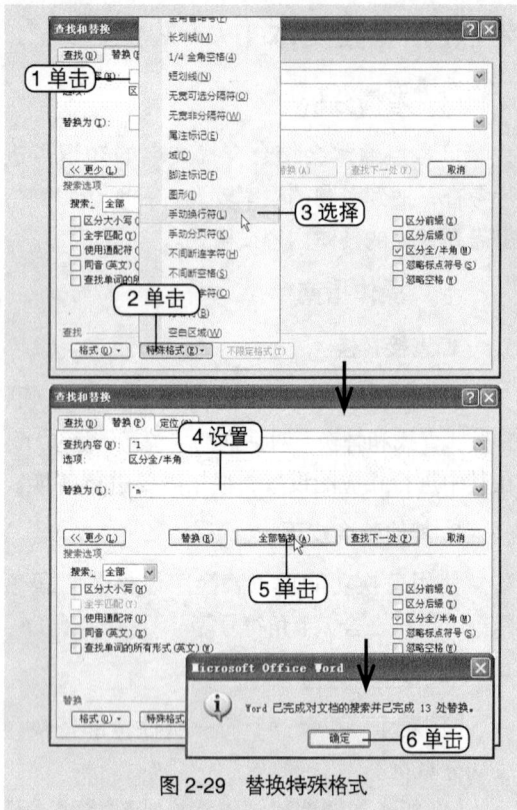

图 2-29　替换特殊格式

考场点拨

若考题中要求全部替换，则输入查找与替换文本后单击 全部替换(A) 按钮即可。有时考题中也会要求只将查找到的第几处文本进行替换，这时就需要先单击 查找下一处(F) 按钮进行查找，再单击 替换(R) 按钮对指定文本进行替换。

考点3　定位文本（★★★）

考情分析

该考点抽到考题的概率较高，需要考生熟练掌握，命题方式一般会指定插入点定位在什么位置，如第几页第几行等。

操作指南

在【开始】→【编辑】组中单击 查找 按

钮右侧的下拉按钮▾，在打开的下拉列表中选择"转到"选项，打开"查找和替换"对话框的"定位"选项卡，在其中进行相应的设置即可。

经典例题

【例题】将插入点定位到文档第 15 行。

【解析】本题明确要求将插入点定位到第 15 行，具体操作如下。

❶ 在【开始】→【编辑】组中单击 查找 按钮右侧的下拉按钮▾，在打开的下拉列表中选择"转到"选项。

❷ 打开"查找和替换"对话框的"定位"选项卡，在"定位目标"列表框中选择"行"，在"输入行号"文本框中输入 15。

❸ 单击 定位(T) 按钮即可，操作过程如图 2-30 所示。

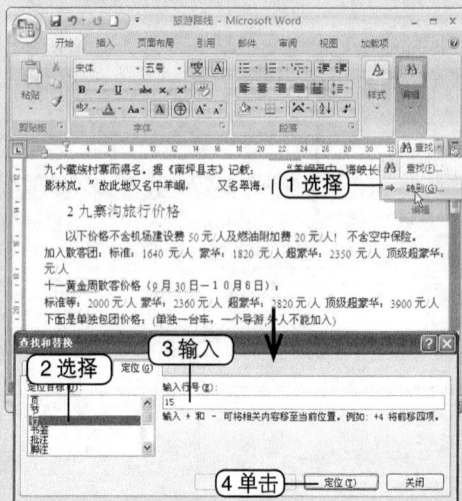

图 2-30　定位到行

考场点拨

单击任务栏中的 页面 按钮，或单击垂直滚动条下方的"选择浏览对象"按钮○，在打开的下拉列表中单击"定位"按钮→，都可打开"查找和替换"对话框的"定位"选项卡。

2.6 自动更正与检查校对

○ **说明**：练习环境为光盘：\ 素材 \ 第 2 章 \ 旅游路线 .docx。

考点1 使用自动更正（★）

🔍 考情分析

该考点出现考题的概率较大。命题方式一般是要求对文档进行自动更正，但需要设置例外项或添加自动更正的项目。

🎯 操作指南

1. 打开和使用自动更正

单击 🔘 按钮，再单击 Word 选项① 按钮，在打开的"Word 选项"对话框的"校对"选项卡中，单击 自动更正选项(A) 按钮，打开"自动更正"对话框，在其中进行设置即可。

2. 使用数学自动更正符号

打开"自动更正"对话框，在其中单击"数学自动更正"选项卡，在其中进行相关设置。

📝 经典例题

【例题 1】设置文档中所有英文自动更正前两个字母连续大写，但是"The"除外。

【解析】本题考查使用自动更正功能更正指定条件的文本，并指出了例外项，具体操作如下。

🔟 单击 🔘 按钮，在打开的菜单中单击 Word 选项① 按钮，打开"Word 选项"对话框。

🔁 单击"校对"选项卡，在右侧的"自动更正选项"栏中单击 自动更正选项(A) 按钮，打开"自动更正"对话框。

🔂 在其中选中"更正前两个字母连续大写"复选框，然后单击右侧的 例外项(E)... 按钮，打开"'自动更正'例外项"对话框。

🔟 单击"其他更正"选项卡，在"不更正"文本框中输入"THe"，单击 添加(A) 按钮。

🔁 依次单击 确定 按钮，操作过程如图 2-31 所示。

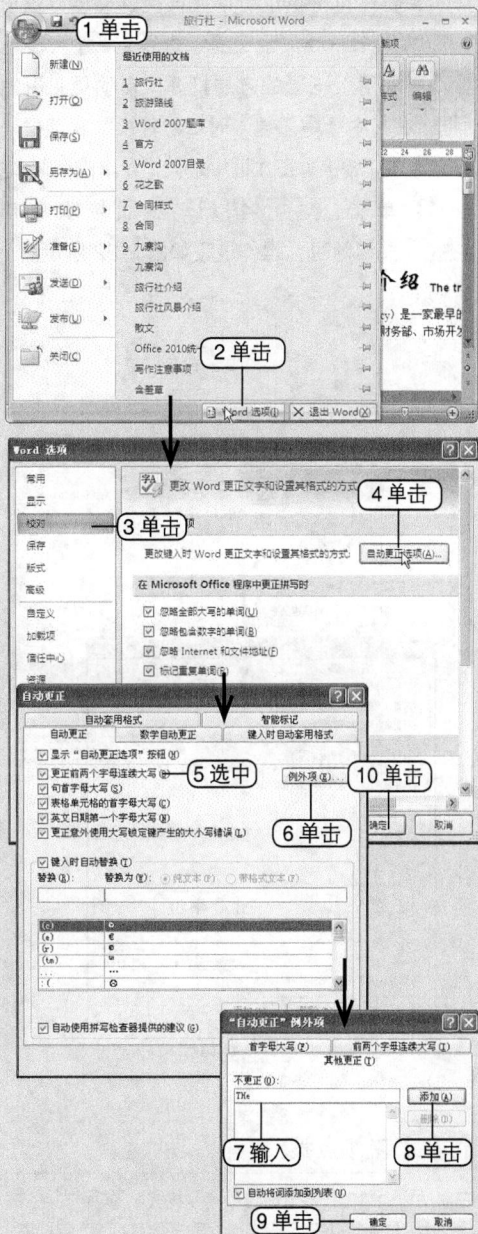

图 2-31 自动更正英文拼写

【例题2】将文档中所有的"九寨沟"文本替换为"九寨沟■"。

【解析】本题考查使用自动更正功能将文本替换为图片的知识,具体操作如下。

1️⃣ 打开包含更正后格式样式的文档,这里打开"旅行社.docx",选择"九寨沟■"文本。

2️⃣ 利用上一题的方法打开"自动更正"对话框,在其中选中"键入时自动替换"复选框。

3️⃣ 在"替换"文本框中输入"九寨沟"文本。

4️⃣ 单击 添加(A) 按钮,然后依次单击 确定 按钮即可,操作过程如图2-32所示。

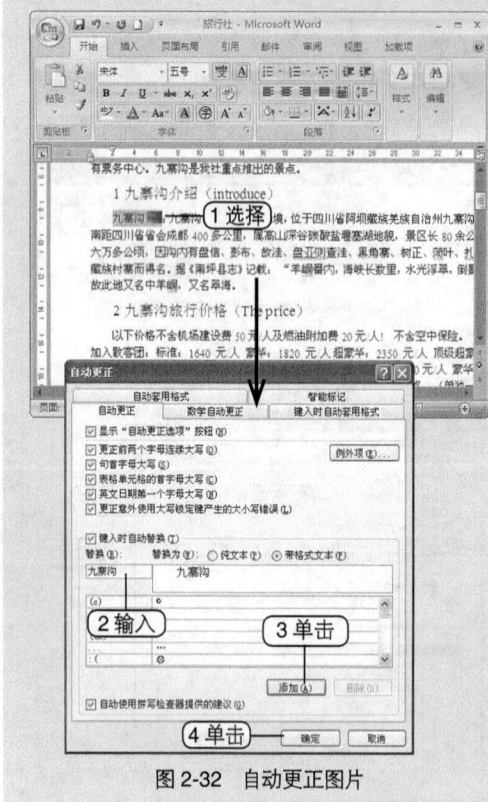

图2-32 自动更正图片

📖 **考场点拨**

在对话框中单击"键入时自动套用格式"选项卡,在其中选中"自动项目符时列表"和"自动编号列表"复选框,可设置文档在输入时自动添加编号或项目符号。

考点2 使用拼写和语法检查(★)

🔍 **考情分析**

该考点出现考题的概率较高,其命题方式包括通过设置使Word在输入时不检查语法、不检查拼写、忽略带数字的单词以及将词典中不存在的单词添加到词典中等。考生只需掌握打开这些选项所在的对话框的操作,在其中选中或取消选中相应的复选框即可。

🎨 **操作指南**

使用Word的拼写和语法检查功能,可以查看文档是否有拼写或语法错误。

1. 打开或关闭拼写和语法检查功能

单击 按钮,再单击 Word 选项(I) 按钮,在打开的"Word选项"对话框的"校对"选项卡中进行相应设置。

2. 设置和使用语法和拼写检查

在"Word选项"对话框的"校对"选项卡中单击 设置(D) 按钮,打开"语法设置"对话框,在其中可进行设置。

在文档中输入一个错误的词,在其上单击鼠标右键,再选择"拼写检查"命令,打开"拼写"对话框,在其中对应参数区根据需要进行设置即可。

3. 不进行拼写和语法检查

在【审阅】→【校对】组中单击 设置语言 按钮,打开"语言"对话框,在其中进行相应设置。

📝 **经典例题**

【例题】通过设置,使Word在键入时检查语法及拼写错误,但忽略带数字的单词、Internet和文件地址。

【解析】本题考查设置拼写和语法检查的相关知识,具体操作如下。

1️⃣ 单击 按钮，在打开的菜单中单击 Word 选项 按钮，打开 "Word 选项"对话框。

2️⃣ 单击"校对"选项卡，在"在 Microsoft Office 程序中更正拼写时"栏中选中"忽略包含数字的单词"和"忽略 Internet 和文件地址"复选框。

3️⃣ 在"在 Word 中更正拼写和语法时"栏中选中"键入时检查拼写"和"键入时标记语法错误"复选框。

4️⃣ 单击 确定 按钮即可，如图 2-33 所示。

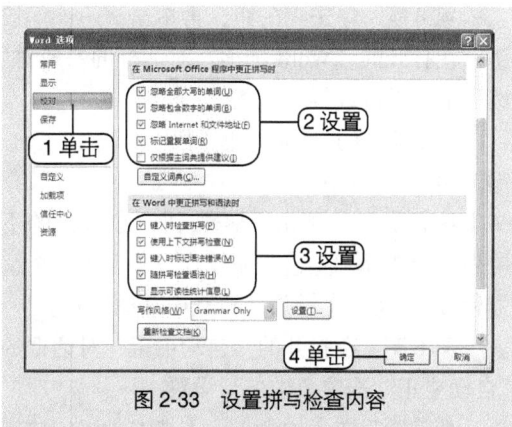

图 2-33　设置拼写检查内容

过关强化练习及解题思路

1. 过关题目

第 1 题　将第一处查找到的"旅行"替换为"旅游"。

第 2 题　设置 Word 在复制时自动显示剪贴板。

第 3 题　在 Word 中将自动更正中的"成都导向"改为"成都蓝雨"，其对应文字不变。

第 4 题　对当前文档进行一次拼写和语法检查，将所有的错误全部忽略。

第 5 题　（1）选择当前文档的第 1 至第 3 段落；（2）选择全文；（3）一次性选择所有的编号。

第 6 题　在 Word 中设置句首字母大写，输入 good 进行查看。

第 7 题　在光标处插入系统的日期和时间，并将格式设置为默认格式，要求：适用于美国等使用英语的国家，设置格式如 3:03:47 PM，其他选项为默认值。

第 8 题　为选中的"九寨沟"文本添加超链接，链接到桌面上的"九寨沟 .docx"。

第 9 题　在文档末尾插入当前计算机的日期和时间（格式为 ×××× 年 ×× 月 ×× 日星期 ×）。

第 10 题　在标题的后面插入特殊字符"版权所有"。

第 11 题　将插入符号中笑脸的快捷键设为"Ctrl+;"。

第 12 题　利用 Word 工具检查文档中的拼写错误，并根据建议全部更改。

2. 解题思路

第 1 题　在【开始】→【编辑】组中单击 替换 按钮，在打开的对话框中进行设置。

第 2 题　在"剪贴板"任务窗格下方单击 选项▼ 按钮，在弹出的菜单中选择相关选项。

第 3 题　在打开的"自动更正"对话框的"自动更正"选项卡中进行设置。

第4题 单击按钮，再单击 ⬜ Word 选项① 按钮，在打开的"Word选项"对话框的"校对"选项卡中进行设置。

第5题 （1）选中第1段后按住【Ctrl】键不放，再选中第2、3段；（2）在【开始】→【编辑】组中单击 ⬜ 选择 按钮，在弹出的下拉列表中选择"全选"命令；（3）选中一个编号后按住【Ctrl】键放，再选中其他编号。

第6题 在打开的"自动更正"对话框的"自动更正"选项卡中进行设置。

第7题 在【插入】→【文本】组中单击 ⬜ 日期和时间 按钮，在打开的"日期和时间"对话框中进行设置。

第8题 选中"九寨沟"文本，单击鼠标右键，在弹出的快捷菜单中选择"超链接"命令，在打开的"插入超连接"对话框中进行设置。

第9题 将插入点定位到文档末尾，然后在"日期和时间"对话框中进行设置。

第10题 定位插入点，选择【插入】→【符号】菜单命令，在"特殊字符"选项卡中设置。

第11题 在【插入】→【符号】组中单击"符号"按钮Ω，选择"其他符号"命令，打开"符号"对话框，在"特殊字符"选项卡中单击 快捷键(K)... 按钮设置快捷键。

第12题 在【审阅】→【校对】组中单击"拼写和语法"按钮，打开"拼写和语法"对话框进行设置。

第 3 章 ·设置文档格式·

◼◼ 考情分析

　　本章主要考查设置文档格式的相关知识，共 27 个考点，包括设置字体、字形、字体颜色、下划线和字体效果，设置字符边框、字符底纹和字符缩放大小，设置段落对齐、边框和底纹，样式的创建和修改，设置双行合一、合并字符和纵横混排，以及使用多级列表和设置拼音指南等。本章有 2/3 的考点都是必考考点，除了掌握字符设置的相关参数设置外，还应该掌握段落设置的相关参数，以及项目符号和样式的相关操作等。

◼◼ 考点要求

☑ **要求掌握的考点**
　考点级别：★★★
　　◻ 设置字体、字形和字号
　　◻ 设置字体颜色和下划线
　　◻ 设置字体效果
　　◻ 设置字符边框
　　◻ 设置字符底纹
　　◻ 设置字符缩放大小
　　◻ 设置字符间距
　　◻ 提升与降低字符位置
　　◻ 设置段落对齐方式
　　◻ 设置段落缩进
　　◻ 设置行间距和段间距
　　◻ 设置段落边框和底纹
　　◻ 添加与自定义项目符号
　　◻ 添加与自定义编号
　　◻ 更改项目符号与编号

　　◻ 创建样式
　　◻ 修改样式
　　◻ 使用和删除样式
☑ **要求熟悉的考点**
　考点级别：★★
　　◻ 设置首字下沉
　　◻ 设置双行合一
　　◻ 设置合并字符
　　◻ 设置纵横混排
☑ **要求了解的考点**
　考点级别：★
　　◻ 设置制表位
　　◻ 使用多级列表
　　◻ 设置拼音指南
　　◻ 设置带圈字符
　　◻ 设置中文繁简转换

3.1 设置字符格式

> 🔘 **说明**：练习环境为光盘:\素材\第3章\散文.docx。

考点1 设置字体、字形和字号（★★★）

🔍 考情分析

该考点容易出现考题。命题方式通常是要求对当前文档中的指定字符或已选择的字符设置字体或字号，有些考题中也会出现两个以上的字符格式设置要求。有时会明确要求通过功能区、对话框或浮动面板设置，若没有要求则优先选择使用功能区完成操作，无法实现时则选择打开"字体"对话框进行设置。

🎨 操作指南

方法1：选择要设置字体的文本，在【开始】→【字体】组中单击"字体"或"字号"下拉列表框右侧的按钮，再选择需要的字体或字号（或直接输入字号）即可。

选择要设置为加粗字型的文本，在【开始】→【字体】组中单击"加粗"按钮B即可设置加粗字形，单击"倾斜"按钮I可设置倾斜字形效果。

方法2：拖动鼠标选择文本，在其上单击鼠标右键，在弹出的浮动面板中单击相应的按钮可进行字体、字号和字形的设置。

方法3：选中文本，在【开始】→【字体】组中单击"对话框启动器"按钮，打开"字体"对话框，在其中对应的参数区可根据需要进行设置。

📝 经典例题

【例题1】通过功能区将所选文字设为"方正舒体"，字号为"一号"。

【解析】本题无需选择文字，直接在功能区进行设置即可，具体操作如下。

1 在【开始】→【字体】组中单击"字体"下拉列表框右侧的按钮，在弹出的下拉列表中选择"方正舒体"选项，如图3-1所示。

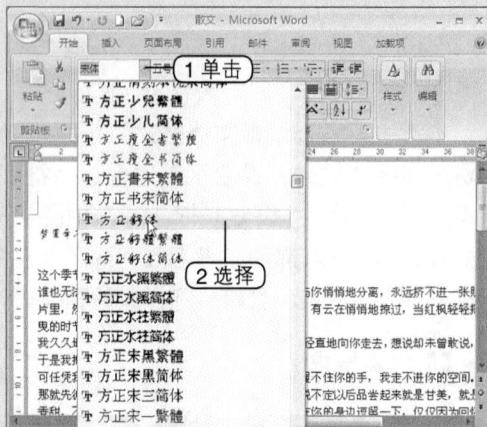

图3-1 设置字体

2 在"字号"下拉列表框中选择"一号"选项，如图3-2所示。

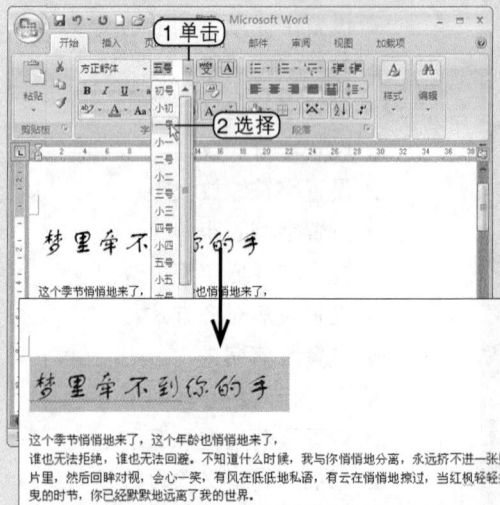

图3-2 设置字号

【例题2】将第1段文本加粗并倾斜。

【解析】本题利用功能区、浮动面板或"字体"对话框设置均可，具体操作如下。

方法1：拖曳鼠标选择第1段文字，在【开始】→【字体】组中单击"加粗"按钮 B，然后单击"倾斜"按钮 I，如图3-3所示。

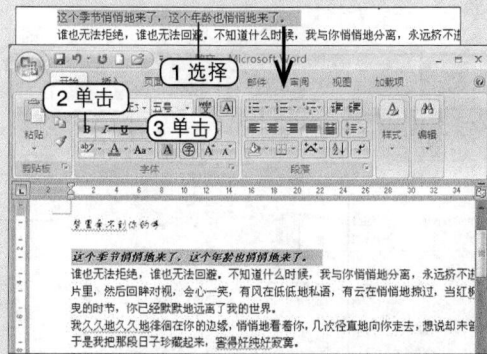

图3-3　通过功能区加粗及倾斜文本

方法2：拖曳动鼠标选择第1段文本，在其上单击鼠标右键，在弹出的浮动面板中单击"加粗"按钮 B，然后单击"倾斜"按钮 I，操作过程如图3-4所示。

图3-4　通过浮动面板加粗及倾斜文本

方法3：选中文本，在【开始】→【字体】组中单击"对话框启动器"按钮，打开"字体"对话框。在"字形"列表框中选择"加粗 倾斜"选项，单击 确定 按钮，操作过程如图3-5所示。

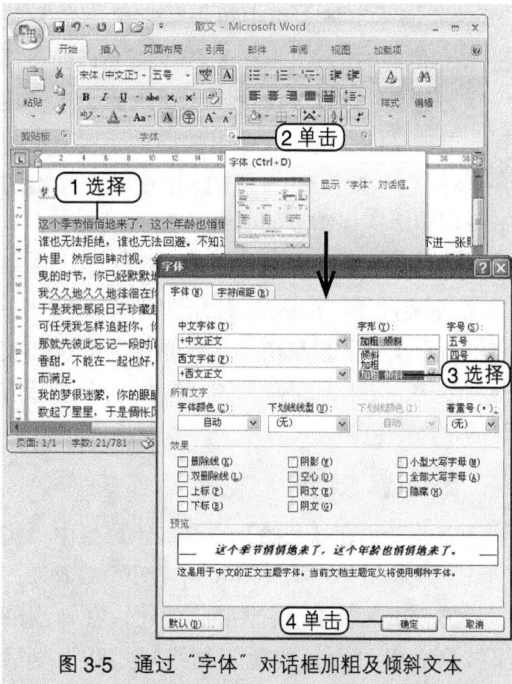

图3-5　通过"字体"对话框加粗及倾斜文本

考场点拨

考试时打开的"字体"对话框有时可能选中的是其他选项卡，此时需要先单击"字体"选项卡才能继续操作。

考点2　设置字体颜色和下划线（★★★）

考情分析

该考点抽到考题的概率较大，命题时一般是要求对当前文档中指定的文本或已选择的文本设置指定的文字颜色或下划线样式。若考题中指定了下划线的线型或颜色等，就要通过"字体"对话框进行设置。

操作指南

1. 设置字体颜色

方法1：选择要设置字体颜色的文本，在

【开始】→【字体】组中单击"字体颜色"按钮 A·右侧的·按钮，再选择需要的颜色即可。

方法2：选择要设置字体颜色的文本，在其上单击鼠标右键，在弹出的浮动面板上单击"字体颜色"按钮 A·右侧的·按钮，在弹出的下拉列表中选择需要的颜色。

方法3：在【开始】→【字体】组中单击"对话框启动器"按钮，打开"字体"对话框，在"所有文字"栏单击"字体颜色"下拉列表框右侧的·按钮，在弹出的下拉列表中选择需要的字体颜色。

2. 设置下划线

方法1：在【开始】→【字体】组中单击"下划线"按钮 U，添加默认的单线下划线效果。

方法2：单击 U 右侧的·按钮，在弹出的下拉列表中可选择其他下划线样式和下划线颜色即可。

方法3：打开"字体"对话框，在"下划线线型"下拉列表框中选择下划线线型，在"下划线颜色"下拉列表框中选择下划线颜色。

✎ **经典例题**

【例题】用"字体"对话框依次将第2自然段设置为"幼圆、加粗、18磅、红色、单下划线"。

【解析】本题指定通过"字体"对话框设置相关的字符格式，具体操作如下。

1 选择第2段文本，在【开始】→【字体】组中单击"对话框启动器"按钮，打开"字体"对话框。

2 在"中文字体"下拉列表框中选择"幼圆"，在"字形"列表框中选择"加粗"，在"字号"列表框中选择"18"，在"字体颜色"下拉列表中选择"红色"，在"下划线线型"下拉列表框中选择"单下划线"，单击 确定 按钮，操作过程如图3-6所示。

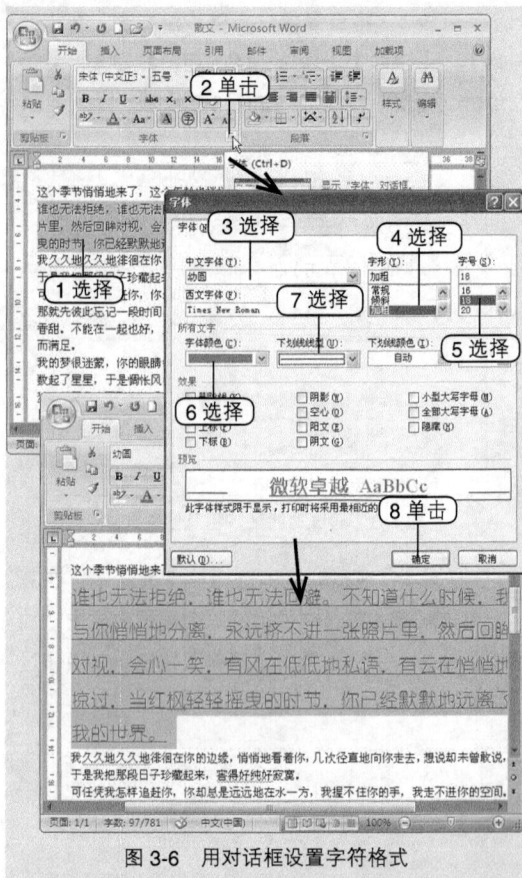

图3-6 用对话框设置字符格式

📖 **考场点拨**

在"字体"对话框的"着重号"下拉列表框中可为选择的文本设置着重号样式。

考点3 设置字体效果（★★★）

🔍 **考情分析**

该考点是考纲中要求掌握的知识点，考题中考查的操作一般比较简单，考生只需掌握在"字体"对话框中的相关操作即可。

🛰 **操作指南**

选择要设置字体效果的文本，打开"字体"对话框，在"效果"栏中选中相应的复选框，

单击 确定 按钮即可为选择的文本设置字体效果。

经典例题

【例题】将选中的文字设置为"阳文"效果。

【解析】本题要求设置"阳文"字体效果，具体操作如下。

❶ 在【开始】→【字体】组中单击"对话框启动器"按钮，打开"字体"对话框。

❷ 在"效果"栏中选中"阳文"复选框，然后单击 确定 按钮即可，操作过程如图3-7所示。

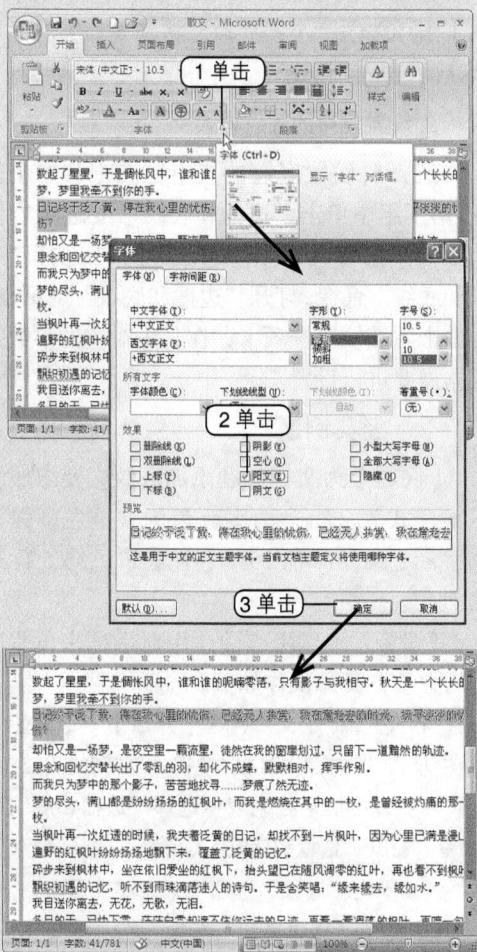

图3-7　设置字体效果

考点4　设置字符边框（★★★）

考情分析

该考点抽到考题的概率较大。命题主要有两种方式，一是为指定的文字添加边框效果，有时会指定边框的线型和颜色等样式，二是与后面的底纹设置一起综合考查。

操作指南

1. 设置简单的字符边框

选择要设置边框的文本，在【开始】→【字体】组中单击"字符边框"按钮，为选择的文字内容添加默认边框效果。

2. 设置自定义字符边框

在【开始】→【段落】组中单击"边框和底纹"按钮右侧的下拉按钮，在弹出的下拉列表中选择"边框和底纹"命令，打开"边框和底纹"对话框的"边框"选项卡，在其中对应的参数区进行相关设置。

经典例题

【例题】为选中的文字设置阴影边框效果，边框线型为"虚线"（第4种），颜色为绿色，并查看排版效果。

【解析】该题考查用"边框和底纹"对话框进行设置，具体操作如下。

❶ 在【开始】→【段落】组中单击"边框和底纹"按钮右侧的下拉按钮，在弹出的下拉列表中选择"边框和底纹"命令，打开"边框和底纹"对话框的"边框"选项卡。

❷ 在"设置"栏中选择"阴影"选项，在"样式"列表框中选择第4种线条样式。

❸ 在"颜色"下拉列表框中选择"绿色"选项。

❹ 单击 确定 按钮，返回文档，在任意位置单击即可查看效果，操作过程如图3-8所示。

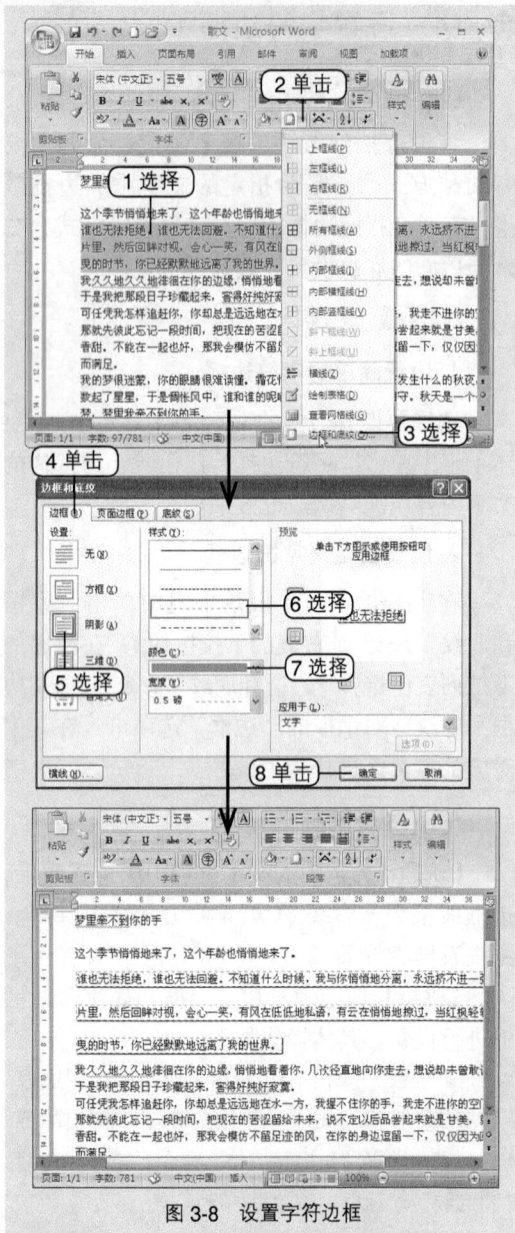

图 3-8　设置字符边框

考场点拨

在【页面布局】→【页面背景】组中单击"页面边框"按钮，打开"边框和底纹"对话框后单击"边框"选项卡也可进行相应的设置。

考点5　设置字符底纹（★★★）

考情分析

该考点抽到考题的概率较高，在命题时一般要求为指定的文字添加底纹效果，大多数情况会指定底纹的颜色和图案等样式，此时只能通过对话框进行设置，有时会与前面的边框设置出现在同一考题中。

操作指南

1. 设置简单的底纹

选择要设置底纹的文本，在【开始】→【字体】组中单击"字符底纹"按钮 A，为其添加默认的浅灰色底纹。

2. 设置复杂的底纹样式

选择要设置底纹的文本，在【开始】→【段落】组中单击"边框和底纹"按钮右侧的下拉按钮，在弹出的下拉列表中选择"边框和底纹"命令，打开"边框和底纹"对话框，再单击"底纹"选项卡，在其中对应的参数区根据需要进行设置。

经典例题

【例题】为文档标题添加底纹，要求底纹图案样式为25%，图案颜色为"橙色，强调文字颜色6，深色25%（主题颜色第5行第10列）"。

【解析】本题考查的是用对话框来设置底纹的方法，具体操作如下。

❶ 选择标题文本，在【开始】→【段落】组中单击"边框和底纹"按钮右侧的下拉按钮，在弹出的下拉列表中选择"边框和底纹"命令，打开"边框和底纹"对话框。

❷ 单击"底纹"选项卡，在"应用于"下拉列表框中选择"文字"选项，在"填充"下拉列表框中选择"橙色，强调文字颜色6，深色

25%"选项。

3 在"样式"下拉列表框中选择"25%"选项，单击 确定 按钮，操作过程如图3-9所示。

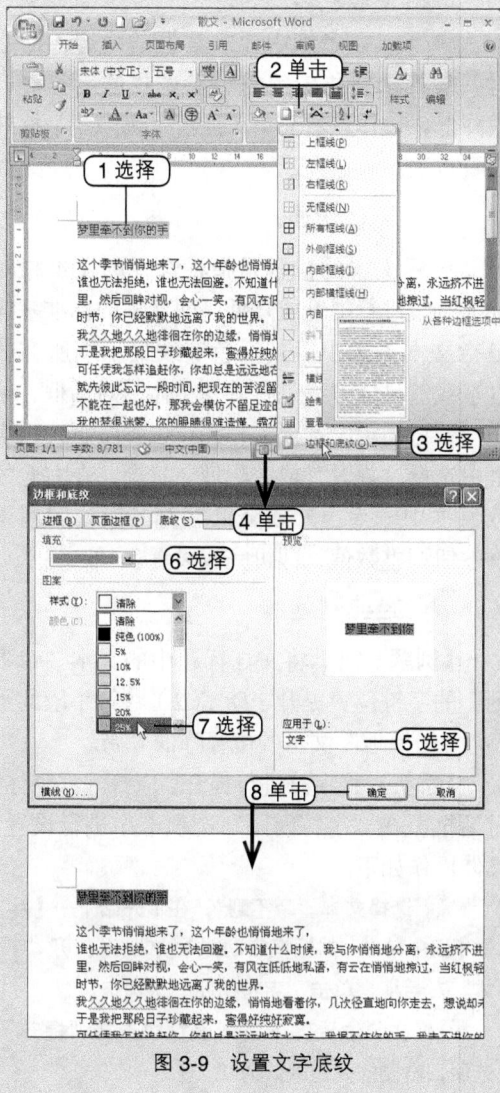

图3-9 设置文字底纹

考点6 设置字符缩放大小（★★★）

考情分析

字符缩放是考纲中要求掌握的考点，在命题时一般要求对指定的字符或已选择的字符放大或缩小，有时也会与后面的加宽字符间距等考点出现在同一考题中。

操作指南

在【开始】→【字体】组中单击"对话框启动器"按钮，打开"字体"对话框，单击"字符间距"选项卡，在"缩放"下拉列表框中选择缩放比例或直接输入1~600之间的任意数值，即可设置字符缩放大小。

经典例题

【例题】将标题字符放大到300%。

【解析】本题需在"字符间距"选项卡中进行设置，具体操作如下。

1 选择文档标题，在【开始】→【字体】组中单击"对话框启动器"按钮，打开"字体"对话框，单击"字符间距"选项卡。

2 在"缩放"下拉列表框中输入"300%"，单击 确定 按钮即可，操作过程如图3-10所示。

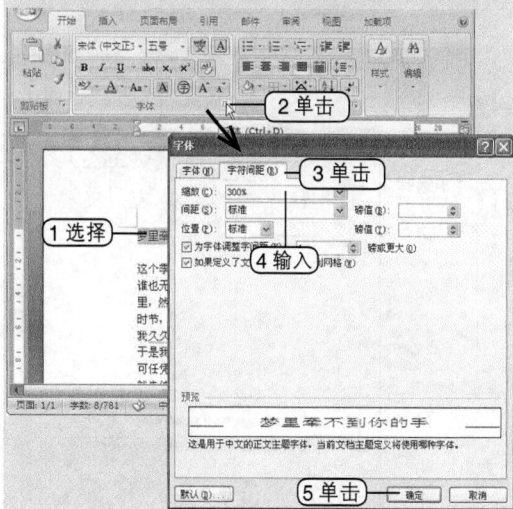

图3-10 设置缩放比例

考点7　设置字符间距（★★★）

考情分析

设置字符间距考点出现考题的概率较高。该考点在命题时一般要求将指定字符或已选择字符加宽或缩小，有时也会与本章的其他字符设置操作同时考查。

操作指南

打开"字体"对话框的"字符间距"选项卡，在对应参数区设置需要的参数即可。

经典例题

【例题】将第1段文字的字符宽度设置为"加宽、5磅"。

【解析】本题指定为第1段文字设置字符间距，具体操作如下。

1 选择第1段文本，在【开始】→【字体】组中单击"对话框启动器"按钮，打开"字体"对话框，单击"字符间距"选项卡。

2 在"间距"下拉列表框中选择"加宽"选项，在右侧的数值框中输入"5磅"。单击 确定 按钮，操作过程如图3-11所示。

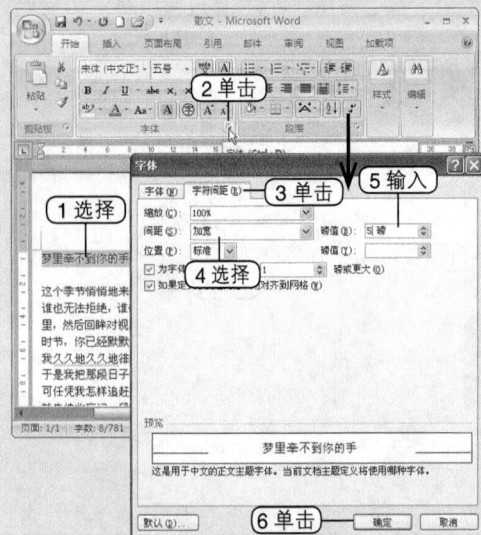

图3-11　设置字符间距

考点8　提升与降低字符位置（★★★）

考情分析

该考点是考纲中要求掌握的内容，命题时一般要求将指定字符或已选择的字符提升或降低，操作虽然简单，但考生仍需要掌握其设置方法。

操作指南

设置文本的位置是指将选择的文本相对标准基线进行提升或降低，而文本的标准基线是指文本被选中后其黑色底纹最下端所在的水平线。具体方法是打开"字体"对话框，单击"字符间距"选项卡，在"位置"下拉列表框中选择"提升"或"降低"选项，在右侧的数值框中输入提升或降低字符的值或利用微调按钮调整数值，即可完成设置。

经典例题

【例题】（1）将文档标题中的文本"牵不到"的字符位置提升3磅；（2）将第1段的第1个"悄悄地"文本的位置降低6磅。

【解析】将字符进行提升，应打开"字体"对话框，在"字符间距"选项卡中进行设置，具体操作如下。

1 选择文本"牵不到"，在【开始】→【字体】组中单击"对话框启动器"按钮，打开"字体"对话框，单击"字符间距"选项卡。

2 在"位置"下拉列表框中选择"提升"选项，右侧的磅值默认为"3磅"。

3 单击 确定 按钮，如图3-12所示。

4 然后选择"悄悄地"文本，利用相同的方法打开"字体"对话框的"字符间距"选项卡。

5 在"位置"下拉列表框中选择"降低"选项，在右侧的数值框中输入"4磅"。

6 单击 确定 按钮即可，操作过程如图

3-13 所示。

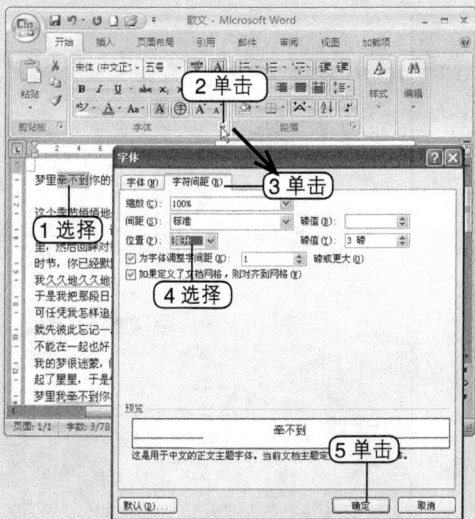

图 3-12　提升字符位置

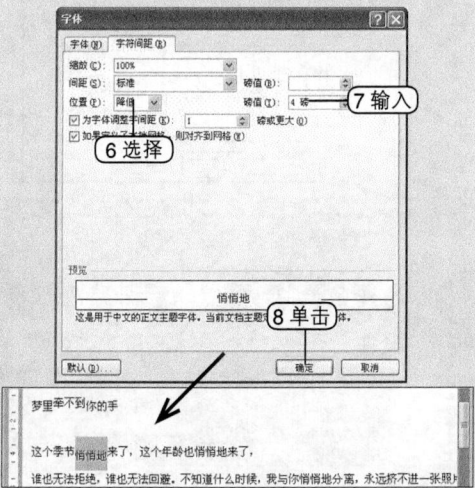

图 3-13　降低字符位置

3.2　设置段落格式

考点1　设置段落对齐方式（★★★）

🔍 考情分析

该考点通常结合其他考点进行考查，有时也单独出题进行考查，考生需熟练掌握设置段落对齐方式的方法。

🎯 操作指南

方法1：在【开始】→【段落】组中单击"左对齐"按钮▤、"居中"按钮▤、"右对齐"按钮▤、"两端对齐"按钮▤和"分散对齐"按钮▤。

方法2：在【开始】→【段落】组中单击"对话框启动器"按钮▫，打开"段落"对话框，在"对齐方式"下拉列表框中选择一种对齐方式即可。

📝 经典例题

【例题】 在 Word 2007 中，利用快捷菜单将第2自然段设置为居中对齐。

【解析】 本题明确要求使用快捷菜单完成段落对齐方式的设置，即需要打开"段落"对话框，具体操作如下。

１ 将插入点定位到第2自然段，或拖动鼠标选择第2自然段。

２ 在其上单击鼠标右键，在弹出的快捷菜单中选择"段落"命令，打开"段落"对话框。

３ 在"对齐方式"下拉列表框中选择"居中"选项，单击 确定 按钮，如图3-14所示。

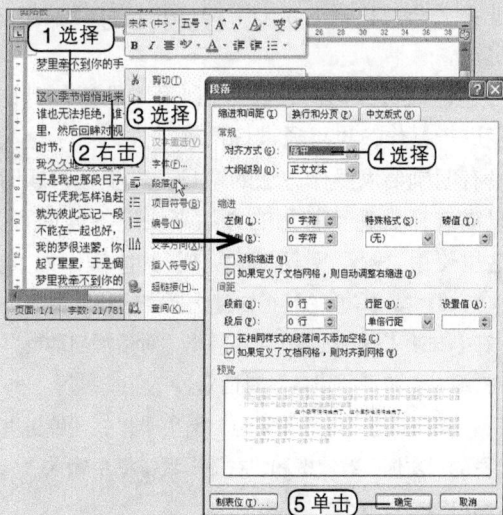

图 3-14　设置第2自然段段落对齐方式

考点2　设置段落缩进（★★★）

考情分析

　　该考点主要针对对话框和标尺出题，考生需着重掌握其操作方法。除明确要求使用标尺设置外，对段落缩进的其他设置一般都是通过"段落"对话框实现。

操作指南

　　方法1：选择文本，在【开始】→【段落】组中单击"对话框启动器"按钮，打开"段落"对话框，在对应参数区进行设置。

　　方法2：选择要设置缩进的段落后，通过水平标尺可以快速设置段落的缩进方式及缩进量。水平标尺中有首行缩进、悬挂缩进、左缩进和右缩进4个滑块，拖动各滑块到需要的位置便可设置段落缩进。

　　方法3：在【开始】→【段落】组中单击"增加缩进量"按钮或"减小缩进量"按钮可直接进行缩进。

经典例题

　　【例题】将文档中的所有段落设置为左缩进4字符，右缩进4个字符，并且首行缩进2字符。

　　【解析】解答该题时可利用"段落"对话框进行操作，也可通过标尺来完成，对于这类没有明确要求操作方法的题目，考生在答题时只需选择熟悉且常用的方法来快速答题即可，这里使用"段落"对话框来完成，具体操作如下。

　　1 按【Ctrl+A】组合键选择全部段落文本，在【开始】→【段落】组中单击"对话框启动器"按钮，打开"段落"对话框。

　　2 单击"缩进和间距"选项卡，在"缩进"栏的"左侧"数值框和"右侧"数值框中输入"4字符"。

　　3 在"特殊格式"下拉列表框中选择"首

行缩进"选项，在右侧的"磅值"数值框中输入"2字符"。

　　4 单击 确定 按钮，操作过程如图3-15所示。

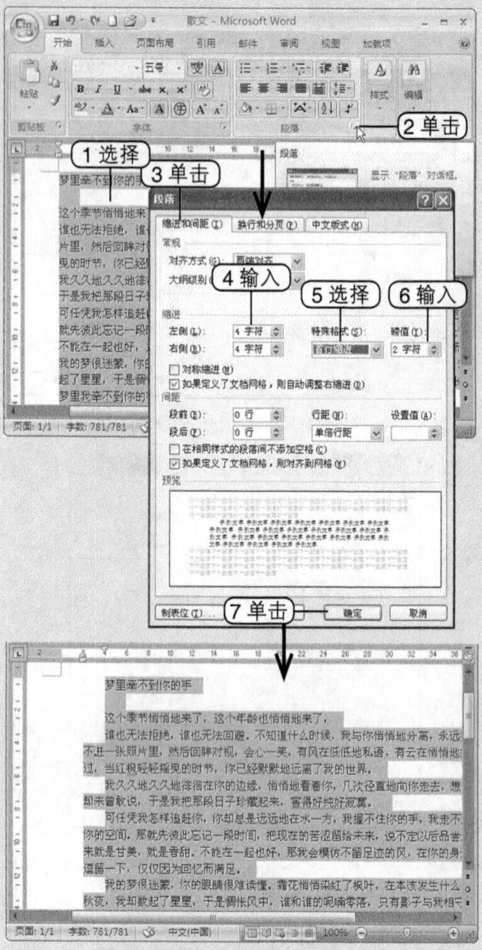

图3-15　设置段落缩进

考点3　设置行间距和段间距（★★★）

考情分析

　　该考点抽到考题的概率较大。命题时一般会指定设置的行距，如设为"单倍行距"、"1.5倍行距"、"固定值"或"多倍行距"等，其操作比较简单，考生要熟悉"行距"下拉列表框中的选项。

🎯 操作指南

1. 设置行间距

在【开始】→【段落】组中单击"对话框启动器"按钮，打开"段落"对话框，单击"缩进和间距"选项卡，在"行距"下拉列表框中选择需要的选项；在右侧的"设置值"数值框中可以输入相应的值，即可完成行间距设置。

2. 设置段间距

在"缩进和间距"选项卡中的"段前"和"段后"数值框中输入数值或单击微调按钮选择所需的间距值，即可完成段间距设置。

📝 经典例题

【例题】 打开 Word 文档，设置第 1 段首行缩进 "2 字符"，左缩进 "4 字符"、右缩进 "4 字符"，并设置该段行间距为固定值 "20 磅"。

【解析】 本题涉及的考点有设置段落缩进和间距，需要打开"段落"对话框完成设置，具体操作如下。

❶ 在计算机上找到 Word 文档，双击将其打开，然后选择第 1 段文本。

❷ 在【开始】→【段落】组中单击"对话框启动器"按钮，打开"段落"对话框。

❸ 在"缩进"栏中的"左侧"和"右侧"数值框中输入"4 字符"，在"特殊格式"下拉列表框中选择"首行缩进"选项，在右侧的"磅值"数值框中输入"2 字符"。

❹ 在"间距"栏中的"行距"下拉列表框中选择"固定值"选项，在右侧的"设置值"数值框中输入"20 磅"。

❺ 单击 确定 按钮，查看设置后的效果，操作过程如图 3-16 所示。

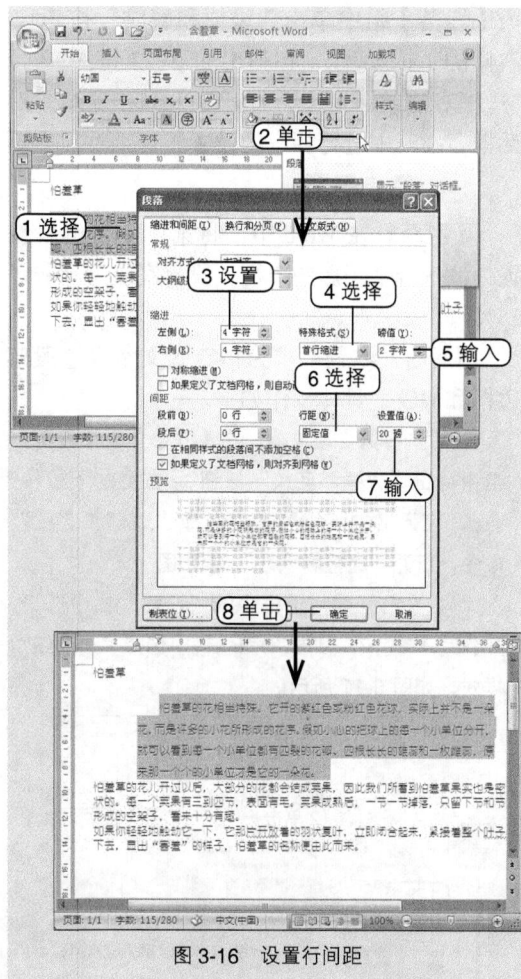

图 3-16　设置行间距

考点4　设置段落边框与底纹（★★★）

🔍 考情分析

该考点在命题时一般会将边框与底纹单独进行命题，有时也会综合考查。同时，为段落设置边框和底纹效果的方法与设置字符边框与底纹的方法基本相同，考生总结方法即可轻松得到这类题目的分数。

🎯 操作指南

选择要设置边框和底纹的段落，在【开始】

→【段落】组中单击"边框和底纹"按钮▣▾右侧的下拉按钮▾，在弹出的下拉列表中选择"边框和底纹"命令，打开"边框和底纹"对话框，在其中进行相应的设置。

📝 经典例题

【例题】 在 Word 中，将第 3 个自然段设置为波浪线带阴影的边框，段落底纹为"灰色25%"。

【解析】 本题要求为指定的文本设置段落边框和底纹，具体操作如下。

1️⃣ 选择第 3 段文本，在【开始】→【段落】组中单击"边框和底纹"按钮▣▾右侧的下拉按钮▾，在弹出的下拉列表中选择"边框和底纹"命令，打开"边框和底纹"对话框。

2️⃣ 在打开的对话框中的"设置"栏中选择"阴影"样式，在"样式"列表框中选择"波浪线"样式，如图 3-17 所示。

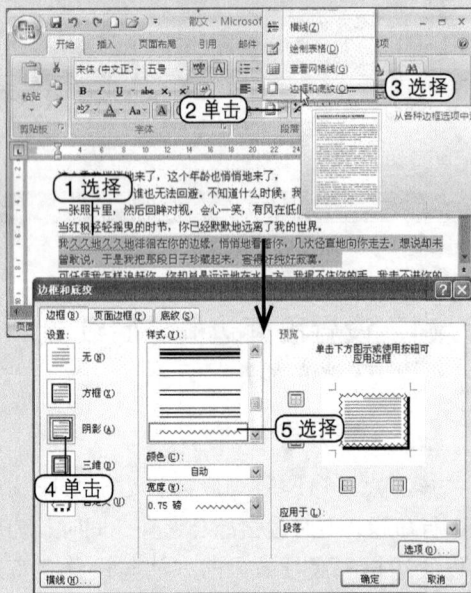

图 3-17　打开"边框和底纹"对话框

3️⃣ 在"预览"框中预览文本边框效果，单击"底纹"选项卡，在"填充"下拉列表框中选择"灰色"选项，在"样式"下拉列表框中选择

"25%"。

4️⃣ 单击 确定 按钮应用边框和底纹效果，操作过程如图 3-18 所示。

图 3-18　设置段落边框和底纹

考点5　设置制表位（★）

🔍 考情分析

该考点是考纲中要求了解的内容，但抽到考题的可能性比较大，因此考生需要认真对待，了解制表位的设置方法。

⚙️ 操作指南

方法 1： 选择要设置制表位的段落，显示标尺后，在左侧单击"左对齐制表位"按钮▣，然后在标尺上需要设置制表位的位置单击即可。

方法 2： 选择需要设置制表位的段落，打开"段落"对话框，在其中单击 制表位(T)... 按钮，打开"制表位"对话框，在对应参数区中根据需要进行设置即可。

经典例题

【例题】利用"制表位"对话框为第 3 段设置制表位为左对齐 3 字符,居中对齐 9 字符、小数点对齐制表位 27 字符,右对齐制表位 32 字符。

【解析】本题明确指定设置方法和设置参数,考生按照题目答题即可,具体操作如下。

1 选择第 3 段文本,在其上单击鼠标右键,在弹出的快捷菜单中选择"段落"命令,打开"段落"对话框。

2 单击 制表位(T)... 按钮,打开"制表位"对话框。

3 在"对齐方式"栏中选中"左对齐"单选项,然后在"制表位位置"文本框中输入"3字符",操作过程如图 3-19 所示。

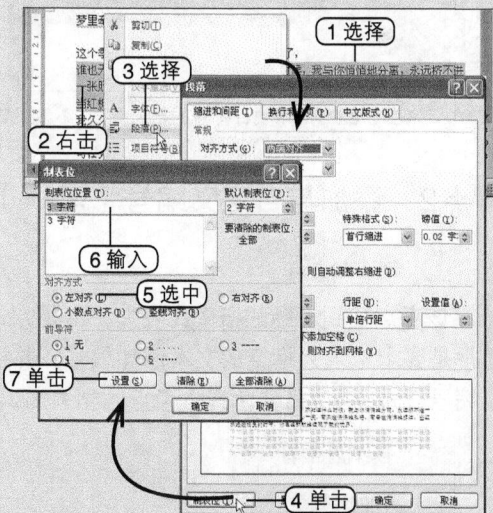

图 3-19　设置制表位

4 单击 设置(S) 按钮后选中"居中"单选项,在"制表位位置"文本框中输入"9 字符"。

5 单击 设置(S) 按钮后选中"小数点对齐"单选项,在"制表位位置"文本框中输入"27 字符"。

6 单击 设置(S) 按钮后选中"右对齐"单选项,在"制表位位置"文本框中输入"32 字符"。

7 单击 确定 按钮即可,如图 3-20 所示。

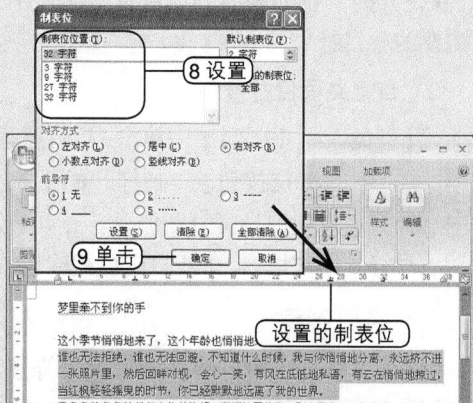

图 3-20　查看设置的制表位

3.3　设置项目符号和编号

说明:练习环境为光盘:\ 素材 \ 第 3 章 \ 招聘 .docx。

考点1　添加与自定义项目符号 (★★★)

考情分析

该考点容易出现在考题中。考生要认真对待该考点中的知识,掌握了其设置方法,在答题过程中才能迅速解答这类考题,并得到分数。

操作指南

1. 添加项目符号

方法 1: 在【开始】→【段落】组中单击"项目符号"按钮 右侧的下拉按钮,在打开的下拉列表的"项目符号库"中选择需要的项目符号。

方法 2: 单击鼠标右键,在弹出的快捷菜单中将鼠标指针指向"项目符号"命令,在打开的子菜单中选择需要的项目符号。

方法 3: 单击鼠标右键后,在弹出的浮动面板中单击"项目符号"按钮 ▤ 右侧的按钮 ▾，在打开的下拉列表的"项目符号库"中选择需要的项目符号。

2. 自定义项目符号

在【开始】→【段落】组中单击"项目符号"按钮 ▤ 右侧的下拉按钮 ▾，在打开的下拉列表中选择"定义新项目符号"命令，打开"定义新项目符号"对话框，在其中进行相应设置。

📝 **经典例题**

【例题】将选定的自然段设置项目符号为"电话"符号，并查看效果。

【解析】本题考查自定义项目符号的方法，具体操作如下。

① 在【开始】→【段落】组中单击"项目符号"按钮 ▤ 右侧的下拉按钮 ▾，在打开的下拉列表中选择"定义新项目符号"命令。

② 打开"定义新项目符号"对话框，在其中单击 符号(S) 按钮，在打开的"符号"对话框中选择"电话"样式，如图 3-21 所示。

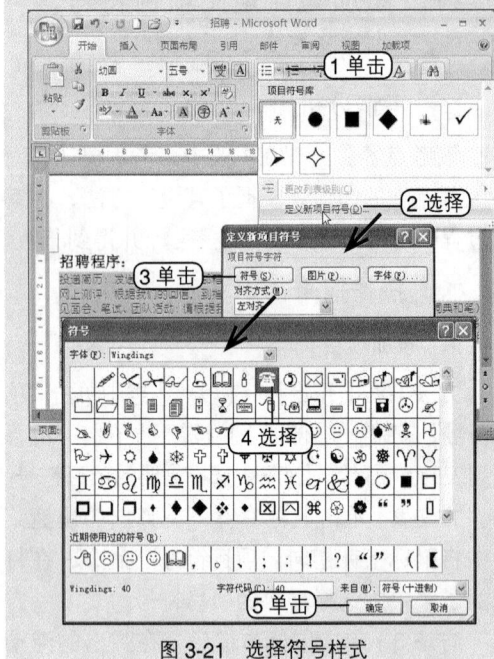

图 3-21　选择符号样式

③ 单击 确定 按钮返回"定义新项目符号"对话框。

④ 单击 确定 按钮即可应用设置，操作过程如图 3-22 所示。

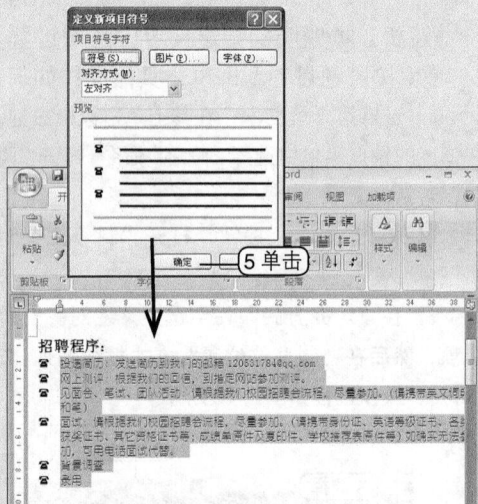

图 3-22　应用项目符号的符号样式

考点2　添加与自定义编号（★★★）

🔍 **考情分析**

该考点抽到考题的概率比较大，出题方式通常是要求考生为指定的文本添加编号，并指定编号样式，考生需要掌握本考点的相关知识。

🎨 **操作指南**

1. 添加编号

选择需要添加编号的段落，若只有一段可在其中单击定位插入点，执行以下任意一种方法，即可添加编号。

方法 1：在【开始】→【段落】组中单击"编号"按钮 ▤ 右侧的下拉按钮 ▾，在打开的下拉列表的"编号库"栏中选择需要的编号。

方法 2：在其上单击鼠标右键，在弹出的快捷菜单中将鼠标指针指向"编号"命令，在打开的子菜单中选择需要的编号。

方法3：单击鼠标右键后，在弹出的浮动面板中单击"编号"按钮 ☰ 右侧的下拉按钮 ，在打开的下拉列表的"编号库"中选择需要的编号。

2. 自定义编号

在【开始】→【段落】组中单击"编号"按钮 ☰ 右侧的下拉按钮 ，在打开的下拉列表中选择"定义新编号格式"命令，打开"定义新编号格式"对话框，在对应参数区进行相应设置。还可单击 字体(F)... 按钮，打开"字体"对话框，在其中设置编号的字体格式。

3. 设置编号值

在【开始】→【段落】组中单击"编号"按钮 ☰ 右侧的下拉按钮 ，在打开的下拉列表中选择"设置编号值"命令，打开"起始编号"对话框，在其中设置编号的开始值。

📝 经典例题

【例题】为已选段落设置"第一段、第二段、第三段…"样式的编号，然后为编号设置红色（标准色第2个）、双下划线。

【解析】本题题目较长，实际考查的是自定义编号样式的方法，具体操作如下。

❶ 在【开始】→【段落】组中单击"编号"按钮 ☰ 右侧的下拉按钮 ，在打开的下拉列表中选择"定义新编号格式"命令。

❷ 打开"定义新编号格式"对话框，在"编号样式"下拉列表框中选择"一、二、三（简）…"样式，在"编号格式"文本框中"一"前面输入"第"，后面输入"段"。

❸ 单击 字体... 按钮，打开"字体"对话框，在其中的"字体颜色"下拉列表中选择"红色"（标准色第2个）。

❹ 在"下划线选型"下拉列表框中选择"双线"样式，依次单击 确定 按钮即可，操作过程如图3-23所示。

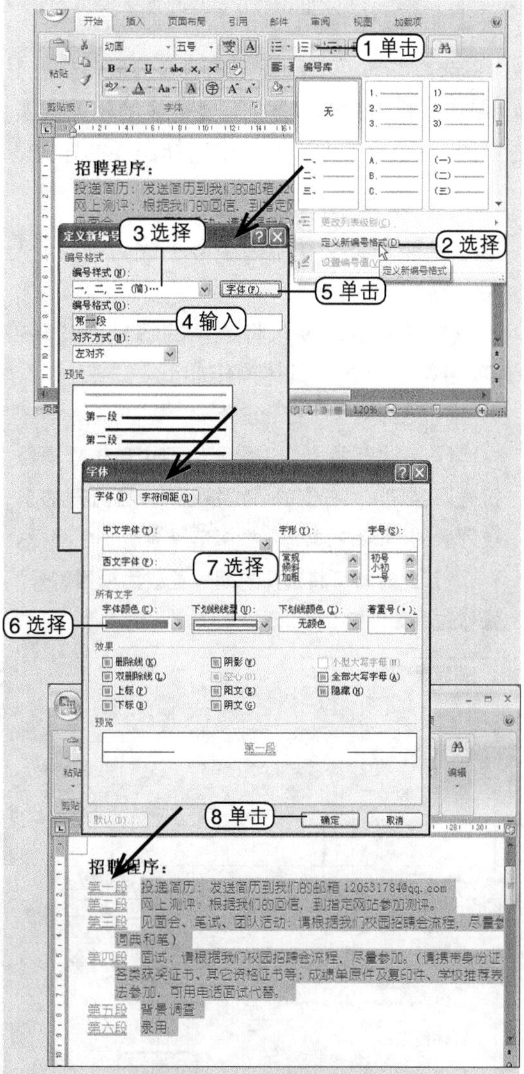

图3-23 定义新编号样式

考点3 更改项目符号与编号
（★★★）

🔍 考情分析

该考点是考纲中要求掌握的考点，通常会结合其他考点进行考查，也有单独出题考查的可能性，考生需要掌握项目符号与编号的转换方法，其他的内容了解即可。

操作指南

选择添加了项目符号或编号的段落，在其上单击鼠标右键，再选择需要转换的相关选项，打开相应的对话框，在其中选择需要的样式。

经典例题

【例题】将文档中的编号更改为项目符号中的最后一个图标。

【解析】本题要求将原来的编号样式转换为项目符号样式，具体操作如下。

❶ 选择编号所在的段落。

❷ 在【开始】→【段落】组中单击"项目符号"按钮 ▤ 右侧的下拉按钮 ▾，在打开的下拉列表的"项目符号库"栏中选择最后一个图标。

❸ 此时即可将选择的编号更改为项目符号。操作过程如图3-24所示。

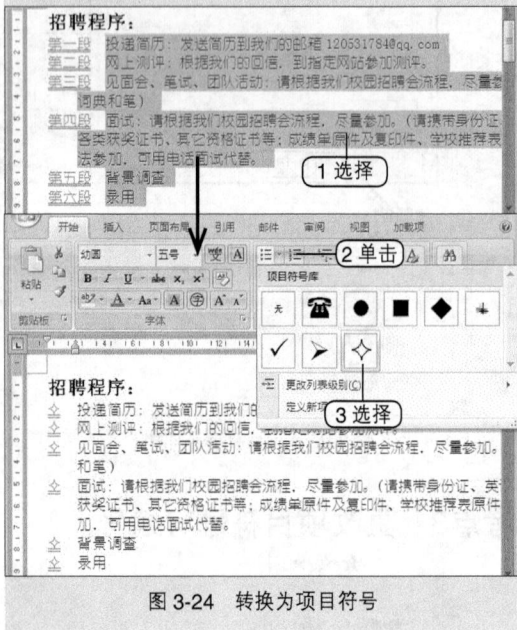

图3-24 转换为项目符号

考点4 使用多级列表（★）

考情分析

该考点抽到考题的概率较小，命题方式

通常是要求考生为指定的段落添加多级符号。

操作指南

1.使用多级列表

定位插入点，在【开始】→【段落】组中单击"多级列表"按钮 ▤，再选择需要的样式，然后输入文本，按【Tab】键可降级列表，按【Shift+Tab】组合键可升级列表。

2.自定义多级列表

定位插入点，在【开始】→【段落】组中单击"多级列表"按钮 ▤，在打开的下拉列表中选择"定义新的多级列表"命令，打开"定义新多级列表"对话框，在其中进行设置。

经典例题

【例题】对当前选中的文本应用第2种多级列表，并依次降级。

【解析】本题要求添加多级列表，并设置级别，具体操作如下。

❶ 在【开始】→【段落】组中单击"多级列表"按钮 ▤，在打开的下拉列表中选择第2种样式。

❷ 将插入点定位到第2段前，按【Tab】键降级列表，然后利用相同的方法降级其他段落，操作过程如图3-25所示。

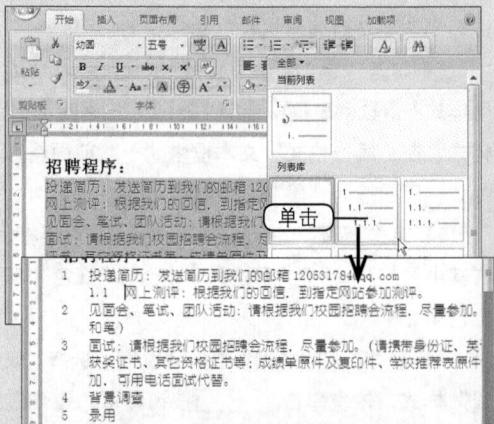

图3-25 使用多级列表

3.4 设置样式

> ◎ **说明**：练习环境为光盘:\素材\第3章\
> 制度.docx。

考点1 创建样式（★★★）

🔍 考情分析

该考点属于需要掌握的考点，考生需要掌握创建样式的相关方法，考试时，通常会要求考生创建指定格式的样式。

🎯 操作指南

在【开始】→【样式】组中单击"对话框启动器"按钮📇，打开"样式"任务窗格，在其中单击"新建样式"按钮🔠，打开"根据格式设置创建新样式"对话框，在其中可设置样式的名称和基本字符格式，单击 格式(O)▼ 按钮，在弹出的下拉列表中选择需要的命令，打开对应的对话框，在其中可对样式进行详细设置，如字体、段落、制表位、边框和快捷键等。

📝 经典例题

【例题】创建一个名为"二级标题"的样式，其中字符格式为"华文隶书、小三号、红色"，编号样式为"第一章、第二章、第三章…"，段落格式为居中对齐，段前段后间距为1行，快捷键为【Ctrl+1】。

【解析】本题考查创建样式的方法，并指定了具体的样式格式，具体操作如下。

❶ 在【开始】→【样式】组中单击"对话框启动器"按钮📇，打开"样式"任务窗格。

❷ 在其中单击"新建样式"按钮🔠，打开"根据格式设置创建新样式"对话框。

❸ 在"名称"文本框中输入文本"二级标题"，在"格式"栏中设置字体为"华文隶书"，

字号为"小三"，颜色为"红色"。

❹ 单击 格式(O)▼ 按钮，在弹出的下拉列表中选择"段落"命令，打开"段落"对话框。

❺ 在"对齐方式"下拉列表中选择"居中"选项，在"间距"栏的"段前"和"段后"数值框中输入"1行"，单击 确定 按钮，操作过程如图3-26所示。

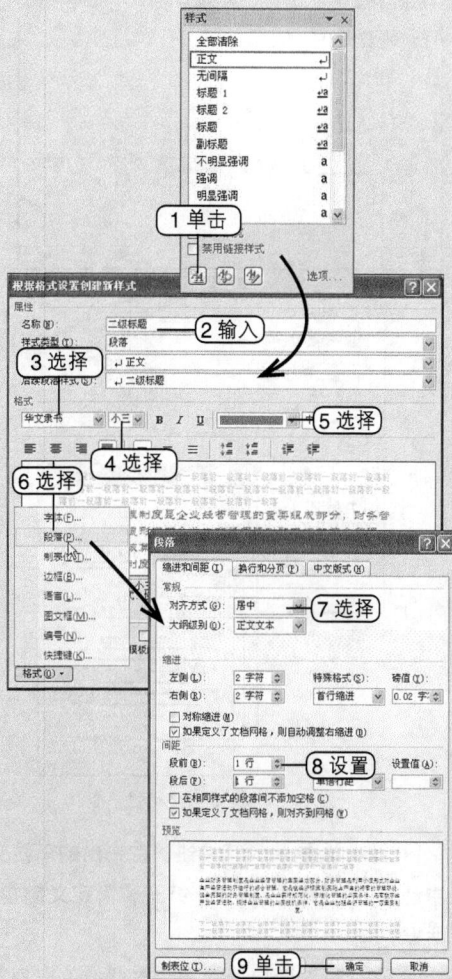

图3-26 设置段落格式

❻ 返回"根据格式设置创建新样式"对话框，单击 格式(O)▼ 按钮，在弹出的下拉列表中选择"编号"命令，打开"编号和项目符号"对话框。

7 单击 定义新编号格式... 按钮，在打开对话框的"编号格式"文本框中输入"第一章"。

8 依次单击 确定 按钮返回 11 根据格式设置创建新样式"对话框，操作过程如图 3-27 所示。

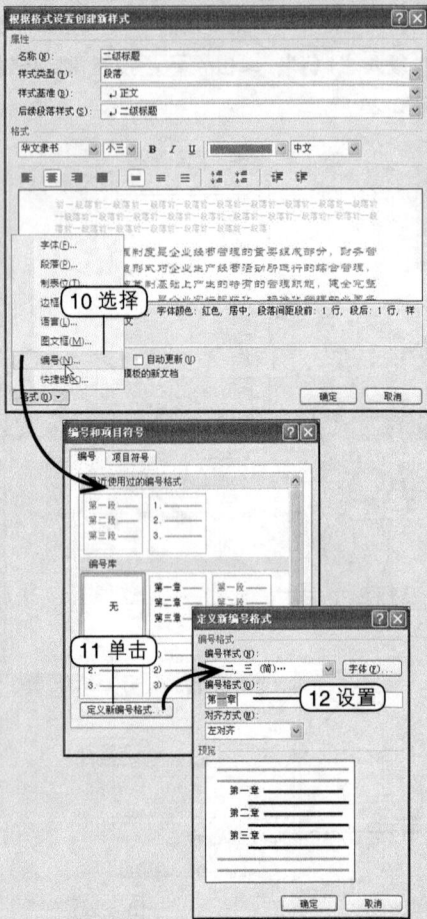

图 3-27 设置编号格式

9 再次单击 格式⑩▼ 按钮，在弹出的下拉列表中选择"快捷键"命令，打开"自定义键盘"对话框。

10 在"请按新快捷键"文本框中单击插入定位点，然后按【Ctrl+1】快捷键，然后单击 指定⒜ 按钮。

11 单击 关闭 按钮返回，然后单击 确定 按钮应用设置即可。操作过程如图 3-28 所示。

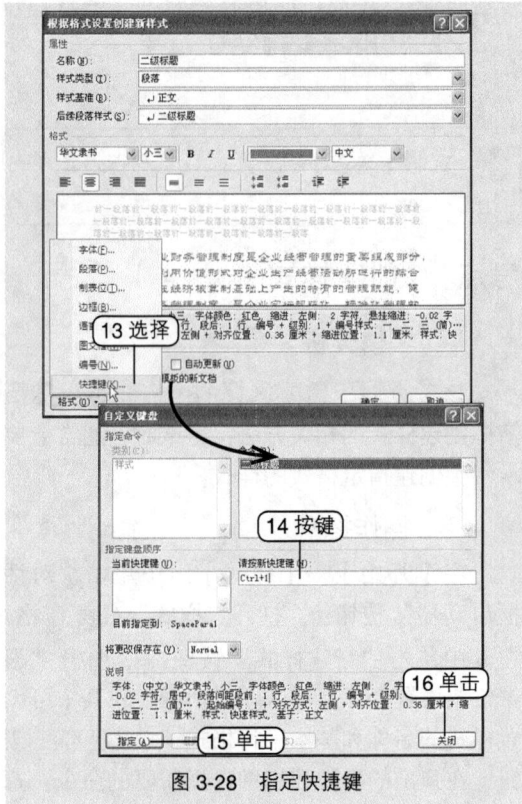

图 3-28 指定快捷键

考点2 修改样式（★★★）

📖 考情分析

该考点抽到考题的概率较大，需要考生掌握该考点的操作方法。命题方式一般是要求考生将指定的样式修改为指定的格式，常与使用和删除样式考点综合考查。

🎯 操作指南

打开"样式"任务窗格，在需要修改的样式上单击鼠标右键，在弹出的快捷菜单中选择"修改"命令，打开"修改样式"对话框，在其中可选择相应的选项进行修改，方法与创建样式相同。

📝 经典例题

【例题】显示所选段落的格式，并利用任

务窗格将对齐方式修改为"右对齐",字体为"幼圆",字号为"小四"。

【解析】本题要求修改原有的样式,并指定了具体的修改格式,根据题目答题即可,具体操作如下。

1 在【开始】→【样式】组中单击"对话框启动器"按钮,打开"样式"任务窗格。

2 在选中的样式上单击鼠标右键,在弹出的快捷菜单中选择"修改"命令,打开"修改样式"对话框。

3 在"格式"栏中设置字体为"幼圆",字号为"小四",对齐方式为"右对齐"。

4 完成后单击 确定 按钮,操作过程如图3-29 所示。

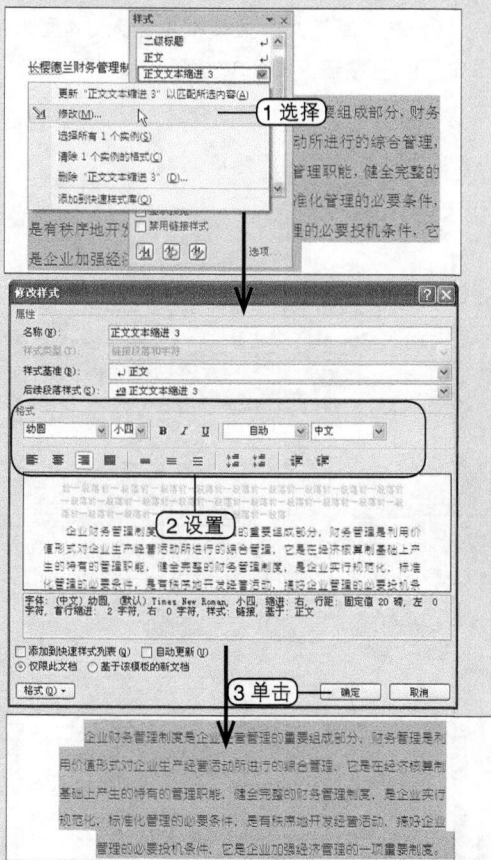

图 3-29　修改样式

考点3　使用和删除样式（★★★）

考情分析

该考点抽到考题的概率较大。但操作相对简单,考生遇到类似考题仔细答题即可得到这类考题的分数。

操作指南

1. 应用样式

选择需要应用样式的段落或将插入点定位到段落中,在【开始】→【样式】组中单击"其他"按钮,在打开的列表框中选择需要的样式。

2. 删除样式

在"快速样式"列表框中选择需要删除的样式,在其上单击鼠标右键,在弹出的快捷菜单中选择"从快速样式库中删除"命令。

经典例题

【例题】通过"样式"任务窗格,为所选文本应用"标题1"样式。

【解析】本题要求为指定的文本应用标题样式,具体操作如下。

1 在【开始】→【样式】组中单击"对话框启动器"按钮,如图3-30 所示,打开"样式"任务窗格。

图 3-30　单击按钮

2 在其中单击"标题 1"样式，如图 3-31 所示。

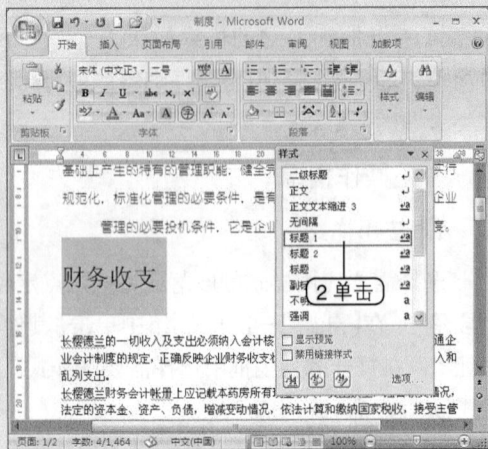

图 3-31　应用样式

3.5　设置特殊中文版式

说明：练习环境为光盘:\素材\第 3 章\ 花之歌 .docx、通知 .docx。

考点1　设置首字下沉（★★）

考情分析

该考点的命题方式较简单，一般是要求考生设置首字下沉多少个字符、下沉方式等。需要考生注意的是有时题目只要求简单的设置首字下沉，考生可直接通过选择命令的方式快速答题，以节省时间。

操作指南

将插入点定位到需要设置首字下沉的段落，在【插入】→【文本】组中单击"首字下沉"按钮，在弹出的下拉列表中选择"首字下沉选项"命令，打开"首字下沉"对话框。在其中进行相关的设置。

经典例题

【例题】为文档的第 4 段设置首字下沉。位置为下沉，字体为华文新魏，下沉 2 行，距正文 0.4 厘米。

【解析】本题要求设置首字下沉，可通过"首字下沉"对话框完成设置，具体操作如下。

1 在第 4 段中单击鼠标左键定位插入点。

2 在【插入】→【文本】组中单击"首字下沉"按钮。

3 在弹出的下拉列表中选择"首字下沉选项"命令，打开"首字下沉"对话框。

4 在"位置"栏选择"下沉"选项，在"字体"下拉列表框中选择"华文新魏"选项，在"下沉行数"数值框中输入"2"。

5 在"距正文"数值框中输入 0.4 厘米，单击 确定 按钮，如图 3-32 所示。

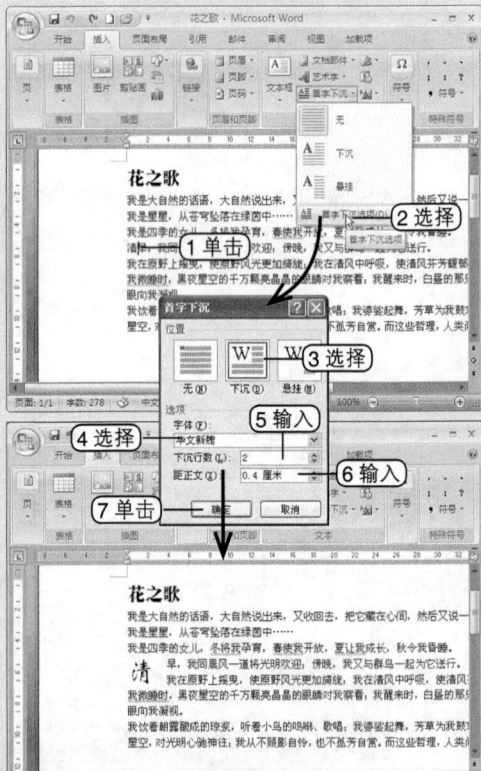

图 3-32　设置首字下沉

3-33 所示。

> **考场点拨**
>
> 单击"首字下沉"按钮≜后，在弹出的下拉列表中可选择"下沉"或"悬挂"选项，可快速设置内置的下沉样式。

考点2 设置拼音指南（★）

📄 考情分析

该考点的命题方式有两种，一是为指定的中文添加拼音，二是要求对拼音的对齐方式和字号等进行设置，考生按题目要求进行设置即可。

🎨 操作指南

选择要设置拼音的中文字符，在【开始】→【字体】组中单击"拼音指南"按钮 变，打开"拼音指南"对话框，在"基准文字"和"拼音文字"文本框中输入或修改内容，其默认为所选中的文本和默认的拼音；在"字体"下拉列表框中设置拼音的字体；在"字号"下拉列表框中设置拼音的字体大小；在"对齐方式"下拉列表框中选择拼音与文字的对齐方式；在"偏移量"数值框中设置拼音底端与文本顶端的距离。

📝 经典例题

【例题】 为所选文本添加拼音，要求文本字体为宋体，对齐方式为"居中"。

【解析】 打开"拼音指南"对话框进行设置即可，具体操作如下。

❶ 选择文本"花之歌"，在【开始】→【字体】组中单击"拼音指南"按钮 变，打开"拼音指南"对话框。

❷ 在打开的"拼音指南"对话框中的"对齐方式"下拉列表框中选择"居中"选项，在"字体"下拉列表框中选择"宋体"选项。

❸ 单击 确定 按钮即可，操作过程如图

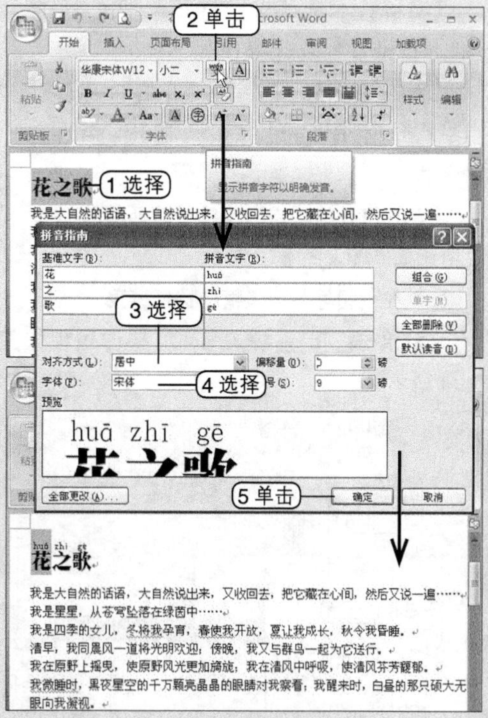

图 3-33 设置拼音指南

考点3 设置带圈字符（★）

📄 考情分析

该考点抽到考题的概率较小，在命题时一般会指定圈的样式，考生要注意看清题意。

🎨 操作指南

选择要设置带圈效果的文字，在【开始】→【字体】组中单击"带圈字符"按钮 ⊕，打开"带圈字符"对话框，在"样式"栏选择一种样式，有"缩小文字"和"增大圈号"两种；在"文字"列表框中输入字符或使用选中的默认字符；在"圈号"列表框中选择圈样式，有圆圈、菱形、方框等。

📝 经典例题

【例题】 将文档标题中的"花"字设为"菱

形"、"增大圈号"的带圈字符效果。

【解析】本题可直接打开"带圈字符"对话框进行设置，具体操作如下。

1 选择"花"字，在【开始】→【字体】组中单击"带圈字符"按钮⊕，打开"带圈字符"对话框。

2 在打开的"带圈字符"对话框的"样式"栏中选择"增大圈号"选项。

3 在"圈号"列表框中选择菱形。

4 单击 确定 按钮即可，操作过程如图3-34所示。

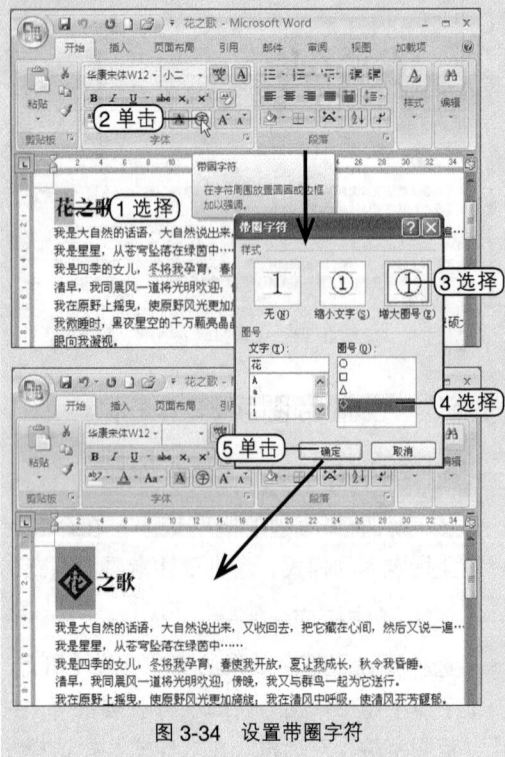

图3-34 设置带圈字符

考点4 设置双行合一（★★）

考情分析

该考点是考纲上要求熟悉的内容，考生需要熟悉设置双行合一的方法。考查方式通常为要求考生将指定的文字行设置双行合一。

操作指南

选择要并排排列的文字，在【开始】→【段落】组中单击"中文版式"按钮，在弹出的下拉列表中选择"双行合一"命令，打开"双行合一"对话框，在其中进行相应设置即可。

经典例题

【例题】为所选文本设置带括号的双行合一效果。

【解析】本题可直接打开"双行合一"对话框进行设置，具体操作如下。

1 在【开始】→【段落】组中单击"中文版式"按钮，在弹出的下拉列表中选择"双行合一"命令，打开"双行合一"对话框。

2 在其中选中"带括号"复选框，完成后单击 确定 按钮即可，操作过程如图3-35所示。

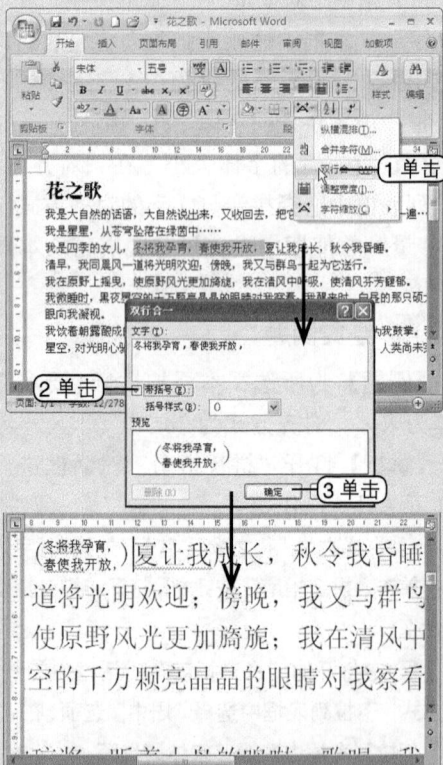

图3-35 设置双行合一

考点5 设置合并字符（★★）

考情分析

该考点抽到考题的概率一般，考生需要熟悉合并字符的相关命令，再根据题目要求进行答题。

操作指南

选择要合并的字符，在【开始】→【段落】组中单击"中文版式"按钮，在弹出的下拉列表中选择"合并字符"命令，打开"合并字符"对话框，在"字体"下拉列表框中选择需要的字体，在"字号"下拉列表框中选择需要的字号。

经典例题

【例题】将"我是星星"文本进行合并字符。

【解析】将文字进行合并，首先应选择要合并的文字内容，再使用合并字符命令进行操作，具体操作如下。

　　❶ 选择"我是星星"文本，在【开始】→【段落】组中单击"中文版式"按钮，在弹出的下拉列表中选择"合并字符"命令。

　　❷ 打开"合并字符"对话框，在其中保持默认设置，单击 确定 按钮，操作过程如图3-36所示。

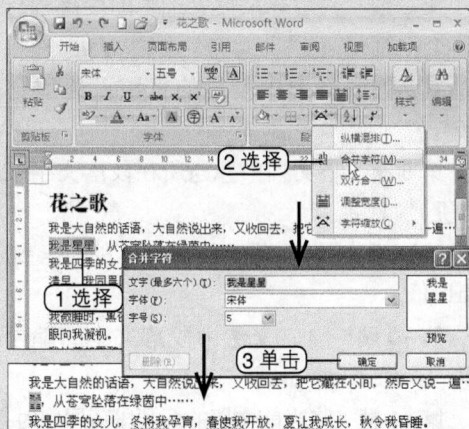

图 3-36　合并字符

考点6 设置纵横混排（★★）

考情分析

该考点是考纲中要求熟悉的考点，考查概率较小，考生需要熟悉设置纵横混排的相关操作，以便在遇到这类考题时能够轻松答题。

操作指南

选择需要修改排版方式的文本，在【开始】→【段落】组中单击"中文版式"按钮，在弹出的下拉列表中选择"纵横混排"命令，打开"纵横混排"对话框，在其中可设置文本"适应行宽"。

经典例题

【例题】将文档中的数字文本横向排版。

【解析】该考题实际考查的是纵横混排的操作，具体操作如下。

　　❶ 选择文档中的数字文本，在【开始】→【段落】组中单击"中文版式"按钮，在弹出的下拉列表中选择"纵横混排"。

　　❷ 打开"纵横混排"对话框，在其中保持默认设置不变。

　　❸ 单击 确定 按钮，使用相同的方法设置其他数字文本，操作过程如图3-37所示。

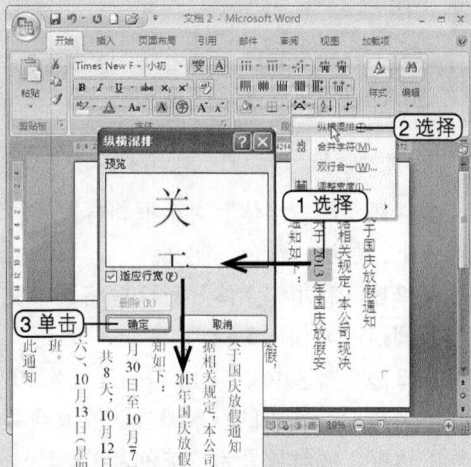

图 3-37　设置文字方向

考点7 设置中文繁简转换（★）

考情分析

该考点的命题比较简单，一般采用单击相应按钮或者在"中文简繁转换"对话框中进行设置的方法。

操作指南

方法1：选中要转换的文字，在功能区单击 简繁转简 或 繁简转繁 按钮。

方法2：选中要转换的文字内容，在【审阅】→【中文简繁转换】组中单击 简繁转换 按钮，打开"中文简繁转换"对话框，在其中选中相应的单选项即可。

经典例题

【例题】 将"花之歌"文档全部由简体中文转换成繁体中文。

【解析】 本题可通过按钮，也可通过对话框完成，这里使用对话框来完成，具体操作如下。

１ 按【Ctrl+A】组合键全选文本，在【审阅】→【中文简繁转换】组中单击 简繁转换 按钮。

２ 在打开的"中文简繁转换"对话框中选中"简体中文转换为繁体中文"单选项，单击 确定 按钮即可，操作过程如图3-38所示。

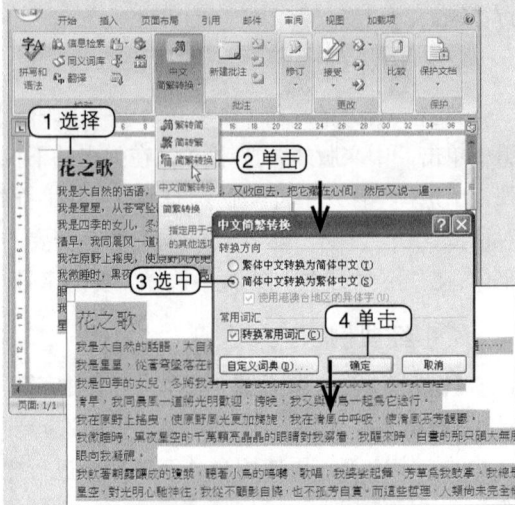

图3-38 由简体中文转换成繁体中文

过关强化练习及解题思路

说明：

各题练习环境为光盘：\同步练习\第3章\
各题解答演示见光盘：\试题精解\第3章\

1. 过关题目

第1题 用"字体"对话框将标题字体设置为隶书、加粗、红色、阴文。

第2题 利用"字体"对话框将选中文字的字符间距设为加宽3磅。

第3题 将选中文字的字符缩放设为80%。

第4题 为选中的段落添加双波浪线并带阴影的边框，底纹效果为"灰色-50"。

第5题 将第一个自然段行距设置为最小

值，段前2行，段后1行。

第6题 利用标尺设置选中的段落首行缩进4个字符。

第7题 将选中段落的行距设为固定值14磅。

第8题 将文档中标题所在段落文字应用"标题1"样式。

第9题 为标题1样式设置快捷键为"Ctrl+1"。

第10题 自定义选中段落文本的编号样式为"1st、2nd、3rd"。

第11题 将当前文档的标题段落居中对齐。

第12题 将选中的文字进行双行合一。

第13题　将选中的文字合并字符。

第14题　请为选中的文本添加组合拼音，要求拼音的字体为"Dotum"。

第15题　把全文转换成繁体。

2. 解题思路

第1题　在【开始】→【字体】组中单击"对话框启动器"按钮，打开"字体"对话框，在其中对应的参数区可根据需要进行设置。

第2题　打开"字体"对话框的"字符间距"选项卡，在其中进行设置。

第3题　打开"字体"对话框，单击"字符间距"选项卡，在"缩放"下拉列表框中选择缩放比例。

第4题　在【开始】→【段落】组中单击"边框和底部"按钮右侧的下拉按钮，在弹出的下拉列表中选择"边框和底纹"命令，打开"边框和底纹"对话框，在"边框"选项卡和"底纹"选项卡中分别进行设置。

第5题　在【开始】→【段落】组中单击"对话框启动器"按钮，打开"段落"对话框，在"缩进和间距"选项卡中进行设置。

第6题　在标尺上拖动相应的滑块进行缩进设置。

第7题　打开"段落"对话框，在"缩进和间距"选项卡中进行设置。

第8题　在【开始】→【样式】组中单击"其他"按钮，在打开的列表框中选择需要的样式。

第9题　在【开始】→【样式】组中单击"对话框启动器"按钮，打开"样式"任务窗格，在其中进行快捷键设置。

第10题　单击"编号"按钮右侧的下拉按钮，在打开的下拉列表中选择"定义新编号格式"命令，在打开的对话框中进行设置。

第11题　在【开始】→【段落】组中单击"对话框启动器"按钮，打开"段落"对话框，在"对齐方式"下拉列表框中选择。

第12题　在【开始】→【段落】组中单击"中文版式"按钮，在弹出的下拉列表中选择"双行合一"命令，打开"双行合一"对话框进行设置。

第13题　在【开始】→【段落】组中单击"中文版式"按钮，在弹出的下拉列表中选择"合并字符"命令，打开"合并字符"对话框进行设置。

第14题　在【开始】→【字体】组中单击"拼音指南"按钮，打开"拼音指南"对话框进行设置。

第15题　在【审阅】→【中文简繁转换】组中单击 简繁转换 按钮，打开"中文简繁转换"对话框进行设置。

第 **4** 章 ·设置页面格式与打印文档·

▦ 考情分析

本章主要考查在 Word 2007 中设置页面格式与打印文档，共 18 个考点，包括设置页边距、页面版式和文字方向，设置纸张大小和方向，设置首页或奇偶页不同、设置页眉、页脚和页码，设置主题、背景和水印，以及打印预览和打印设置等。由于部分考题要限制操作方式，因此考生须熟练掌握每一个考点所涉及的各种操作方法。

▦ 考点要求

☑ **要求掌握的考点**
  考点级别：★★★
  ▫ 设置页边距
  ▫ 设置纸张大小
  ▫ 设置纸张方向
  ▫ 设置页面版式
  ▫ 设置文档网格和文字方向
  ▫ 分栏文档
  ▫ 分页和分节文档
  ▫ 设置页眉和页脚
  ▫ 设置首页或奇偶页不同
  ▫ 在多节文档中使用页眉页脚

  ▫ 设置页眉页脚位置
  ▫ 设置页码
  ▫ 设置页面颜色和页面边框
  ▫ 打印预览
  ▫ 打印设置与打印
☑ **要求熟悉的考点**
  考点级别：★★
  ▫ 设置水印
☑ **要求了解的考点**
  考点级别：★
  ▫ 设置文档封面和插入空白页
  ▫ 设置主题

4.1 设置页面

🔘 **说明**：练习环境为光盘:\素材\第 4 章\工作总结 .docx。

考点1 设置页边距（★★★）

🔍 **考情分析**

该考点出现考题的概率较大。考题可能只要求设置其中某一边或某两边的页边距，也可能要求加大或减小页边距。

操作指南

打开要设置页边距的文档，或将插入点定位到要设置页边距的全文或某节，在【页面布局】→【页面设置】组中单击"页边距"按钮，再选择"自定义边距"命令，打开"页面设置"对话框，在其中的"页边距"选项卡中进行设置。

经典例题

【例题】调整当前空白文档的页边距为"2.5厘米"，装订线的位置为距页面左边缘1厘米处。

【解析】本题要求对空白文档的页边距进行设置，并设置装订线位置，具体操作如下。

❶ 将插入点定位到页面中。

❷ 在【页面布局】→【页面设置】组中单击右下角的"对话框启动器"按钮，打开"页面设置"对话框。

❸ 在对话框中单击"页边距"选项卡，在"上"、"下"、"左"、"右"4个数值框中分别输入"2.5厘米"，在"装订线"数值框中输入"1厘米"，在右侧的"装订线位置"下拉列表框中选择"左"选项。

❹ 单击 确定 按钮，操作过程如图4-1所示。

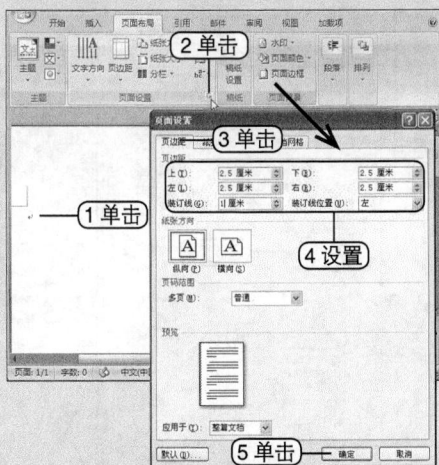

图4-1　设置页边距和装订线

考场点拨

在考试中，有时会要求考生选择内置的页边距，此时可直接在弹出的下拉列表中选择需要的页边距选项。如无此要求，建议直接使用对话框进行设置。

考点2　设置纸张大小（★★★）

考情分析

该考点出现考题的概率较大，命题方式较为简单，一般要求将纸张大小设置为指定值，考生只须掌握基本操作方法，此类题型即可迎刃而解。

操作指南

设置纸张大小的基本方法为：在【页面布局】→【页面设置】组中单击 纸张大小 按钮，在弹出的下拉列表中直接选择需要的纸张。

如果不能满足需要，可选择下拉列表中的"其他页面大小"命令，或者是单击"页面设置"组右下角的"对话框启动器"按钮，在打开的"页面设置"对话框中单击"纸张"选项卡，在其中即可自定义纸张大小。

经典例题

【例题1】设置当前文档纸张大小，宽度为"14厘米"，高度为"24厘米"。

【解析】本题属于设置纸张大小的基本题型，即为文档设置指定的纸张宽度和纸张高度，具体操作如下。

❶ 在【页面布局】→【页面设置】组中单击 纸张大小 按钮，在弹出的下拉列表中选择"其他页面大小"命令，打开"页面设置"对话框。

❷ 单击"纸张"选项卡，选择"纸张大小"下拉列表框中的"自定义大小"选项。

❸ 在"宽度"数值框中输入"14厘米"，在"高度"数值框中输入"24厘米"。

❹ 完成后，单击 确定 按钮，操作过程如

图 4-2 所示。

图 4-2　自定义纸张大小

【例题 2】请将文档的纸张大小设置为 A5。

【解析】本题解答方法非常简单，具体操作如下。

🔲 在【页面布局】→【页面设置】组中单击 ▣ 纸张大小 · 按钮。

🔲 在弹出的下拉列表中选择"A5(14.8 厘米 ×21 厘米)"选项即可，如图 4-3 所示。

图 4-3　选择纸张大小选项

📖 **考场点拨**

在考试中，有时会要求考生选择内置的页边距，此时可直接在弹出的下拉列表中选择需要的页边距选项。如无此要求，建议直接使用对话框进行设置。

考点3　设置纸张方向（★★★）

🔍 **考情分析**

该考点的考题常常将"纸张方向"写作"页面方向"，如"将页面方向设置为纵向"等，多与其他考点一起综合考查。

🛞 **操作指南**

设置纸张方向即选择文档的打印方向，在"页面设置"对话框中单击"页边距"选项卡，在"纸张方向"栏中选择对应选项即可。

🖊 **经典例题**

【例题】将当前空白文档的页面方向设置为"横向"。

【解析】本题要求对空白文档的页面方向进行设置，具体操作如下。

🔲 在【页面布局】→【页面设置】组中单击右下角的"对话框启动器"按钮 ▣ ，打开"页面设置"对话框。

🔲 在对话框中单击"页边距"选项卡，在"纸张方向"栏中选择"横向"选项。

🔲 单击 确定 按钮，操作过程如图4-4所示。

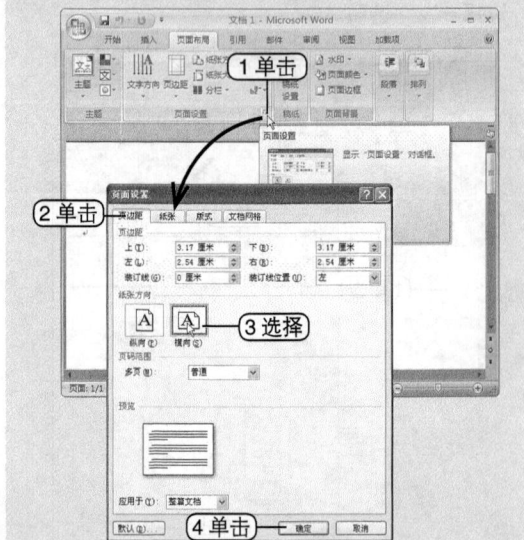

图 4-4　设置纸张方向

考点4　设置页面版式（★★★）

🔍 考情分析

该考点抽到考题的概率较高，虽然考点的内容较多，但是考试中多数情况下是针对行号的设置进行出题。

🖐 操作指南

1. 设置页面垂直对齐方式

在"页面设置"对话框"版式"选项卡中的"页面"栏，打开"垂直对齐方式"下拉列表，从中选择相应的对齐方式即可。

2. 设置节的起始位置

在"页面设置"对话框的"节"栏中的"节的起始位置"下拉列表选择即可。

3. 设置行号

方法1：在【页面布局】→【页面设置】组中单击"行号"按钮📄，在弹出的下拉列表中选择相应命令即可。

方法2：打开"页面设置"对话框，单击"版式"选项卡，再单击 行号(N) 按钮，打开"行号"对话框，在其中可进行具体的设置。

📝 经典例题

【例题】为当前文档添加行号，编号方式选择"每节重新编号"，起始编号为"4"。

【解析】本题要求为文档添加行号，且方式为"每节重新编号"，起始编号为"4"，具体操作如下。

　1　在【页面布局】→【页面设置】组中单击"行号"按钮📄。

　2　在弹出的下拉列表中选择"行编号选项"命令，打开"页面设置"对话框中的"版式"选项卡。

　3　单击 行号(N) 按钮，打开"行号"对话框。

　4　在对话框中选中"添加行号"复选框，在"起始编号"数值框中输入"4"，在"编号"栏中选中"每节重新编号"单选项。

　5　单击 确定 按钮，返回"页面设置"对话框，再次单击 确定 按钮应用设置，操作过程如图4-5所示。

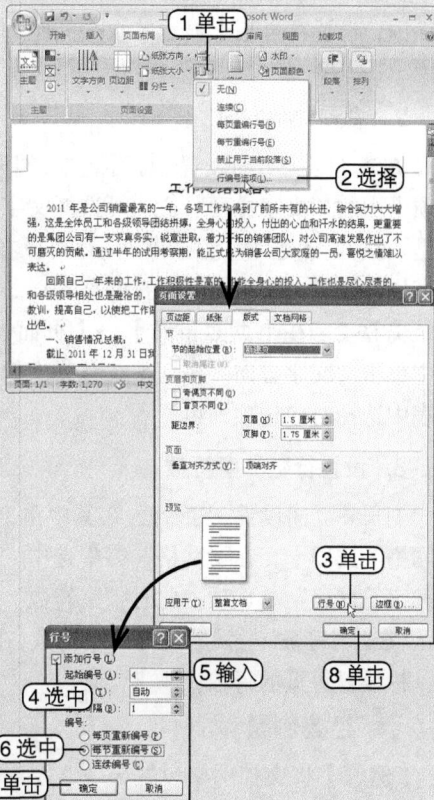

图4-5　添加行号

考点5　设置文档网格和文字方向（★★★）

🔍 考情分析

该考点抽到考题的概率较高，考题一般要求为文档设置指定的文档网格、文字方向、每页行数和每行字数。考试时直接在"页面设置"对话框中进行相应设置即可。

操作指南

1. 设置显示屏幕网格线

在【页面布局】→【页面设置】组中单击右下角的"对话框启动器"按钮，打开"页面设置"对话框，在其中单击"文档网格"选项卡，再单击按钮，打开"绘图网格"对话框，设置在屏幕上显示的水平间距和垂直间距。

2. 设置文字方向

方法1：在"页面设置"对话框"文档网络"选项卡中的"文字排列"栏，可选择文字的方向是"水平"还是"垂直"。另外，还可以在"网格"栏中设置"文字对齐字符网格"。

方法2：在【页面布局】→【页面设置】组中单击"文字方向"按钮，在弹出的下拉列表中选择对应选项即可。

3. 设置行数和字符数

打开"页面设置"对话框，在其中单击"文档网格"选项卡，在"网格"栏中选中"指定行和字符网格"单选项，此时"字符数"栏被激活，在"字符数"栏设置每行的字符数，在"行数"栏设置每页的行数。

经典例题

【例题】将文档网格设置为"文字对齐字符网格"，且文字方向设置为"垂直"，并显示文档网格线。

【解析】本题要求设置文档网格和文字方向，并将文档网格线显示出来，具体操作如下。

1 在【页面布局】→【页面设置】组中单击右下角的"对话框启动器"按钮，打开"页面设置"对话框。

2 在对话框中单击"文档网格"选项卡，在"网格"栏中选中"文字对齐字符网格"单选项，并在"文字排列"栏中选中"垂直"单选项。

3 单击绘图网格(W)按钮，打开"绘图网格"对话框，在其中选中"在屏幕上显示网格线"复选框，其他保持默认设置。

4 单击确定按钮，返回"页面设置"对话框。

5 单击确定按钮应用设置，操作过程如图4-6所示。

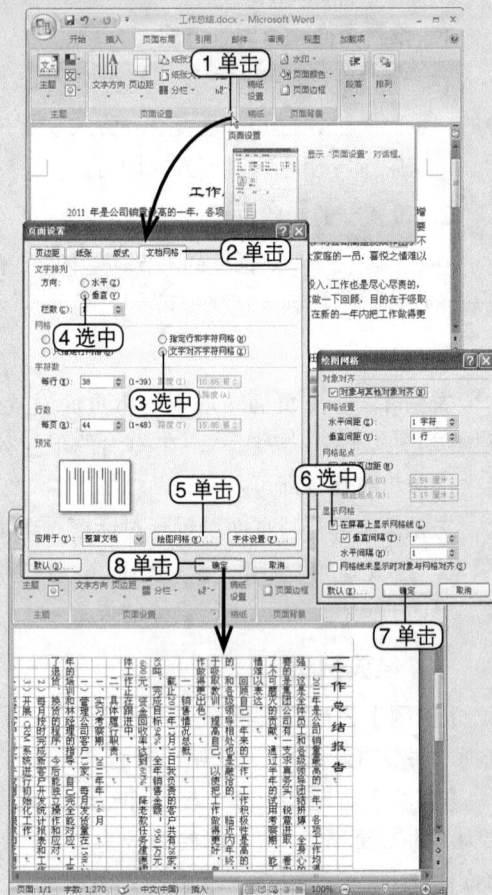

图4-6 设置文档网格和文字方向

考场点拨

设置文字方向时，还可在方法2中所弹出的下拉列表中选择"文字方向选项"命令，在打开的"文字方向—主文档"对话框中选择对应命令来完成设置。

4.2 划分文档

⊙ **说明**：练习环境为光盘 :\ 素材 \ 第 4 章 \ 工作总结 .docx。

考点1 分栏文档（★★★）

🔍 考情分析

该考点出现考题的概率较大，命题时一般是要求考生按指定要求对文档进行分栏。掌握其基本操作方法即可轻松应对此类题目。

💿 操作指南

选择要设置分栏的段落或文档，在【页面布局】→【页面设置】组中单击 ▦ 分栏 - 按钮，在弹出的下拉列表中选择需要的选项。如果列表中的预设不能满足需求，则选择"更多分栏"命令，打开"分栏"对话框，在其中进行相应的设置。

另外，在设置分栏之前可以设置分栏符，将分栏应用于两个分栏符之间的文字，将光标插入到文档中需要设置分栏符的位置，在【页面布局】→【页面设置】组中单击"分隔符"按钮 ▦ ，在弹出的下拉列表中选择"分栏符"选项即可。

📝 经典例题

【例题】将当前文档的选中部分分为两栏，要求左侧 13 个字符，右侧 26 个字符，并显示分隔线。

【解析】本题要求将文档选中部分分成两栏，其中左侧 13 个字符，右侧 26 个字符，具体操作如下。

❶ 在【页面布局】→【页面设置】组中单击 ▦ 分栏 - 按钮，在弹出的下拉列表中选择"更多分栏"命令，打开"分栏"对话框。

❷ 在对话框中的"预设"栏中选择"两栏"选项，取消选中"栏宽相等"复选框。

❸ 在"宽度和间距"栏下的"宽度"数值框中分别输入"13 字符"和"26 字符"，并选中"分隔线"复选框。

❹ 单击 ▭ 确定 按钮，操作过程如图 4-7 所示。

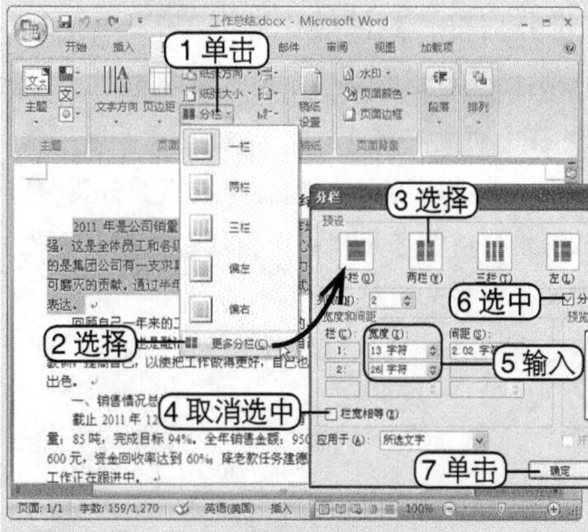

图 4-7　分栏文档

考点2 分页和分节文档（★★★）

🔍 考情分析

该考点出现考题的概率较高，由于此知识点的分隔符类型多种多样，所以建议考生熟悉分隔符类型，掌握插入方法，以缩短答题时间。

💿 操作指南

1. 插入手动分页

方法 1：在【插入】→【页】组中单击"分页"按钮 ▦ 。

方法 2：在【页面布局】→【页面设置】组中单击 ▦ 按钮，在弹出的下拉列表中选择"分页符"选项。

2. 插入分节

分节用于创建文档中某部分的布局或格式更改。插入分节的方法为：在【页面布局】

→【页面设置】组中单击按钮，在弹出的下拉列表中选择要设置的分节符类型即可。

✎ 经典例题

【例题1】在文档第2自然段末尾插入一个分页符。

【解析】本题要求在第2个自然段的末尾插入一个分页符，具体操作如下。

1️⃣ 将插入点定位到第2自然段末尾。

2️⃣ 在【页面布局】→【页面设置】组中单击按钮，在弹出的下拉列表中选择"分页符"选项即可将分页符插入到第2自然段末尾，操作过程如图4-8所示。

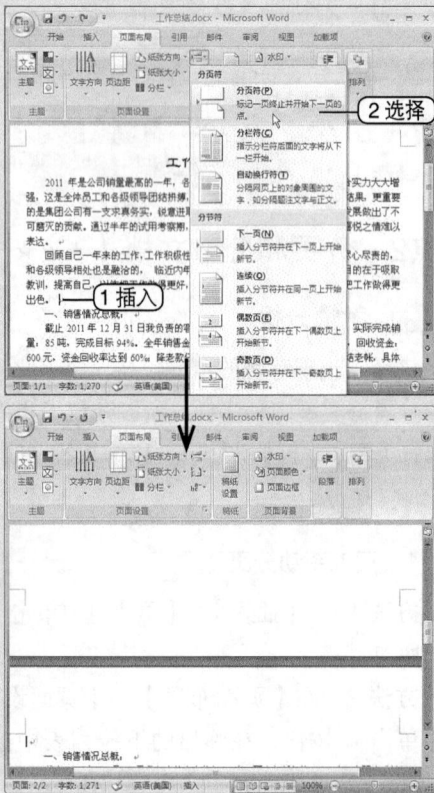

图4-8 插入分页符

【例题2】在插入点处插入一个分节符，类型为"奇数页"。

【解析】本题要求在插入点处插入一个类型为"奇数页"的分节符，具体操作如下。

1️⃣ 在【页面布局】→【页面设置】组中单击按钮。

2️⃣ 在弹出的下拉列表中选择"奇数页"选项，如图4-9所示。

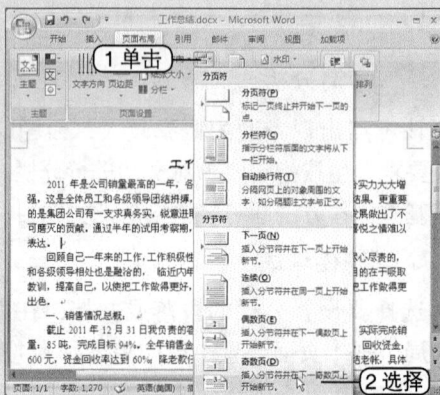

图4-9 插入"奇数页"分节符

考点3 设置文档封面和插入空白页（★）

🔍 考情分析

该考点抽到考题的概率较大，题型相对比较简单，一般要求为文档添加封面或添加空白页。

🎨 操作指南

1. 添加封面

Word 2007提供了一个预先设计的封面样式库，在其中可选择封面样式。插入封面的方法为：在【插入】→【页】组中单击"封面"按钮，在弹出的"内置"样式库中选择需要的封面样式，然后用自己的内容替换实例文本。

2. 插入空白页

单击文档中需要插入新页面的位置，或选择要在其前面插入空白页的文本，在【插入】→【页】组中单击"空白"按钮，空白页将出现在插入点或选择的文本前面。

经典例题

【例题】为文档添加"年刊型"（第3行第1列）封面，然后在封面后面添加一个空白页。

【解析】本题要求为文档添加封面，并在封面后添加空白页，具体操作如下。

❶ 在【插入】→【页】组中单击"封面"按钮 🖼，在弹出的"内置"样式库中选择"年刊型"封面。

❷ 将光标定位到封面后面一页的页首。

❸ 在【插入】→【页】组中单击"空白页"按钮 🗋，即可将空白页插入到封面之后，操作过程如图4-10所示。

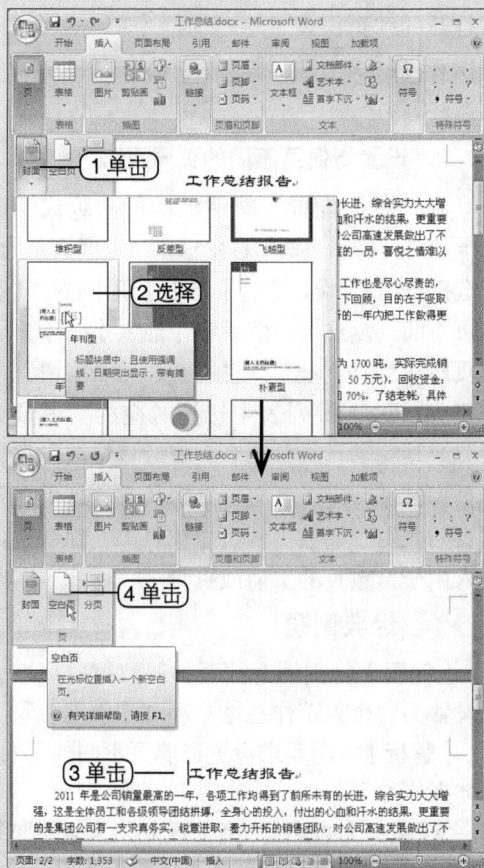

图4-10　插入封面和空白页

4.3　设置页眉、页脚和页码

> 说明：练习环境为光盘 :\ 素材 \ 第4章 \ 个人工作总结 .docx。

考点1　设置页眉和页脚（★★★）

考情分析

该考点是常考内容，出现考题的概率较大，通常要求考生添加指定格式及内容的页眉或页脚，有时也可能会同时要求对页眉和页脚进行设置。

操作指南

1. 设置页眉

◆插入相同的页眉：在【插入】→【页眉和页脚】组中单击 页眉 按钮，在弹出的下拉列表中选择所需的内置页眉设计，然后在页眉中键入需要的文字，还可以插入日期和时间、图片或剪贴画。

◆更改页眉的内容：在【插入】→【页眉和页脚】组中单击 页眉 按钮，在弹出的下拉列表中选择"编辑页眉"命令，或直接双击页眉，文档会切换到页眉编辑状态，选择要编辑的文本并进行更改。

◆删除页眉：在【插入】→【页眉和页脚】组中单击 页眉 按钮，在弹出的下拉列表中选择"删除页眉"命令，即可将页眉删除。

2. 设置页脚

对页脚的设置同设置页眉一样，包括添加、更改和删除页脚。两者方法大致一样，只需单击 页脚 按钮即可。

经典例题

【例题】给文档添加内容为"2013年"的

页眉，并插入"传统型"的页脚。

【解析】本题要求为文档添加页眉和页脚，具体操作如下。

❶ 在【插入】→【页眉和页脚】组中单击 页眉▾ 按钮，在弹出的下拉列表中选择"编辑页眉"命令，或直接双击页眉，进入页眉编辑状态。

❷ 在页眉编辑框中单击定位插入点并输入文本"2013年"。

❸ 单击 按钮，或双击页脚，切换到页脚编辑区。

❹ 在【设计】→【页眉和页脚】组中单击 页脚▾ 按钮，在打开的下拉列表中选择"传统型"选项，如图4-11所示。

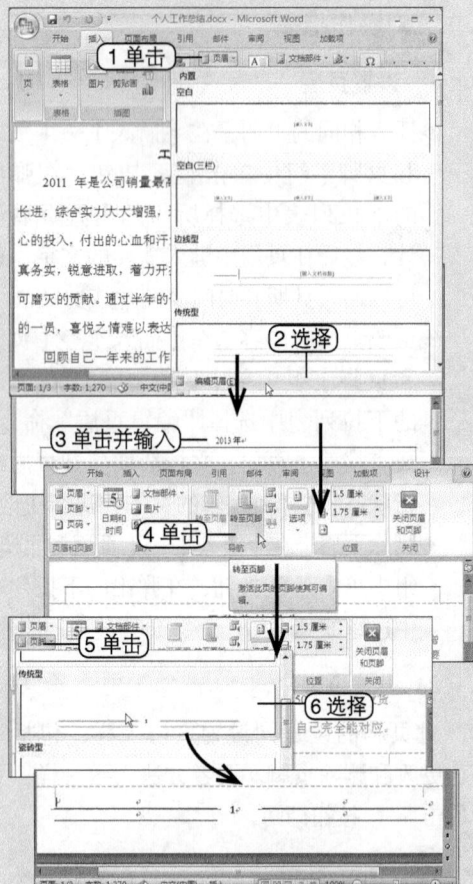

图4-11　设置页眉和页脚

考点2　设置首页或奇偶页不同（★★★）

📷 考情分析

该考点出现考题的概率较大，考生要掌握其设置的基本方法。此考点一般要求设置首页不同或奇偶页不同的页眉或页脚。

🛰 操作指南

1. 设置首页不同的页眉页脚

方法1：在【设计】→【选项】组中选中"首页不同"复选框。

方法2：在【页面布局】→【页面设置】组中单击右下角的"对话框启动器"按钮，在打开的"页面设置"对话框中单击"版式"选项卡，在"页眉和页脚"栏中选中"首页不同"复选框。

2. 设置奇偶页不同的页眉页脚

在"页面设置"对话框中的"版式"选项卡的"页眉和页脚"栏中选中"奇偶页不同"复选框，或在【设计】→【选项】组中选中"奇偶页不同"复选框，然后在【插入】→【页眉和页脚】组中单击 页眉 按钮或 页脚 按钮，在分别弹出的下拉列表中选择对应的"编辑页眉"或"编辑页脚"命令，或者直接双击页眉或页脚区域，进入各自的编辑状态，即可在偶数页插入用于偶数页的页眉或页脚，在奇数页插入用于奇数页的页眉或页脚。

📝 经典例题

【例题】将文档奇数页和偶数页的页眉分别设置为"个人工作总结"和"工作汇总"。

【解析】本题要求设置奇偶页不同的页眉，具体操作如下。

❶ 打开文档，在【页面布局】→【页面设置】组中单击右下角的"对话框启动器"按钮，打开"页面设置"对话框。

2 在打开的对话框中单击"版式"选项卡,然后在"页眉和页脚"栏中选中"奇偶页不同"复选框,再单击 确定 按钮。

3 双击页眉区域,切换到页眉的编辑状态。

4 分别在奇数页和偶数页中输入指定的页眉内容"个人工作总结"和"工作汇总",操作过程如图 4-12 所示。

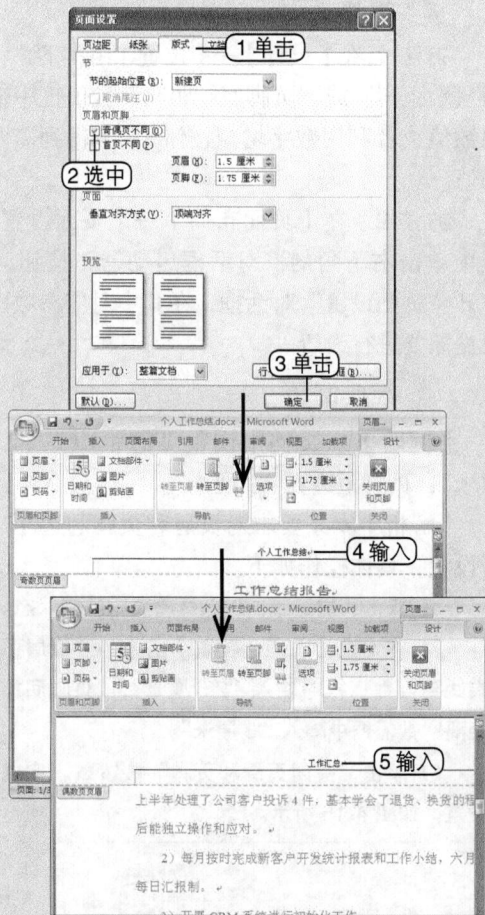

图 4-12 设置页眉奇偶页不同

📖 **考场点拨**

当同时要求设置首页不同和奇偶页不同时,只需同时选中"首页不同"和"奇偶页不同"复选框即可。

考点3 在多节文档中使用页眉页脚 (★★★)

🔍 **考情分析**

该考点抽到考题的概率较高,但命题方式较为单一,通常要求考生为文档中指定的节插入或更改页眉或页脚。

🎨 **操作指南**

1. 为文档的某节创建不同的页眉页脚

将插入点置于需要创建不同页眉页脚的节内,在【插入】→【页眉和页脚】组中单击 页眉 按钮或 页脚 按钮,在弹出的下拉列表中选择"编辑页眉"或"编辑页脚"命令,然后在【设计】→【导航】组中单击"链接到前一条页眉"按钮,断开该节中的页眉与前一节页眉之间的连接,即可进行设置。

2. 在文档所有节中使用相同的页眉页脚

双击要与前一节的页眉页脚保持一致的页眉页脚,在【设计】→【导航】组中单击"上一节"按钮或"下一节"按钮,将光标移到要更改的页眉页脚处,再单击"链接到前一条页眉"按钮,将当前节中的页眉页脚重新链接到前一节中的页眉页脚,此时 Word 2007 将打开提示对话框,单击 是(Y) 按钮即可。

📝 **经典例题**

【例题】将文档的页眉内容设置为"工作总结",然后将第 3 节的页眉更改为"个人工作汇总"。

【解析】本题要求对页眉进行设置,然后更改第 3 节的页眉内容,具体操作如下。

1 在【插入】→【页眉和页脚】组中单击 页眉 按钮,在弹出的下拉列表中选择"编辑页眉"命令,进入页眉编辑状态。

2 在页眉编辑框中单击定位插入点输入文本"工作总结",如图 4-13 所示。

图4-13 设置页眉内容

③ 将插入点置于第3节内。

④ 在【插入】→【页眉和页脚】组中单击 页眉 按钮，在弹出的下拉列表中选择"编辑页眉"命令。

⑤ 在【设计】→【导航】组中单击"链接到前一条页眉"按钮，在页眉的右边将不显示"与上一节相同"，然后输入"个人工作汇总"文本，如图4-14所示。

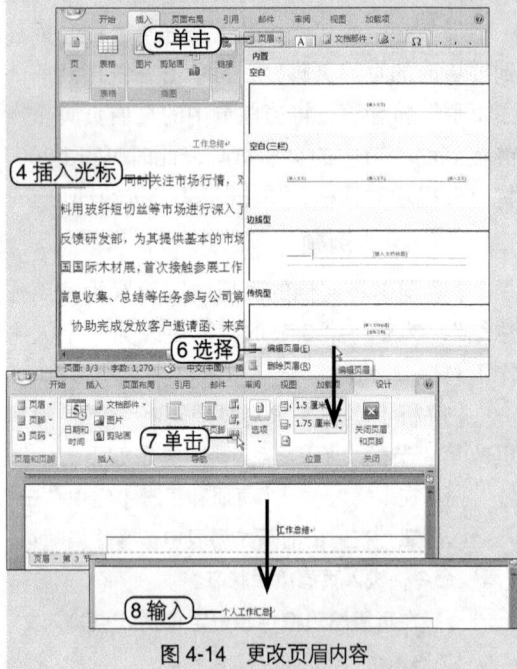

图4-14 更改页眉内容

考点4 设置页眉页脚位置 (★★★)

考情分析

该考点出现考题的概率较大。一般出题时要求精确设置页眉或页脚的位置。此考点的操作简单、易懂，考生需掌握基本方法。

操作指南

方法1: 在【设计】→【位置】组中的"页眉顶端距离"或"页脚底端距离"数值框中输入数值或者利用数字增减按钮:调节得到需要的值。

方法2: 在【页面布局】→【页面设置】组中单击右下角的"对话框启动器"按钮，打开"页面设置"对话框，在其中对应参数区根据需要进行设置。

经典例题

【例题】 在文档中调整页眉距边界"2.5厘米"，页脚距边界"3厘米"。

【解析】 本条要求对页眉和页脚的边距进行设置，具体操作如下。

① 双击页眉区域，进入页眉页脚编辑状态。

② 在【设计】→【位置】组中的"页眉顶端距离"数值框中输入"2.5厘米"，"页脚底端距离"数值框中输入"3厘米"。

③ 单击"关闭页眉和页脚"按钮，完成设置，如图4-15所示。

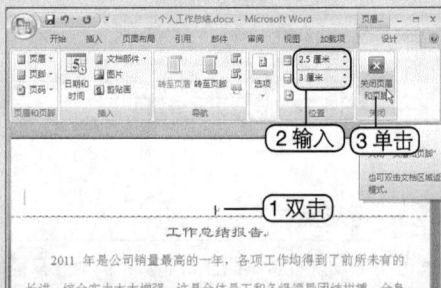

图4-15 设置页眉页脚位置

考场点拨

如果要手动调整页眉页脚距边界的位置，可以先进入页眉页脚编辑状态，然后在垂直标尺上拖动调整"上边距"和"下边距"的位置。

考点5　设置页码（★★★）

考情分析

该考点是常考点，操作较为简单，出题时一般是要求考生在指定位置插入指定的页码格式。

操作指南

1. 插入页码

在【插入】→【页眉和页脚】组中单击"页码"按钮，打开下拉列表，根据需要设置页码在文档中显示的位置，选择相应的选项，在打开的下一级下拉列表中，从设计样式库中选择需要的页码设计。

2. 设置页码格式

在【插入】→【页眉和页脚】组中单击"页码"按钮，在弹出的下拉列表中选择"设置页码格式"命令，打开"页码格式"对话框，在其中进行需要的设置即可。

3. 修改页码的字体和字号

方法1：选择要修改的页码，在所选页码上方显示浮动面板，利用此面板中的选项可以更改字体、字形、字号和字体颜色。

方法2：右击选择的页码，在打开的快捷菜单中选择"字体"命令，打开"字体"对话框，在其中进行相应的设置来修改。

4. 删除页码

在【插入】→【页眉和页脚】组中单击"页码"按钮，在弹出的下拉列表中选择"删除页码"命令即可。也可以通过鼠标选中页码，按【Delete】键或【Backspace】键将其删除。

经典例题

【例题】为当前文档插入页码，设置为：位于页面顶端（页眉），格式为"I、II、III"。

【解析】本题要求为文档的页眉插入指定格式的页码，具体操作如下。

❶ 在【插入】→【页眉和页脚】组中单击"页码"按钮，在弹出的下拉列表中选择"页面顶端"选项。

❷ 在弹出的下一级下拉列表中选择"罗马1"选项，应用格式"I、II、III"，如图4-16所示。

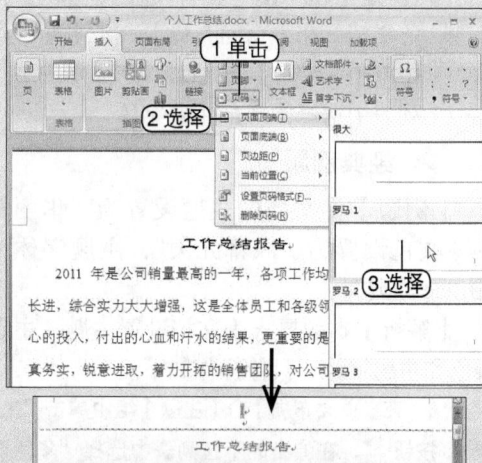

图4-16　插入页码

4.4　设置主题、背景和水印

说明：练习环境为光盘:\素材\第4章\个人工作总结.docx，荷花.jpg。

考点1　设置主题（★）

考情分析

该考点虽然属于要求了解的考点，但是很容易抽到考题，由于此类题目相对简单，考查时一般要求为文档应用某个主题或转换某个主题，考生只需掌握主题的设置方法即可。

操作指南

◆设置主题：打开要设置主题的文档，在【页面布局】→【主题】组中单击"主题"按钮，在弹出的下拉列表中选择需要的内置主题。

◆设置主题颜色：打开要设置主题颜色的文档，在【页面布局】→【主题】组中单击"颜色"按钮，在弹出的下拉列表中选择需要的主题颜色。

◆ 设置主题字体：打开要设置主题字体的文档，在【页面布局】→【主题】组中单击"字体"按钮，在弹出的下拉列表中选择需要的主题字体。

经典例题

【例题】将文档的主题设置为"华丽"，主题颜色设置为"凤舞九天"，主题字体为"Office 经典"。

【解析】本题要求为文档设置主题、主题颜色和主题字体，具体操作如下。

1 在【页面布局】→【主题】组中单击"主题"按钮，在弹出的下拉列表中选择"华丽"主题，如图 4-17 所示。

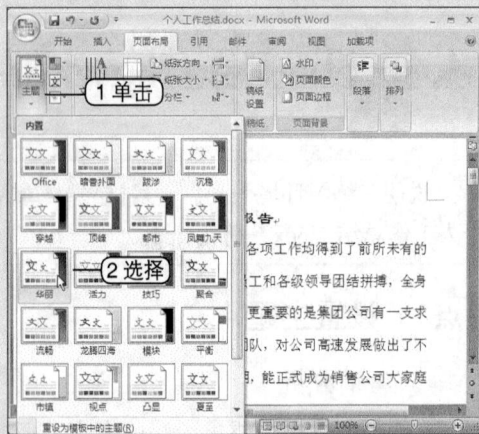

图 4-17　设置文档主题

2 在【页面布局】→【主题】组中单击"颜

色"按钮，在弹出的下拉列表中选择"凤舞九天"主题颜色，如图 4-18 所示。

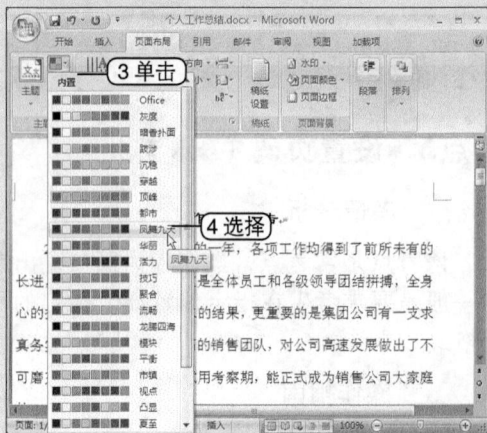

图 4-18　设置文档主题颜色

3 在【页面布局】→【主题】组中单击"字体"按钮，在弹出的下拉列表中选择"Office 经典"主题字体，如图 4-19 所示。

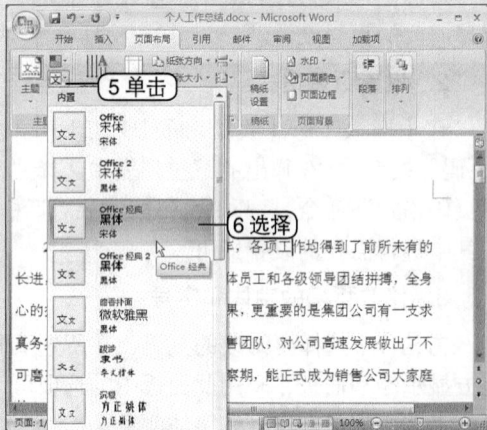

图 4-19　设置文档主题字体

考点2　设置页面颜色和页面边框（★★★）

考情分析

该考点抽到考题的概率较高，命题多是为文档添加指定样式的页面颜色和页面边框，有时也会为文档添加自定义的页面颜色和页面边框。

🎨 操作指南

1. 设置页面颜色

◆为页面添加单色背景：在【页面布局】→【页面背景】组中单击"页面颜色"按钮 🎨，在弹出的下拉列表中的"主题颜色"、"标准色"或"其他颜色"中选择需要的颜色。

◆为文档添加渐变、纹理、图案或图片背景：在【页面布局】→【页面背景】组中单击"页面颜色"按钮 🎨，在弹出的下拉列表中选择"填充效果"命令，在打开的对话框中进行所需设置。

2. 为页面添加边框

在【页面布局】→【页面背景】组中单击"页面边框"按钮 🔲，打开"边框和底纹"对话框。在其中的"页面边框"选项卡中进行所需设置。

📝 经典例题

【例题1】 为文档添加"茶色，强调文字颜色1，淡色60%"的页面颜色。

【解析】 本题要求为文档设置纯色的背景。具体操作如下。

❶ 在【页面布局】→【页面背景】组中单击"页面颜色"按钮 🎨。

❷ 在弹出的下拉列表中的"主题颜色"栏中选择"茶色，强调文字颜色1，淡色60%"选项，如图4-20所示。

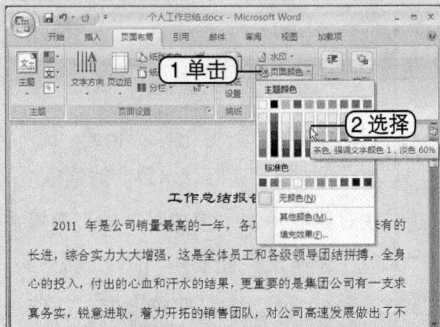

图4-20　添加页面颜色

【例题2】 设置文档的页面边框为"4.5磅、单线、阴影框"，并为文档添加图案为"窄虚线"，前景色为"绿色"的图案填充背景。

【解析】 本题是一道综合型题目，既要求设置页面边框，又要求设置图案填充背景，具体操作如下。

❶ 在【页面布局】→【页面背景】组中单击"页面边框"按钮 🔲，打开"边框和底纹"对话框。

❷ 在对话框中的"页面边框"选项卡中选择"阴影"选项，在"样式"列表框中选择"单线"选项，在"宽度"下拉列表框中选择"4.5磅"选项。

❸ 单击 确定 按钮，操作过程如图4-21所示。

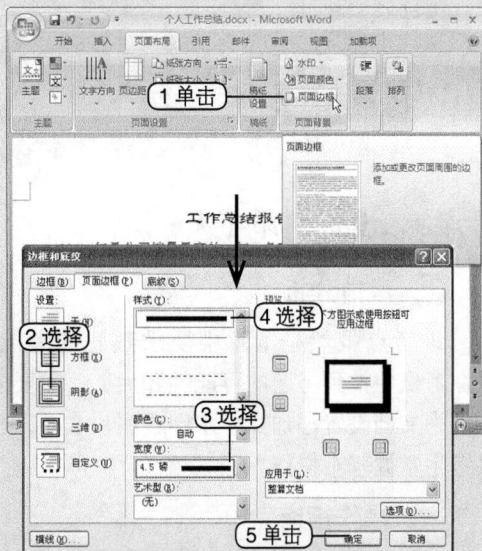

图4-21　添加页面边框

❹ 在【页面布局】→【页面背景】组中单击"页面颜色"按钮 🎨，在弹出的下拉列表中选择"填充效果"命令，打开"填充效果"对话框。

❺ 在对话框中单击"图案"选项卡，在"前景"下拉列表框中选择"绿色"选项，在"图案"列表框中选择"窄虚线"选项。

❻ 单击 确定 按钮应用设置，操作过程

如图 4-22 所示。

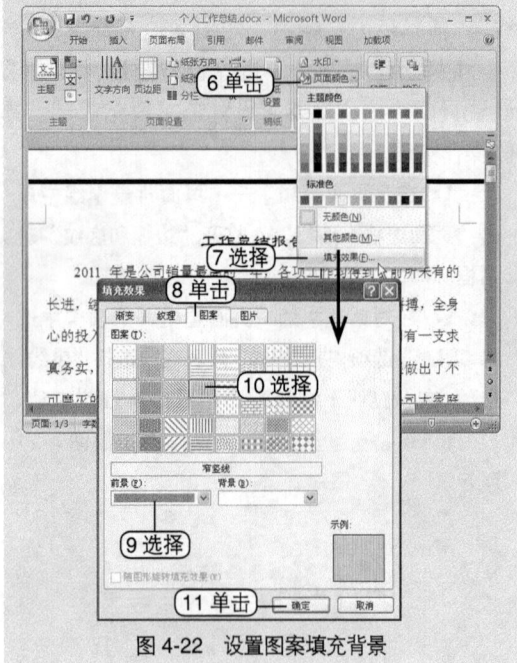

图 4-22 设置图案填充背景

考点3 设置水印（★★）

考情分析

该考点虽然是本章中要求熟悉的考点，但在考试中抽到考题的可能性和大，一般要求考生为文档设置添加文字水印或图片水印，建议考生掌握基本操作方法。

操作指南

1. 添加水印库中的水印

在【页面布局】→【页面背景】组中单击"水印"按钮，在弹出的下拉列表中选择要设置的水印。

2. 自定义水印

在【页面布局】→【页面背景】组中单击"水印"按钮，在弹出的下拉列表中选择"自定义水印"命令，打开"水印"对话框，在其中可对图片水印和文字水印进行设置。

经典例题

【例题】为文档添加"图片水印"，图片为默认路径下的"荷花.jpg"，且缩放比例为"100%"，不使用"冲蚀"。

【解析】本题要求为文档添加图片水印，具体操作如下。

❶ 在【页面布局】→【页面背景】组中单击"水印"按钮，在弹出的下拉列表中选择"自定义水印"命令，打开"水印"对话框。

❷ 在对话框中选中"图片水印"单选项，单击 选择图片(P)... 按钮，打开"插入图片"对话框，如图 4-23 所示。

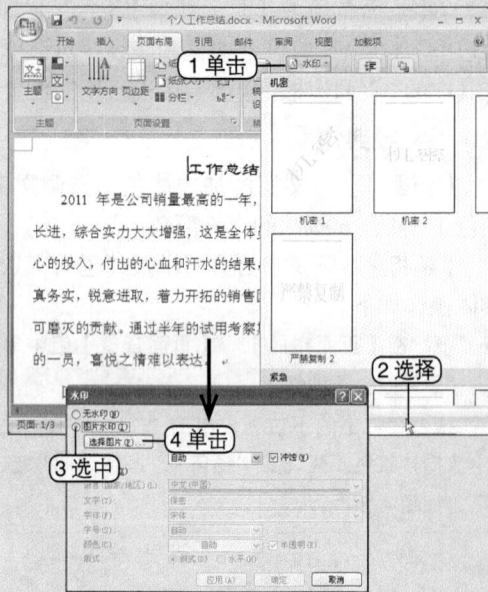

图 4-23 选择图片

❸ 在对话框中选择"荷花.jpg"图片，单击 插入(S) 按钮，返回"水印"对话框。

❹ 在对话框中的"缩放"下拉列表框中选择"100%"选项，取消选中"冲蚀"复选框。

❺ 单击 确定 按钮完成操作，操作过程如图 4-24 所示。

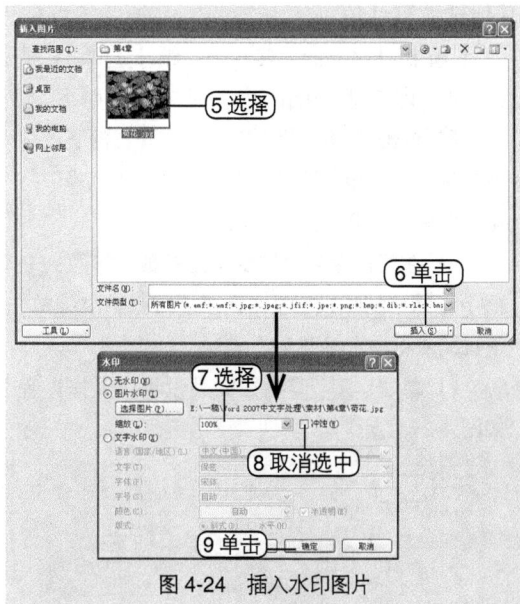

图 4-24　插入水印图片

4.5　打印文档

⊙ 说明：练习环境为光盘:\素材\第4章\个人工作总结 .docx。

考点1　打印预览（★★★）

📖 考情分析

该考点属于常考点，抽到考题的概率较大，命题方式一般是切换到"打印预览"窗口，对文档的预览显示进行设置。

🖌 操作指南

方法1：单击"Office"按钮，在弹出的下拉列表中选择"打印"选项，在右侧列表中选择"打印预览"命令。

方法2：单击快速访问工具栏的"打印预览"按钮，即可打开"打印预览"窗口。

在"打印预览"窗口的"打印预览"选项卡中利用各种选项可方便地进行预览。

📝 经典例题

【例题】在预览状态中先用双页进行查看，然后将显示比例调整为"50%"。

【解析】本题要求对文档进行预览设置，具体操作如下。

1 单击"Office"按钮，在弹出的下拉列表中选择"打印"选项，在右侧列表中选择"打印预览"命令。

2 进入"打印预览"窗口，在"显示比例"组中单击"双页"按钮，切换到双页查看窗口，如图 4-25 所示。

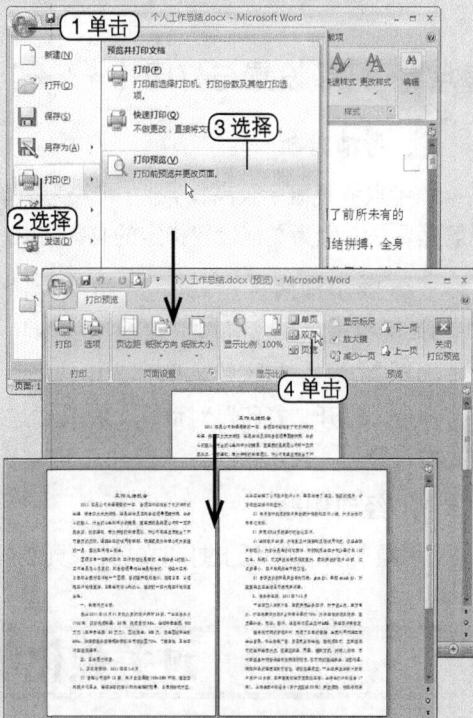

图 4-25　设置双页预览

3 在"显示比例"组中单击"显示比例"按钮，打开"显示比例"对话框，在其中的"百分比"后的数字框中输入"50%"。

4 单击 确定 按钮完成操作，操作过程如图 4-26 所示。

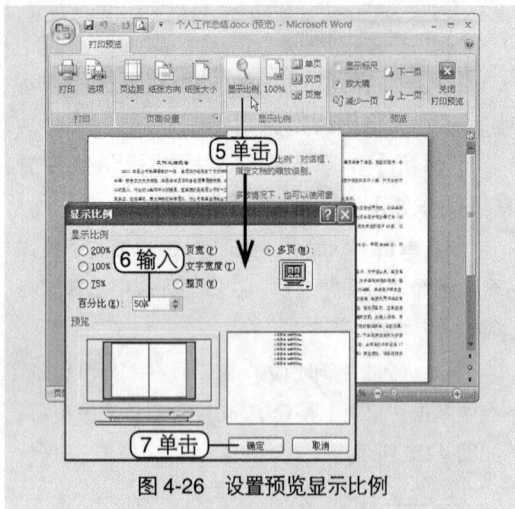

图 4-26　设置预览显示比例

考点2　打印设置与打印（★★★）

考情分析

该考点考查概率较高，出题方式较为简单，一般是要求考生为文档设置指定的打印方式。

操作指南

单击"Office"按钮，在弹出的下拉列表中选择"打印"选项，在右侧列表中选择"打印"命令，打开"打印"对话框，在其中进行需要的设置。

经典例题

【例题】请在 A4 纸上打印文档，每页 2 版，其他选取默认值。

【解析】本题要求在 A4 纸上打印文档，且每页打印 2 版文档内容，具体操作如下。

① 单击"Office"按钮，在弹出的下拉列表中选择"打印"选项，在右侧列表中选择"打印"命令，打开"打印"对话框。

② 在对话框中的"每页的版数"下拉列表框中选择"2 版"选项，在"按纸张大小缩放"下拉列表框中选择"A4"选项。

③ 单击 确定 按钮完成设置，操作过程如图 4-27 所示。

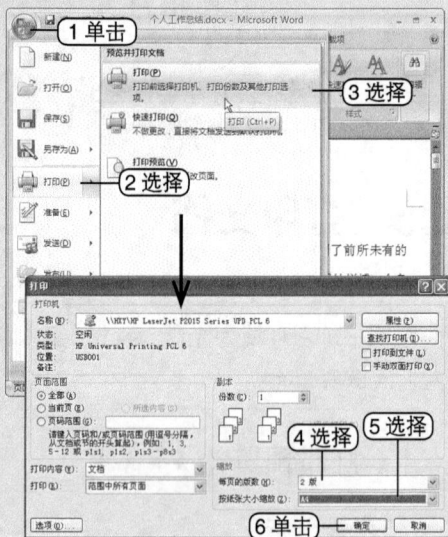

图 4-27　设置打印缩放和板数

过关强化练习及解题思路

说明：

各题练习环境为光盘：\ 同步练习 \ 第 4 章 \
各题解答演示见光盘：\ 试题精解 \ 第 4 章 \

1. 过关题目

第 1 题　设置页脚距边界 3 厘米，页眉和页脚奇偶页不同。

第 2 题　设置当前文档的纸张大小为 B4，方向为横向。

第 3 题　为文档插入页码，位置在页面底端，对齐方式为"居中"，起始页码为 21。

第 4 题　设置文档的页眉内容为"美文

欣赏",页脚内容为"散文与诗词"。

第5题 将文档网格设置为"指定行和字符网格",字符数为每行 35 个、行数为每页 23 行。

第6题 为当前文档的页面添加有冲蚀效果的图片水印(第 4 章 \ 素材 \ 日落 .jpg),其他选项保持默认。

第7题 设置打印当前文档的文档属性,并取消图形对象的打印,打印 5 份。

第8题 为文档设置 1.5 磅、浅绿色、三维型的页面边框。

2. 解题思路

第1题 在【页面布局】→【页面设置】组中单击右下角的"对话框启动器"按钮 ,在打开的"页面设置"对话框中的"页边距"选项卡的"页边距"栏中进行相应设置,然后在【设计】→【选项】组中选中"奇偶页不同"复选框后,直接双击页眉或页脚区域,进入各自的编辑状态。

第2题 在【页面布局】→【页面设置】组中单击 纸张大小 按钮,在弹出的下拉列表中选择需要的纸张,然后在"页面设置"对话框

中的"页边距"选项卡中的"纸张方向"栏中选择对应选项。

第3题 在【插入】→【页眉和页脚】组中单击"页码"按钮 ,在弹出的下拉列表中选择"设置页码格式"命令,在打开的"页码格式"对话框中进行设置。

第4题 在【插入】→【页眉和页脚】组中单击 页眉 按钮或 页脚 按钮,在弹出的下拉列表中选择"编辑页眉"或"编辑页脚"命令后直接进行相应设置。

第5题 在"页面设置"对话框中的"文档网格"选项卡中进行相应设置。

第6题 在【页面布局】→【页面背景】组中单击"水印"按钮 ,在弹出的下拉列表中选择"自定义水印"命令,打开"水印"对话框,在其中进行设置。

第7题 选择"Office"按钮菜单的"打印"命令的下一级菜单中的"打印"命令,打开"打印"对话框,在其中进行相应设置。

第8题 在【页面布局】→【页面背景】组中单击"页面边框"按钮 ,在打开的对话框中设置需要的选项。

第 **5** 章 ▸制作表格◂

■■ 考情分析

　　本章主要考查在 Word 2007 中制作表格、编辑表格的相关操作，共 19 个考点，包括转换文本和表格，合并与拆分表格，套用表格样式，插入、删除行、列和单元格，编辑表格内容，调整行高和列宽，新建和修改表格样式，以及排序数据等。本章有不少考点都是必考点，考生应掌握设置表格的各种方法和表格设置的相关操作。

■■ 考点要求

☑ **要求掌握的考点**
　　考点级别：★★★
　　　▣ 插入表格
　　　▣ 转换文本和表格
　　　▣ 合并与拆分单元格
　　　▣ 合并与拆分表格
　　　▣ 设置表格数据格式和对齐方式
　　　▣ 调整行高和列宽
　　　▣ 设置表格边框和底纹
　　　▣ 套用表格样式
　　　▣ 计算数据
☑ **要求熟悉的考点**
　　考点级别：★★
　　　▣ 绘制斜线表头

　　　▣ 设置标题行重复
　　　▣ 为单元格添加编号
　　　▣ 选择表格
　　　▣ 编辑单元格内容
　　　▣ 插入行、列和单元格
　　　▣ 删除行、列和单元格
　　　▣ 设置表格大小和环绕方式
☑ **要求了解的考点**
　　考点级别：★
　　　▣ 新建和修改表格样式
　　　▣ 排序数据

5.1 创建表格

> ◎ 说明：练习环境为光盘:\素材\第5章\表格与文本互换.docx、绘制斜线表头.docx、设置标题行重复.docx、表格1.docx。

考点1 插入表格（★★★）

考情分析

该知识点抽到考题的概率较大，命题时一般要求插入指定行数或列数的表格并指定插入方式。在答题时，建议考生通过"插入表格"对话框，在其中输入行列数快速作答，以节约答题时间。

操作指南

方法1: 定位插入表格的起始位置,在【插入】→【表格】组中单击"表格"按钮 ,在弹出的下拉列表中的"插入表格"栏中拖动鼠标选择插入表格需要的行数和列数,再释放鼠标。

方法2: 定位表格插入点,在【插入】→【表格】组中单击"表格"按钮 ,在弹出的下拉列表中选择"插入表格"命令,在打开的"插入表格"对话框中输入要插入表格的行数和列数,在"'自动调整'操作"中选择所需选项,调整表格尺寸,单击 确定 按钮。

方法3: 在【插入】→【表格】组中单击"表格"按钮 ,在弹出的下拉列表中选择"绘制表格"命令,鼠标指针会变成铅笔形状 ,先定义表格的外边框,绘制一个矩形,然后在矩形内绘制列线、行线及斜线,完成后,在其内输入数据,按【Esc】键,或单击表格之外,鼠标恢复默认形状。

方法4: 定位插入表格的起始位置,在【插入】→【表格】组中单击"表格"按钮 ,在弹出的下拉列表中选择"快速表格"选项,然后在弹出的"内置"栏中选择需要的样式。

经典例题

【例题】 请在空白文档中插入一个4行4列的表格,要求在插入时选择"根据内容调整表格"。

【解析】 本题解题重点在于打开对话框的方法及设置表格属性,具体操作如下。

1 在【插入】→【表格】组中单击"表格"按钮 ,在弹出的下拉列表中选择"插入表格"命令。

2 在打开的"插入表格"对话框中设置列数和行数,选中"根据内容调整表格"单选项。

3 单击 确定 按钮,操作过程如图5-1所示。

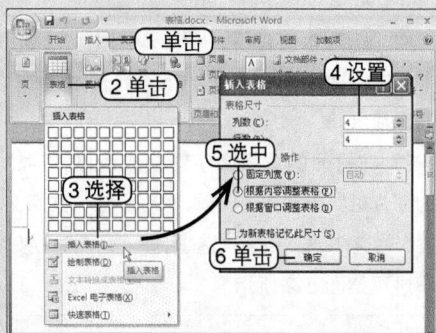

图5-1 插入根据内容调整的表格

考点2 转换文本和表格（★★★）

考情分析

该考点出现考题概率较高,考查方式较为简单,一般以文本和表格的相互转换来考核,考生只需掌握基本的操作方法。

操作指南

1.将文本转换成表格

选择要转换的文本,并插入分隔符,在【插入】→【表格】组中单击"表格"按钮 ,在弹出的下拉列表中选择"文本转换成表格"命令，在打开的"将文字转换成表格"对话框中根据需要设置"列数"、"列宽"和"文字分隔位置"。

2.将表格转换成文本

选择要转换成文本的表格，在【布局】→【数据】组中单击"转换为文本"按钮🖳，打开"表格转换成文本"对话框，在其中选择需要的文字分隔符。

📝 经典例题

【例题1】请将当前 Word 文档转换成表格，转换后的表格列数为 5 列。

【解析】本题要求将 Word 中的文本内容转换成表格，转换后表格的列数为 5 列，具体操作如下。

1 选择所有文本，在【插入】→【表格】组中单击🔲按钮，在弹出的下拉列表中选择"文本转换成表格"命令。

2 在打开的"将文字转换成表格"对话框中的"列数"数值框中输入"5"，在"文字分隔位置"栏选中"空格"单选项，单击 确定 按钮，操作过程如图 5-2 所示。

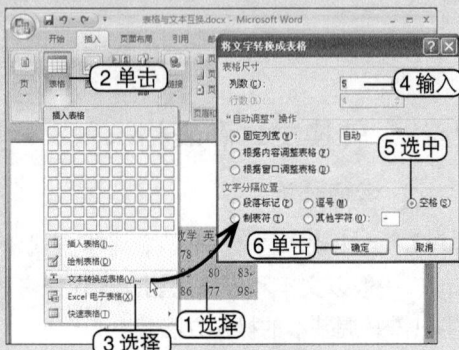

图 5-2 将文本转换成表格

【例题2】请将表格转换成文本，并用逗号将单元格内容分开。

【解析】本题明确要求将表格转换成文本

且单元格内容用逗号进行分隔，具体操作如下。

1 选择表格，在【布局】→【数据】组中单击"转换为文本"按钮🖳，打开"表格转换成文本"对话框，在其中的"文字分隔符"栏下选中"逗号"单选项。

2 单击 确定 按钮，如图 5-3 所示。

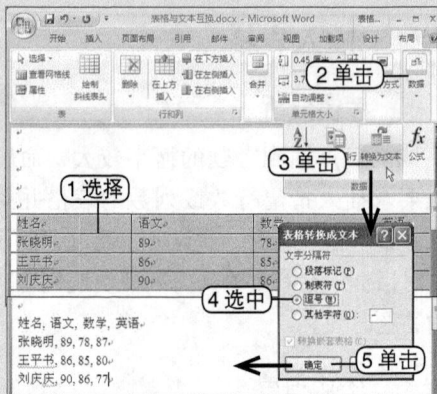

图 5-3 将表格转换成文本

考点3 绘制斜线表头（★★）

🔍 考情分析

该考点出现考题的概率较大。一般要求将所选表格的表头设置为指定样式的斜线表头，按基本操作方法沉着应对即可。

🎨 操作指南

调整好表格左上角的第一个单元格的大小，定位插入点，在【布局】→【表】组中单击"绘制斜线表头"按钮🔲，打开"插入斜线表头"对话框，在其中选择需要的表头样式并设置字体大小，输入各个标题，单击 确定 按钮即可。

📝 经典例题

【例题】请将所选表格的斜线表头设置为"样式一"，字号为"小五"，行、列标题分别为"销量"和"月份"。

【解析】本题明确要求绘制斜线表头并输入表头内容，具体操作如下。

1️⃣ 将插入点定位到第1行第1列的单元格中，在【布局】→【表】组中单击"绘制斜线表头"按钮，打开"插入斜线表头"对话框。

2️⃣ 在对话框中的"表头样式"下拉列表框中选择"样式一"选项，在"字体大小"下拉列表框中选择"小五"选项，然后分别在"行标题"和"列标题"文本框中输入"销量"和"月份"。

3️⃣ 单击 确定 按钮，操作过程如图5-4所示。

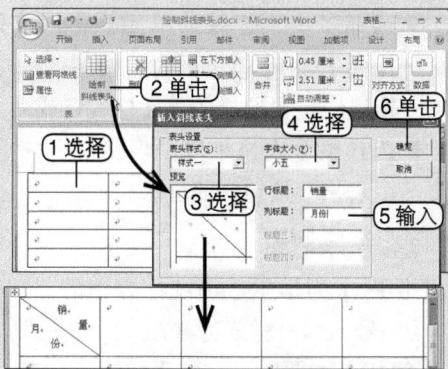

图5-4　绘制斜线表头

考点4　设置标题行重复（★★）

🔍 考情分析

该考点抽到题目的概率较小，考查比较简单，即直接要求为当前表格设置重复标题行。

🎯 操作指南

在表格的首行及紧跟的行输入表格标题，选择包括首行的标题行，如果标题行只有一行，可将插入点定位到标题行的任意单元格，在【布局】→【数据】组中单击"重复标题行"按钮 即可。

📝 经典例题

【例题】为当前表格输入标题行为：序号、姓名、性别、出生日期、居住地、电话，完成

后设置标题行重复。

【解析】本题明确要求在输入标题行后设置重复标题行，具体操作如下。

1️⃣ 在表格中输入标题行："序号"、"姓名"、"性别"、"出生日期"、"居住地"、"电话"。

2️⃣ 选择输入后的标题行。

3️⃣ 在【布局】→【数据】组中单击"重复标题行"按钮 ，如图5-5所示。

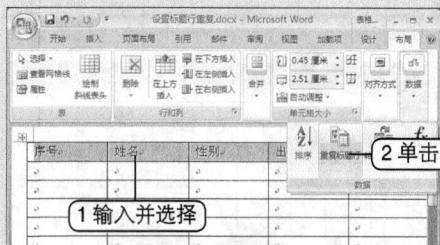

图5-5　设置标题行重复

考点5　为单元格添加编号（★★）

🔍 考情分析

该知识点抽到考题的概率较高，考题一般要求为某列单元格使用指定的符号进行编号，考试时直接选择对应编号即可。

🎯 操作指南

方法1：在【开始】→【段落】组中单击"编号"按钮 ，添加默认的数字编号。若要选择其他的编号格式，单击"编号"按钮右侧的下拉按钮 ，在弹出的下拉列表中选择需要的编号即可。

方法2：在【开始】→【段落】组中单击"编号"按钮 右侧的下拉按钮 ，在打开的下拉列表中选择"定义新编号格式"命令，打开"定义新编号格式"对话框，在其中设置需要的编号格式。

📝 经典例题

【例题】请为表格中的"序号"列自动编号，

编号样式为"1、、2、、3.…"。

【解析】由于本题的编号为默认数字编号，因此直接单击"编号"按钮即可，具体操作如下。

> **1** 选择需要添加编号的所有单元格。
>
> **2** 在【开始】→【段落】组中单击"编号"按钮，操作过程如图5-6所示。

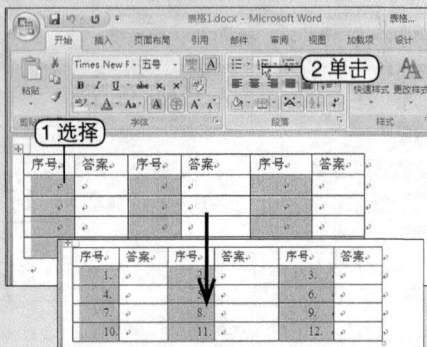

图 5-6 添加数字编号

5.2 编辑表格

> 说明：练习环境为光盘 :\ 素材 \ 第 5 章 \ 学生成绩统计表 .docx。

考点1 选择表格（★★）

考情分析

该考点单独出现在考题中的概率很小，因为此考点是其他操作的基本步骤，所以通常结合其他考点综合考查。

操作指南

1. 利用选项卡中的命令选择

将插入点放在表格的任意位置中，在【布局】→【表】组中单击"选择"按钮，在弹出的下拉列表中可根据需要选择"选择单元格"、"选择列"、"选择行"或"选择表格"命令。

2. 利用鼠标选择

◈ 选择一个单元格：鼠标指向单元格的选择区，指针变成箭头，单击左键。

◈ 选择一行单元格：鼠标指针指向该行的选择区单击即可。

◈ 选择一列单元格：鼠标指向该列顶部的边框，指针变成↓箭头，单击左键。

◈ 选择多个连续的单元格、行或列：按住鼠标左键拖曳经过要选择的单元格、行或列。

◈ 选择多个不连续的单元格、行或列：按住【Ctrl】键的同时，按住鼠标左键拖曳经过要选择的单元格、行或列。

◈ 选择整个表格：单击表格左上角"整个表格"按钮即可。

经典例题

【例题】为学生成绩统计表中的"学号"列自动编号，编号样式为"1、、2、、3.…"。

【解析】本题要求在学生成绩统计表中给"学号"列添加编号，且该编号为默认数字编号，具体操作如下。

> **1** 选择需要添加编号的所有单元格。
>
> **2** 在【开始】→【段落】组中单击"编号"按钮，操作过程如图5-7所示。

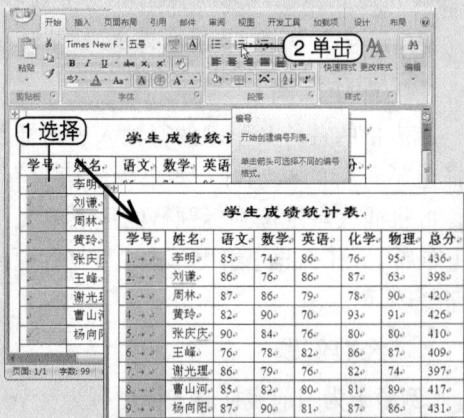

图 5-7 添加"编号"后的效果

考点2　编辑单元格内容（★★）

考情分析

该考点单独出现在考题中的概率较低，一般是结合其他考点综合考查。

操作指南

1. 移动表格中的插入点

要在表格中输入数据，须先将插入点移到需要输入数据的单元格中。顺序移动插入点，按【Tab】键或向右方向键；反序移动则按【Shift+Tab】组合键或向左方向键。如果要在一个单元格中开始新的段落，按【Enter】键即可。不按顺序移动插入点，只需在单元格中单击即可。

2. 在单元格中键入数据

在单元格中输入文字或插入图片，与正文中的操作相同。

3. 复制或移动单元格数据项

方法1：在【开始】→【剪贴板】组中单击"剪切"按钮或"复制"按钮，将插入点放入目标区域的左上角单元格，或选择目标区域，在"剪贴板"组中单击"粘贴"按钮。

方法2：右击选择区，在弹出的快捷菜单中选择"剪切"或"复制"命令，将插入点放入目标区域的左上角单元格，或选择目标区域，单击右键，在弹出的快捷菜单中选择"粘贴单元格"命令。

方法3：按【Ctrl+X】组合键或【Ctrl+C】组合键进行剪贴，将插入点放入目标区域左上角的单元格，或选择目标区域，再按【Ctrl+V】组合键。

经典例题

【例题】请在学生成绩统计表中输入学生姓名、各科成绩、总分，输入完成后将"数学"整列移到"总分"列之后。

【解析】本题要求在单元格中输入文字和数字，然后移动"数学"整列单元格，具体操作如下。

❶ 在单元格中输入相关数据。

❷ 选择"数学"整列单元格。

❸ 在【开始】→【剪贴板】组中单击"剪切"按钮，或右击选择区，在弹出的快捷菜单中选择"剪切"命令，或按【Ctrl+X】组合键。

❹ 将插入点放到"总分"后面的边框上，在【开始】→【剪贴板】组中单击"粘贴"按钮，或单击鼠标右键，在弹出的快捷菜单中选择"粘贴单元格"命令，或按【Ctrl+V】组合键，如图5-8所示。

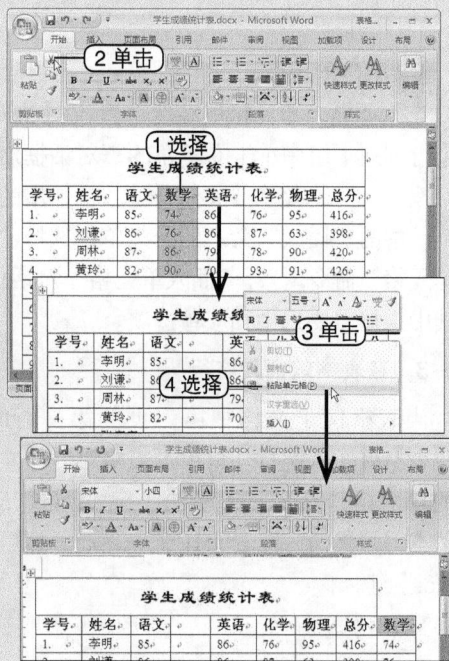

图5-8　移动"数学"列单元格

考场点拨

也可利用鼠标拖动的方法移动单元格数据项：先选择要移动的单元格，然后将其拖到新位置即可。

考点3　插入行、列和单元格（★★）

🔍 考情分析

该知识点抽到考题的概率较大，一般是在指定的某位置插入行、列或单元格。

🎯 操作指南

1．插入行和列

可以在表格中的顶部、底部和中间插入行，在其左侧、右侧和中间插入列。具体方法为：将光标定位到要插入行或列的位置，在【布局】→【行和列】组中单击相应按钮，或单击鼠标右键，在弹出的快捷菜单中的"插入"命令的子菜单中选择相应的命令，即可插入要求的行或列。

2．插入单元格

选取要插入单元格所在的位置，在【布局】→【行和列】组中单击右下角的"对话框启动器"按钮，或者单击鼠标右键，在弹出的快捷菜单中的"插入"命令的子菜单中选择"插入单元格"命令，打开"插入单元格"对话框，在其中根据需要选中相应单选项。

3．在表格前插入空行

当表格位于文档中第一页的第一行时，要在表格前插入空行，可单击表格第一行左上角的单元格，然后按【Enter】键。如果其中有文本，则将插入点置于该文本之前，然后按【Enter】键。

📝 经典例题

【例题1】请在表格第4行上方插入一行单元格。

【解析】本题要求在现有表格中第4行的上方插入一行单元格，需先将插入点定位到第4行任意单元格再进行操作，具体操作如下。

🔢 将插入点定位到表格的第4行单元格中。

🔢 在【布局】→【行和列】组中单击"在上方插入"按钮，如图5-9所示。

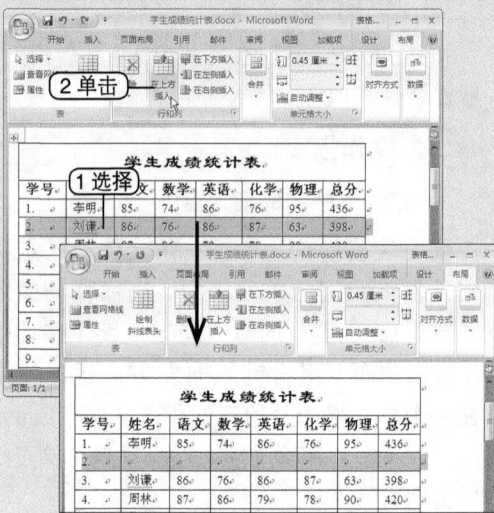

图5-9　在单元格上方插入行

【例题2】请在表格第4行下方一次性插入3行。

【解析】本题要求在表格的第4行下方插入多行单元格，先选择要插入的单元格行数，再执行插入命令，具体操作如下。

🔢 选择第4行单元格及以上两行单元格，表示需要插入3行单元格。

🔢 在【布局】→【行和列】组中单击"在下方插入"按钮，如图5-10所示。

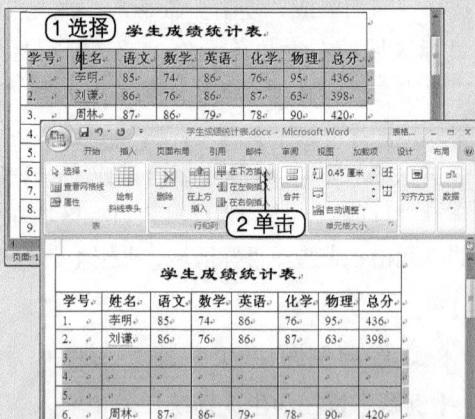

图5-10　插入多行单元格

📖 **考场点拨**

单击鼠标右键，在弹出的快捷菜单中的"插入"命令的子菜单中选择相应的命令，即可插入多行或多列。

考点4 删除行、列和单元格（★★）

🔍 考情分析

该考点出现考题的概率较低，题目多是要求将指定的某行、列或单元格删除。

🎬 操作指南

如只删除行、列或单元格中的内容，而不删除表格的行、列或单元格本身，则选择目标后，按【Delete】键或【Backspace】键即可。

删除行、列或单元格本身及其内容。

方法1：在【布局】→【行和列】组中单击"删除"按钮✖，在弹出的下拉列表中选择所需的命令。

方法2：单击鼠标右键，在弹出的快捷菜单中选择"删除单元格"命令，打开"删除单元格"对话框，在对话框中选中需要的单选项。

📝 经典例题

【例题】请删除表格第3行第4列的单元格，并使右侧单元格左移。

【解析】本题要求将表格中的第3行第4列单元格删除，并在删除后将右侧单元格进行左移，具体操作如下。

1 选择表格的第3行第4列单元格，或直接在第3行第4列的单元格中单击，将光标定位到该单元格。

2 在【布局】→【行和列】组中单击"删除"按钮✖，在弹出的下拉列表中选择"删除单元格"命令，或单击鼠标右键，在弹出的快捷菜单中选择"删除单元格"命令（此处采用第一种方式）。

3 在打开的"删除单元格"对话框中选中

"右侧单元格左移"单选项。

4 单击 确定 按钮，操作过程如图5-11所示。

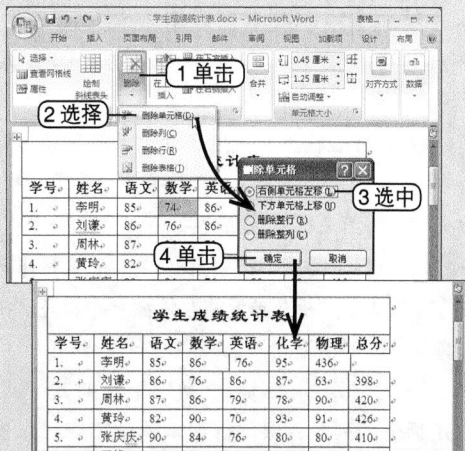

图5-11 删除单元格

考点5 合并与拆分单元格（★★★）

🔍 考情分析

该知识点出现考题的概率较大，其考查方式包括要求合并指定的单元格和将单元格拆分成为指定行数和列数的表格。

🎬 操作指南

1. 合并单元格

合并单元格时，先选择要合并的单元格，然后在【布局】→【合并】组中单击"合并单元格"按钮▦，或单击鼠标右键，在弹出的快捷菜单中选择"合并单元格"命令。

2. 拆分单元格

选择要拆分的一个单元格，在【布局】→【合并】组中单击"拆分单元格"按钮▦，或单击鼠标右键，在弹出的快捷菜单中选择"拆分单元格"命令，打开"拆分单元格"对话框，在对话框中根据需要进行相应参数设置后，单击 确定 按钮即可。

经典例题

【例题】请将表格中的第2行合并，并将第一行单元格拆分成2列。

【解析】本题要求在表格中合并第2行单元格，并拆分第1行单元格成2列，具体操作如下。

1️⃣ 选择表格第2行所有的单元格，单击鼠标右键，在弹出的快捷菜单中选择"合并单元格"命令即可将第2行单元格合并。

2️⃣ 选择表格第1行单元格，在【布局】→【合并】组中单击"拆分单元格"按钮 🔲，打开"拆分单元格"对话框。

3️⃣ 在其中的"列数"数字框中输入"2"，指定拆分的列数，保持行数默认值不变，单击 🔲确定 按钮即可将第2行单元格拆分成2列，如图5-12所示。

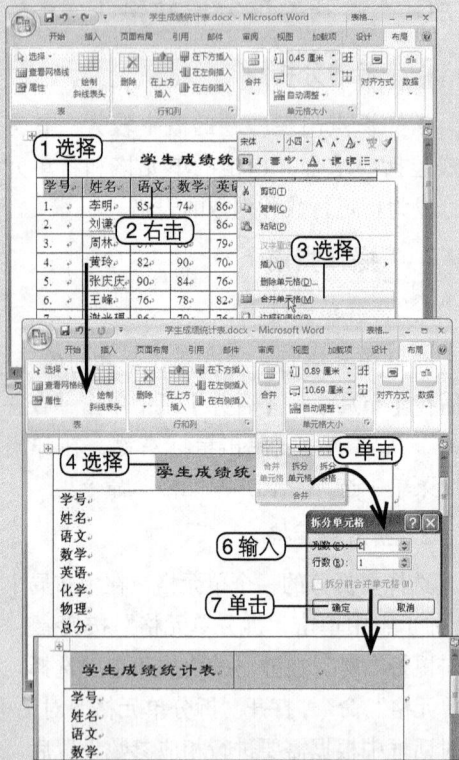

图5-12　合并与拆分单元格

考点6　合并与拆分表格（★★★）

考情分析

该考点不易出现考题，考生面对此类题型时，找准相应命令所在位置，即可轻松解答。

操作指南

1. 合并表格

合并表格时，只需要将上下两个表格之间的文字、图片及段落符号全部删除，便可以将两个表格合并为一个表格。

2. 拆分表格

拆分表格时，将插入点移到作为下面表格第1行的任意单元格中，在【布局】→【行和列】组中单击"拆分表格"按钮 🔲即可将表格拆分为两个。

经典例题

【例题】请将表格从第6行开始拆分。

【解析】本题要求将表格从第6行开始拆分为两个表格，具体操作如下。

1️⃣ 将插入点定位到表格第6行单元格的任意单元格内。

2️⃣ 在【布局】→【合并】组中单击"拆分表格"按钮 🔲，如图5-13所示。

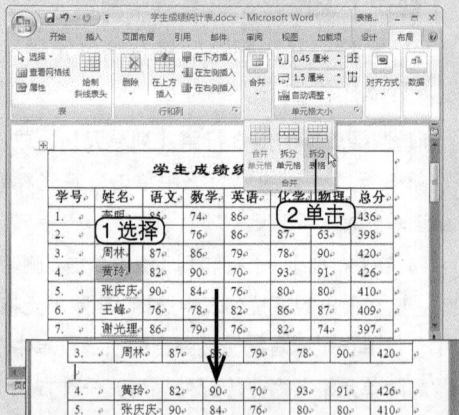

图5-13　拆分表格

5.3 美化表格格式

○ 说明：练习环境为光盘 :\ 素材 \ 第 5 章 \ 课程表 .docx

考点1 设置表格数据格式和对齐方式 （★★★）

考情分析

该考点抽到考题的概率较大，其考查的主要内容集中在修改单元格内容的字符格式和文字方向，以及改变对齐方式等。考生在考试中如抽到这类考题，建议按照基本方法逐步操作。

操作指南

1. 设置单元格中的字符格式

选择需要设置格式的文本，在【开始】→【字体】组中选择对应的命令，或在"字体"组中单击右下角的"对话框启动器"按钮，在打开的"字体"对话框中进行相应设置。

2. 改变单元格中文字方向

方法 1：选择需要改变文字方向的单元格，在【布局】→【对齐方式】组中单击"文字方向"按钮，可使原来横排的文字改为竖排（或使原来竖排的文字改为横排）。

方法 2：选择需要改变文字方向的单元格，单击鼠标右键，在弹出的快捷菜单中选择"文字方向"命令，然后在打开的"文字方向 — 表格单元格"对话框中的"方向"栏中选择要设置的文字方向，再单击 确定 按钮。

3. 改变对齐方式

选择要设置对齐方式的单元格，在【布局】→【对齐方式】组中单击需要设置的对齐方式。

经典例题

【例题 1】将表格中的字体设置为隶书、四号、红色。

【解析】本题要求为表格中的文字设置字符格式，具体操作如下。

❶ 选择整个表格，在【开始】→【字体】组中单击右下角的"对话框启动器"按钮，打开"字体"对话框。

❷ 在"字体"对话框中单击"字体"选项卡，在"中文字体"下拉列表框中选择"隶书"选项，在"字号"列表框中选择"四号"选项，在"字体颜色"下拉列表框中选择"红色"选项。

❸ 单击 确定 按钮，操作过程如图 5-14 所示。

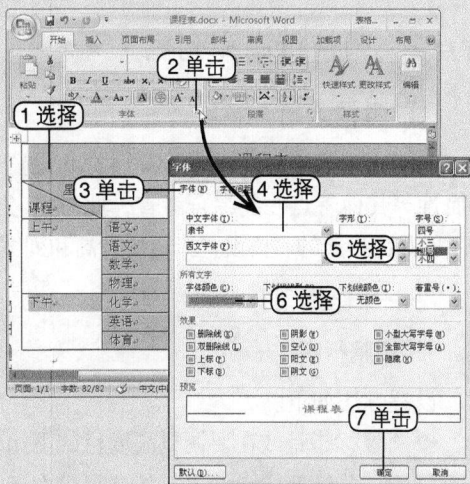

图 5-14 设置表格字符格式

【例题 2】将表格中所有的"课程名称"设置为竖排，且方向从低端到顶端。

【解析】本题要求对表格中的"课程名称"进行文字方向设置，具体操作如下。

❶ 选择"课程名称"所有单元格，在其上单击鼠标右键，在弹出的快捷菜单中选择"文字方向"命令。

❷ 在打开的"文字方向 — 表格单元格"对

话框中的"方向"栏中单击第2排第1个样式模型，完成后单击 确定 按钮，操作过程如图5-15所示。

图5-15 设置表格文字方向

考点2 调整行高和列宽（★★★）

考情分析

该考点出现考题的概率较高，常和设置表格属性等其他考点一起综合考查，此考点考查时一般是为指定的表格设置指定的行高和列宽。

操作指南

1. 调整行高

设置方法如下。

◆ 将鼠标指针放在要调整高度行的下边框上，指针变成 ⬍ 箭头，按住鼠标左键拖曳到新位置。

◆ 将鼠标指针放到要调整高度行的下边框对应垂直标尺的行标记上，按住鼠标左键垂直拖曳行标记到新位置。

◆ 将插入点放在要调整行高的行中的任意单元格或选择该行，在【布局】→【单元格大小】组中的"高度"数值框中输入数值。

◆ 将插入点放在要调整行高的行中任意单元格中或选择该行，在【布局】→【单元格大小】组中单击右下角的"对话框启动器"按钮，或在【布局】→【表】组中单击"属性"按钮，在打开的"表格属性"对话框中单击"行"选项卡，在"指定高度"数值框中输入设置值，即可精确设置需要的行高。

2. 调整列宽

调整列宽的方法和调整行高的方法类似，注意将选择的命令同行高的命令区分开即可。

经典例题

【例题】请将表格第1行单元格高度设置为"2.75厘米"，将第2列单元格的宽度设置为"4.35厘米"。

【解析】本题明确要求为表格的第1行设置行高，第2列设置列宽，具体操作如下。

1 选择表格的第1行，在【布局】→【单元格大小】组中的"高度"数值框中输入"2.75厘米"，然后按【Enter】键

2 选择表格的第2列，在【布局】→【单元格大小】组中的"宽度"数值框中输入"4.35厘米"，然后按【Enter】键，操作过程如图5-16所示。

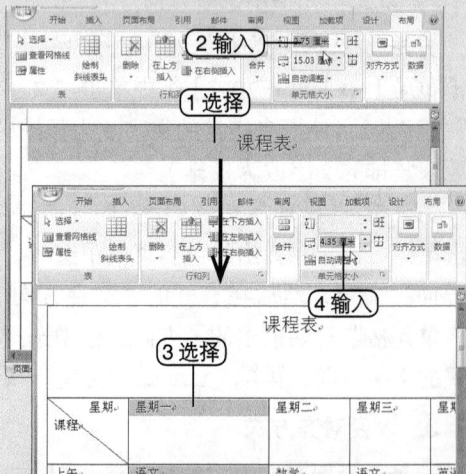

图5-16 调整单元格行高和列宽

考点3　设置表格边框和底纹（★★★）

考情分析

该考点抽到考题的概率较高，考查时一般要求为表格设置指定样式的边框和底纹，多数情况下是结合表格设置的其他考点一起考核，偶尔会出现单独考核的情况。

操作指南

方法 1：选择要设置的表格或单元格，在【设计】→【绘图边框】组中单击右下角的"对话框启动器"按钮，或在"表样式"组中单击"边框"按钮右侧的下拉按钮，在弹出的下拉列表中选择"边框和底纹"命令，打开"边框和底纹"对话框，在其中单击相应的选项卡，并进行需要的设置即可。

方法 2：选择需要设置的表格或单元格，在【设计】→【绘图边框】组中设置"笔样式"、"笔划粗细"和"笔颜色"，或在"表样式"组中单击"边框"按钮和"底纹"按钮右侧的下拉按钮，选择相应的选项即可。

经典例题

【例题】请将表格边框设置为红色方框，并添加样式为"10%"，颜色为"白色，背景1，深色25%"的底纹。

【解析】本题要求设置表格的边框样式和颜色，具体操作如下。

❶ 选择整个表格，在【设计】→【绘图边框】组中单击右下角的"对话框启动器"按钮，打开"边框和底纹"对话框。

❷ 在对话框中单击"边框"选项卡，在"设置"栏中选择"方框"选项，在"颜色"下拉列表框中选择"红色"选项。

❸ 单击"底纹"选项卡，在"填充"下拉列表框中选择"白色，背景1，深色25%"选项，

在"样式"下拉列表框中选择"10%"选项。

❹ 单击 确定 按钮完成边框和底纹的设置，如图5-17所示。

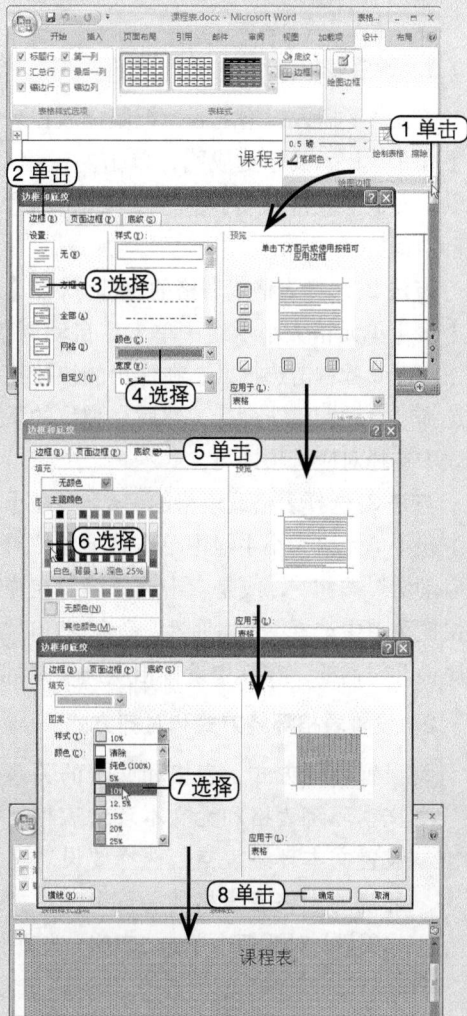

图5-17　设置表格边框和底纹

考点4　设置表格大小和环绕方式（★★）

考情分析

该知识点出现考题的概率较高，常和设置表格属性的其他考点一起考查，考题多以为

表格设置指定尺寸、环绕方式等考查知识点。考生如遇到此类考题建议采用"表格属性"对话框进行快速设置。

🎨 **操作指南**

1. 设置表格大小

方法1：插入表格之后，把鼠标放在表格右下角的□上，鼠标变成↖，单击左键拖动，可以改变整个表格的大小，同时单元格的大小也自动调整。

方法2：选择表格或表格的一部分,在【布局】→【单元格大小】组中单击"自动调整"按钮，或者右击选择区，在弹出的快捷菜单中选择"自动调整"命令，然后在弹出的下拉列表中选择对应选项即可。

方法3：选择表格或表格的一部分,在【布局】→【单元格大小】组中单击右下角"对话框启动器"按钮，或是右击选择区，在弹出的快捷菜单中选择"表格属性"命令，打开"表格属性"对话框，在其中设置相应选项即可。

2. 设置表格环绕方式和对齐方式

◆ 设置环绕方式：表格和文本的关系有文本环绕表格和无文本环绕表格。要设置文本环绕表格，选择要设置文本环绕的表格或表格的一部分，在"表格属性"对话框中单击"表格"选项卡，在"文字环绕"栏中选择"环绕"选项。

◆ 设置对齐方式：选择要设置对齐方式的表格或表格的一部分,在"表格属性"对话框中单击"表格"选项卡,在"对齐方式"栏中选择需要的选项。

📝 **经典例题**

【例题】请将表格尺寸设置为10厘米、对齐方式为右对齐、文字环绕方式为无。

【解析】本题要求对表格尺寸、对齐方式和环绕方式进行设置，具体操作如下。

❶ 选择整个表格，右击选择区，在弹出的快捷菜单中选择"表格属性"命令，打开"表格属性"对话框。

❷ 在打开的对话框中单击"表格"选项卡，在其中选中"指定宽度"复选框，在后方的数值框中输入"10厘米"，在"对齐方式"栏选择"右对齐"选项，在"文字环绕"栏中选择"无"选项。

❸ 单击 确定 按钮，如图5-18所示。

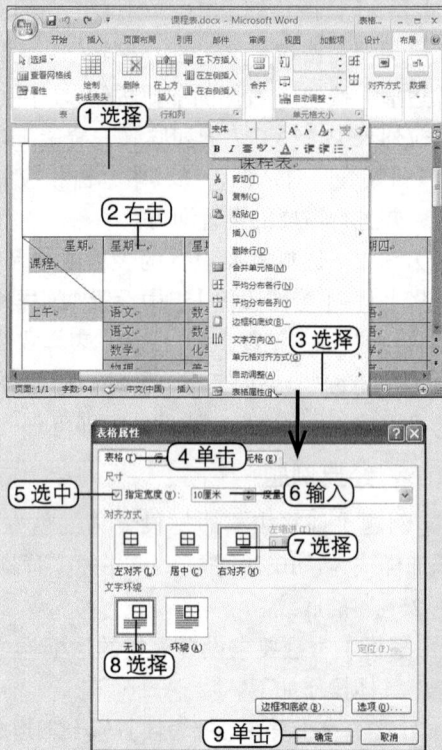

图5-18　设置表格尺寸及对齐方式

考点5　套用表格样式（★★★）

🔍 **考情分析**

该考点出现考题的概率较大，操作较为简单，考生按基本方法应对即可。

操作指南

在【设计】→【表样式】组中选择需要的样式即可对表格套用表格内置的样式。

经典例题

【例题】请为表格使用"古典型 4"样式（第 2 排第 2 列）。

【解析】本题要求直接为表格套用内置表格样式，具体操作如下。

1 选择整个表格。

2 在【设计】→【表样式】组中单击"其他"按钮，在弹出的"内置"栏中选择"古典型 4"选项即可应用该表格样式，操作过程如图 5-19 所示。

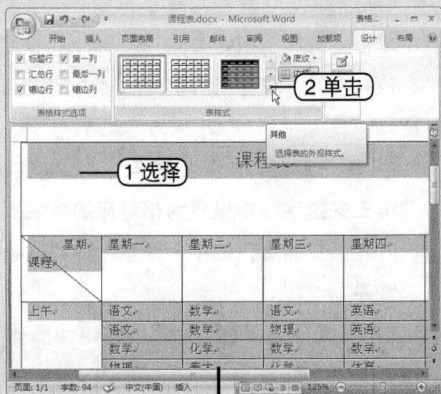

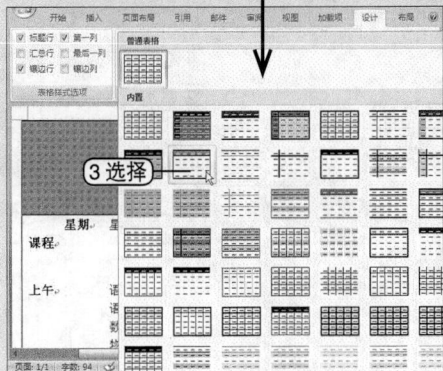

图 5-19　套用表格样式

考点6　新建和修改表格样式（★）

考情分析

该考点抽到考题的概率较小，操作较为简单，多以为表格设置指定的表格样式来作为考查方向。

操作指南

1. 新建表格样式

在【设计】→【表样式】组中单击"其他"按钮，在弹出的列表中选择"新建表格样式"命令，在其中可以进行需要的设置。

2. 修改表格样式

选择要修改样式的表格，在【设计】→【表样式】组中单击"其他"按钮，在弹出的列表中选择"修改表格样式"命令，在打开的"修改样式"对话框中根据需要进行设置。

经典例题

【例题】创建新的表格样式：名称为"现代"，样式类型为"表格"，格式基准为"彩色列表"，格式应用于"首列"，字体为"隶书"，字号为"小二"，仅限于此文档。

【解析】本题明确要求按指定的格式创建新的表格样式，其设置方法比较简单，具体操作如下。

1 在【设计】→【表样式】组中单击"其他"按钮，在弹出的下拉列表中选择"新建表格样式"命令，打开"根据格式设置创建新样式"对话框。

2 在对话框的"名称"文本框中输入"现代"，在"样式类型"下拉列表框中选择"表格"选项。

3 在"将格式应用于"下拉列表框中选择"首列"选项，选择"隶书"字体、"小二"字号，并选中"仅限于此文档"单选项，

4 完成后单击 确定 按钮，操作过程如图 5-20 所示。

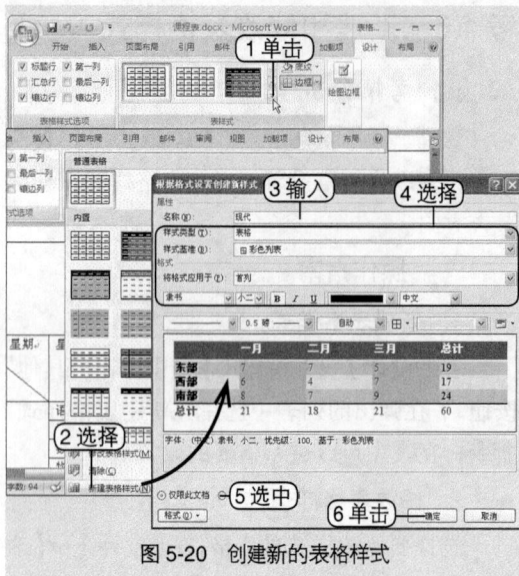

图 5-20　创建新的表格样式

5.4　处理表格数据

> ◎ **说明**：练习环境为光盘:\素材\第5章\职工情况表.docx、学生成绩统计表.docx。

考点1　排序数据（★）

🔍 考情分析

该知识点出现考题的概率较小。考查时一般针对数字进行排序，考生按照基本操作方法即可沉着应对此类考题。

🎨 操作指南

1. 排序单列数据

选择要排序的列，在【布局】→【数据】组中单击"排序"按钮，打开"排序"对话框，在其中选择主要关键字的类型，设置其对应参数区，根据需要进行设置。

2. 排序多个字段

按多个关键字排序则会重新调整记录的次序，而记录本身保持不变。

选择要排序的表格，或将插入点定位到要排序表格中的任意单元格，在【布局】→【数据】组中单击"排序"按钮，打开"排序"对话框，在其中进行设置即可。

📝 经典例题

【例题】请对表格进行多字段排序，主要关键字为"性别"，类型为"拼音"，"升序"；次要关键字为"奖金"，类型为"数字"，"升序"；第三关键字为"姓名"，类型为"拼音"，"降序"。并选择"有标题行"。

【解析】本题要求对表格进行多字段排序操作，具体操作如下。

❶ 选择整个表格，在【布局】→【数据】组中单击"排序"按钮，打开"排序"对话框。

❷ 在"排序"对话框中先选中"有标题行"单选项。

❸ 再分别在"主要关键字"、"次要关键字"和"第三关键字"中设置为相对应的"性别，拼音，升序"、"奖金，数字，升序"和"姓名，拼音，降序"。

❹ 完成后，单击 确定 按钮，操作过程如图 5-21 所示。

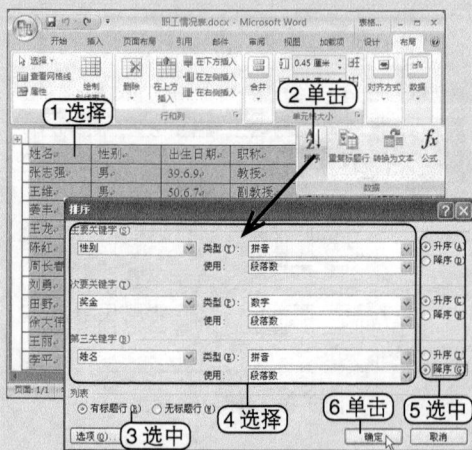

图 5-21　按多字段进行排序

考点2 计算数据（★★★）

考情分析

该考点抽到考题的概率较高，一般会针对计算平均值和总和来考查考生对此知识点的掌握程度。

操作指南

1. 应用公式的方法

在【布局】→【数据】组中单击"公式"按钮*f*，打开"公式"对话框，在"公式"文本框中输入相应的公式，在"编号格式"下拉列表框中选择或自定义数字格式。

在Word 2007中需掌握的函数如表5-1所示。

表 5-1 单元格中使用的函数

公式	含义
SUM( )	一组数的总和
AVERAGE( )	一组数的平均值
COUNT( )	一组数据总数的个数
MAX( )	一组数中的最大值
MIN( )	一组数中的最小值
INT( )	对数值取整数
ROUND( )	对数值四舍五入

2. 对函数中引用的单元格和出现的"LEFT"和"ABOVE"等的说明

◈ 表格中单元格的命名是由单元格所在的行、列序号组合而成的。列号用A、B……表示，行号用1、2……表示。列号在前，行号在后。

◈ 公式中使用不连续的单元格，单元格间用逗号"，"隔开。

◈ 对多个连续单元格计算，一般用左上角单元格和右下角单元格名称，并在两者之间加冒号"："表示区域。

◈ 在求和公式中会默认出现"LEFT"和"ABOVE"等，它们分别表示对公式所在单元格的左侧连续单元格和上面连续

单元格内的数据进行计算。

◈ 公式中的运算符号为+（加）、-（减）、*（乘）和/（除）等。

◈ 改动了某些单元格的数值后，公式结果可能不能同时更新，选择要更新的单元格或整个表格，然后按【F9】键，即可更新选择单元格或整个表格中所有公式的结果。

经典例题

【例题】请在学生成绩统计表的总分列右侧插入1列，合并首行并输入标题行：平均分，然后求平均分的值。

【解析】本题是一道综合性的题目，要求先插入列，然后合并首行并输入标题行，再计算数值，具体操作如下。

❶ 定位插入点到表格的"总分"列单元格中。

❷ 单击鼠标右键，在弹出的快捷菜单中的"插入"命令的子菜单中选择"在右侧插入列"命令，插入1列，合并首行，如图5-22所示。

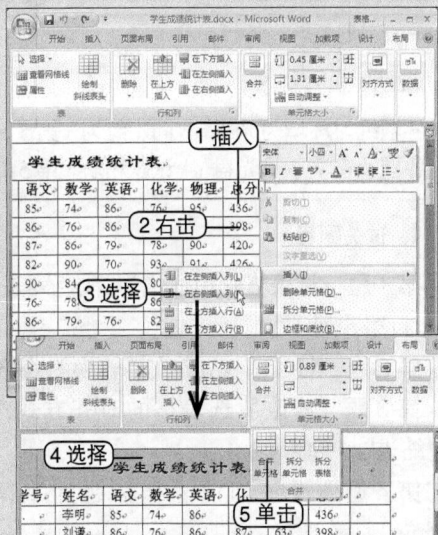

图 5-22 插入1列并合并首行

❸ 在I2单元格中输入标题行"平均分"，将插入点定位到I3单元格中，在【布局】→【数

据】中单击"公式"按钮 *fx*，如图 5-23 所示。

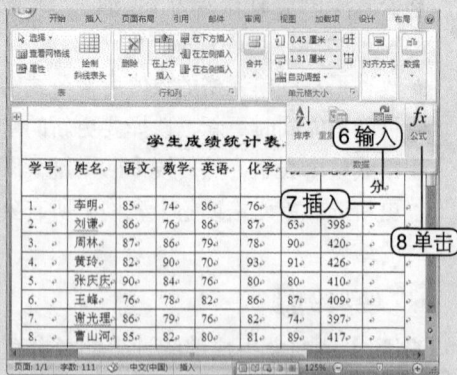

图 5-23　输入"平均值"

4 在"公式"对话框中的"公式"文本框中出现"=SUM(LEFT)"文本，删除"="以外的部分，在"粘贴函数"下拉列表框中选择"AVERAGE"选项，在 AVERAGE 后边的括号

中填写"C3:G3"在"编号格式"下拉列表框中填写"0.0"，单击 ▭ 确定 ▭ 按钮。

5 在 I4～I11 单元格中采取同样的操作，完成平均分的计算，操作过程如图 5-24 所示。

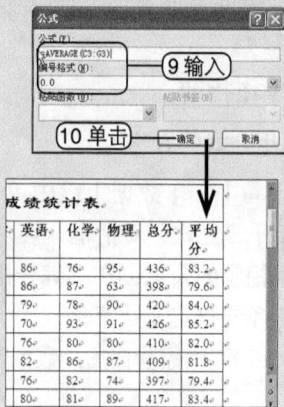

图 5-24　计算平均分值

过关强化练习及解题思路

🔘 **说明：**

各题练习环境为光盘：\同步练习\第5章\
各题解答演示见光盘：\试题精解\第5章\

1. 过关题目

第1题　将表格套用样式为"浅色列表型"（第8行第5列）。

第2题　将当前 Word 文档转换为表格。

第3题　修改所选表格的对齐方式，使左边缩进 2.5 厘米。

第4题　设置当前表格标题的字体为"Batang"，字号为"20"。

第5题　将当前表格转换为文本，并用制表符将单元格的内容分开。

第6题　将当前表格从第3行分成两个表格。

第7题　创建一个新表格样式，其边框设置为蓝色"网格"，底纹的图案样式为"深色上斜线"，颜色为"红色"。

第8题　在"学号7"所在行上方一次性插入3行。

第9题　在当前 Word 文档中，利用公式计算学生的总分、平均分和单科最高分。

第10题　将表格中的姓名按照拼音排列。

第11题　在表格中使用平均分布各行、平均分布各列功能自动调整表格。

第12题　将表格边框加粗为"2.25磅"，并将标题行填充为"浅蓝色"底纹。

第13题　创建一个 10×10 的表格，并设置行高为"3.5 厘米"和列宽为"4 厘米"。

2. 解题思路

第1题 在【设计】→【表样式】组中选择需要的样式。

第2题 在【插入】→【表格】组中单击▦按钮，选择"文本转换成表格"命令，在打开的对话框中进行设置。

第3题 选择表格，在其上单击鼠标右键，在弹出的快捷菜单中选择"表格属性"命令，在打开的"表格属性"对话框中的"表格"选项卡中进行设置。

第4题 选中标题，打开"字体"对话框进行相应设置。

第5题 在【布局】→【数据】组中单击"转换为文本"按钮▣，在打开的对话框中进行设置。

第6题 定位到第3行的单元格中，在【布局】→【合并】组中单击"拆分单元格"按钮▦，在打开的对话框中进行设置。

第7题 在【设计】→【表样式】组中单击"其他"按钮▾，在弹出的列表中选择"修改表格样式"命令，在打开的"根据格式设置创建新样式"对话框中进行对应设置。

第8题 在"学号9"所在行的下方选择3行单元格后，在【布局】→【行和列】组中单击对应按钮。

第9题 在【布局】→【数据】中单击"公式"按钮ƒ，在打开的"公式"对话框中进行对应操作。

第10题 在【布局】→【数据】组中单击"排序"按钮▤，在打开的"排序"对话框中进行相应设置。

第11题 在【布局】→【单元格大小】组中单击"自动调整"按钮▦，在弹出的下拉列表中选择对应选项。

第12题 在打开的"边框和底纹"对话框中单击"边框"选项卡在其中进行设置。

第13题 选择"插入表格"命令，在打开的对话框中设置插入表格参数。

第 6 章 ·添加图形对象·

■■ 考情分析

本章主要考查在 Word 文档中添加图形对象的相关操作，共 31 个考点，包括创建、删除绘图画布和应用形状样式，设置成绘图画布格式，插入剪贴画，插入图片和更换图片，绘制形状，创建和更改 SmartArt 图形，插入和编辑艺术字，以及设置图表标签等。本章不少考点都是必考考点，除了掌握图片等对象的插入外，还应掌握图片和艺术字的相关编辑操作。

■■ 考点要求

☑ **要求掌握的考点**
　考点级别：★★★
　▣ 设置绘图画布格式
　▣ 插入剪贴画
　▣ 设置剪贴画的位置和环绕方式
　▣ 插入图片和更换图片
　▣ 设置图片形状和边框
　▣ 设置图片样式和效果
　▣ 调整图片
　▣ 绘制形状
　▣ 为形状添加文字
　▣ 设置形状样式
　▣ 创建 SmartArt 图形
　▣ 更改 SmartArt 图形
　▣ 设置 SmartArt 图形中的文字格式
　▣ 插入和编辑艺术字
　▣ 修改艺术字的样式和形状
　▣ 插入文本框并输入文字
　▣ 设置文本框格式
　▣ 排列文本框

▣ 创建图表
▣ 更改图表类型
▣ 更改图表布局
▣ 应用图表样式

☑ **要求熟悉的考点**
　考点级别：★★
　▣ 创建、删除绘图画布和应用形状样式
　▣ 设置形状阴影和三维效果
　▣ 设置形状叠放次序和组合方式
　▣ 设置艺术字阴影效果和三维效果
　▣ 设置图表标签
　▣ 设置图表坐标轴
　▣ 设置图表文字格式

☑ **要求了解的考点**
　考点级别：★
　▣ 编辑剪贴画
　▣ 设置 SmartArt 图形格式

6.1 使用绘图画布

考点1 创建、删除绘图画布和应用形状样式（★★）

🔍 考情分析

该考点是考纲中要求熟悉的内容，抽到考题的概率较小，考查方式通常是要求考生创建画布并应用指定的样式。遇到这类考题时，只需先创建好画布，然后再应用样式即可。

🎬 操作指南

1. 创建绘图画布

在需要创建画布的位置单击定位插入点，在【插入】→【插图】组中单击"形状"按钮 🔟，在弹出的下拉列表中选择"新建绘图画布"选项，即可在文档中创建画布。

2. 对绘图画布应用样式

选择要应用样式的画布，在【格式】→【形状样式】组中单击"其他"按钮 ⎕，在弹出的下拉列表框中选择需要的样式。

3. 删除画布

删除画布的具体操作为：选择画布，然后按【Delete】键、【Backspace】键或【Ctrl+X】组合键。

📝 经典例题

【例题】在当前文档插入一个默认的绘图画布，然后对其应用"纯色填充、复合型轮廓、强调文字颜色 4"样式（第 8 行第 5 列）。

【解析】本题直接通过插入绘图画布和应用样式的操作即可答题，具体操作如下。

❶ 在【插入】→【插图】组中单击"形状"按钮 🔟，在弹出的下拉列表中选择"新建绘图画布"选项，在文档中创建画布。

❷ 保持画布选中状态，在【格式】→【形状样式】组中单击"其他"按钮 ⎕，在弹出的下拉列表中选择"纯色填充、复合型轮廓、强调文字颜色 4"样式，如图 6-1 所示。

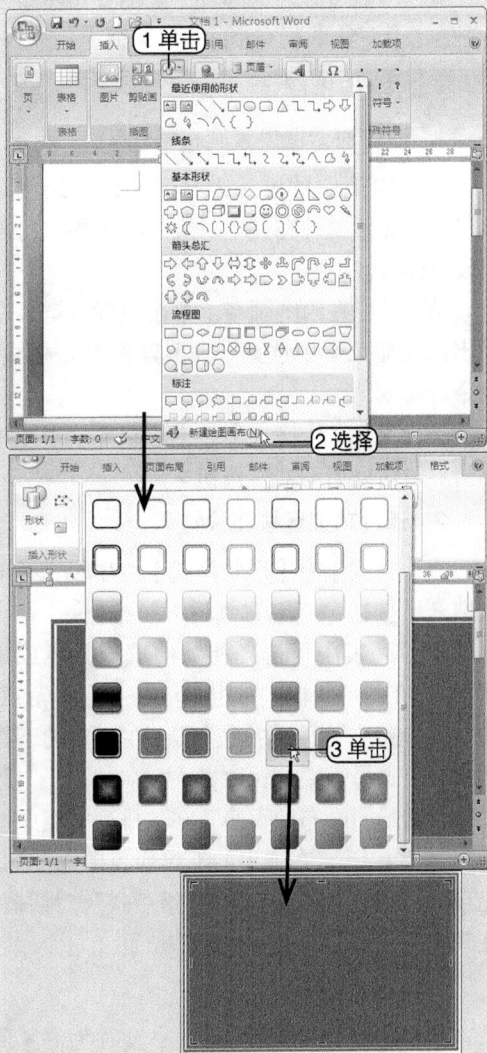

图 6-1　创建绘图画布

📖 考场点拨

在【格式】→【形状样式】组中单击"更改形状"按钮 ⎕，在弹出的下拉列表中选择需要的选项可修改画布形状。

考点2　设置绘图画布格式（★★★）

考情分析

该考点通常会结合其他考点综合出题考查，单独出题考查的概率较小。需要考生掌握的是在"设置绘图画布格式"对话框中的操作。

操作指南

1. 通过对话框设置画布格式

通过以下两种方法，打开"设置绘图画布格式"对话框，在其中对应选项卡中进行相应设置即可。

方法1：在绘图画布上单击鼠标右键，在弹出的快捷菜单中选择"设置绘图画布格式"命令。

方法2：在【格式】→【形状样式】组中单击"对话框启动器"按钮 。

2. 通过功能区按钮设置

在【格式】→【形状样式】组中单击"形状填充"按钮 右侧的下拉按钮 ，在弹出的下拉列表中可选择相关的填充颜色或填充方式；在"形状样式"组中单击"形状轮廓"按钮 右侧的下拉按钮 ，在弹出的下拉列表中可选择需要的轮廓样式；在"大小"组中可设置绘图画布的大小；在"排列"组中单击"位置"按钮 ，在弹出的下拉列表中选择"其他布局选项"选项，打开"高级版式"对话框，在其中可设置绘图画布的具体位置。

经典例题

【例题1】将绘图画布大小设置为高4厘米、宽6厘米。

【解析】本题没有指定答题方法，考生可通过"大小"组完成，也可通过对话框完成，具体操作如下。

1 选择文档中的绘图画布，在【格式】→【大小】组中的数值框中分别输入"4"和"6"。

2 在任意位置单击即可，如图6-2所示。

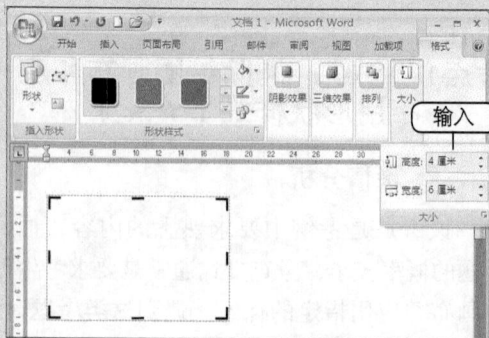

图6-2　设置绘图画布大小

【例题2】为绘图画布添加透视阴影效果（倒数第2行第2列）。

【解析】本题利用功能区即可完成设置，具体操作如下。

1 选择文档中的绘图画布。

2 在【格式】→【阴影效果】组中单击"阴影效果"按钮 ，在弹出的下拉列表中选择"透视"阴影样式，如图6-3所示。

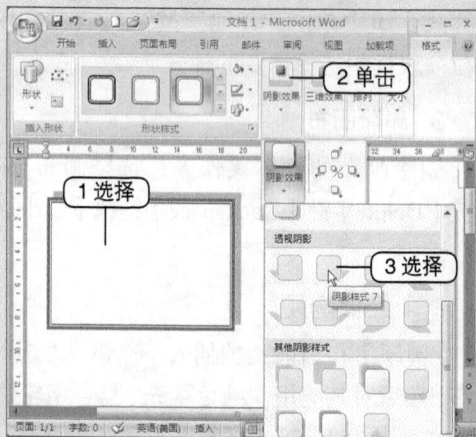

图6-3　添加阴影样式

【例题3】将文档中的绘图画布右移，使其顶端居右。

【解析】本题实际考查的是设置绘图画布的位置，具体操作如下。

1 选择需要设置的绘图画布，在【格式】
→【排列】组中单击"位置"按钮。

2 在弹出的下拉列表中选择"顶端居中"
选项即可，如图 6-4 所示。

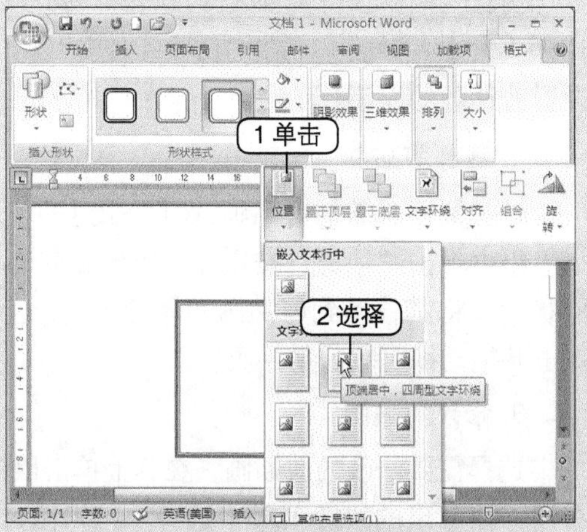

图 6-4　设置绘图画布位置

考场点拨

在【格式】→【大小】组中单击"对话框启动器"按
钮，在打开的"设置绘图画布格式"对话框的"大小"
选项卡中也可设置绘图画布大小。默认情况下锁定纵
横比例，若要设置自由高度的画布，可取消选中"锁
定纵横比"复选框。

6.2　插入剪贴画和图片

> 说明：练习环境为光盘 :\素材\第 6 章\
> 含羞草 .docx、花 .jpg。

考点1　插入剪贴画（★★★）

考情分析

该考点抽到考题的概率较高，命题方式
一般是要求考生通过指定的方式插入指定的
剪贴画。

操作指南

1. 通过"搜索"方式插入剪贴画

在文档中需要插入剪贴画的位置单击，在
【插入】→【插图】组中单击"剪贴画"按钮
，在打开的"剪贴画"任务窗格中的"搜索
文字"文本框中输入关键词，在"搜索范围"
下拉列表框中选择要搜索的范围。在"结果类
型"下拉列表框中只选中"剪贴画"复选框，
单击 搜索 按钮，将鼠标指针移动到搜索到的剪
贴画上，单击剪贴画右侧出现的下拉箭头，
在弹出的下拉列表中选择"插入"命令即可将
该剪贴画插入到文档中。

2. 插入管理器中的剪贴画

在"剪贴画"任务窗格中单击"管理剪
辑……"超链接，打开"Microsoft 剪辑管理器"
窗口，在"收藏集列表"中选中剪贴画所在的
文件夹，在右侧的列表中需要插入的剪贴画上
单击鼠标右键，在弹出的快捷菜单中选择"复
制"命令，在需要插入剪贴画的位置单击，按
【Ctrl+V】组合键粘贴即可。

经典例题

【例题】通过"剪贴画"任务窗格搜索"季
节"类剪贴画，并插入搜索到的第 2 个剪贴画
到文档标题后（不能使用复制粘贴方式）。

【解析】本题要求插入指定的剪贴画，并
规定不能通过复制粘贴的方法插入，具体操作
如下。

1 在文档标题后单击定位插入点，在【插
入】→【插图】组中单击"剪贴画"按钮。

2 在打开的"剪贴画"任务窗格中的"搜索
文字"文本框中输入"季节"关键词，在"搜索范围"
下拉列表框中选择"所有收藏集"选项。在"结
果类型"下拉列表框中只选中"剪贴画"复选框。

3 单击 搜索 按钮开始搜索，结果将显示在
下方的列表中。找到"冬季"剪贴画，单击剪贴

画右侧出现的下拉箭头▾，在弹出的下拉列表中选择"插入"命令即可将该剪贴画插入到文档中，操作过程如图6-5所示。

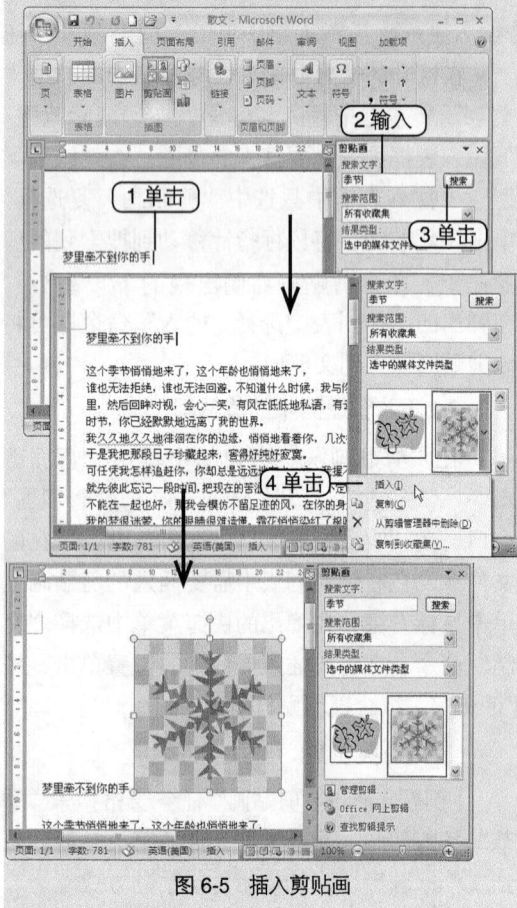

图6-5 插入剪贴画

考点2 编辑剪贴画（★）

考情分析

该考点抽到考题的概率较低，通常结合插入剪贴画考点一起综合考查，但有时也会单独出现在考题中。考生只要掌握了相关的设置方法，便能轻松答题。

操作指南

1. 更改剪贴画大小

选择要改变大小的剪贴画，在【格式】→【大小】组中执行以下任意一种操作即可改变剪贴画的大小。

方法1：在"高度"和"宽度"数值框中输入剪贴画修改后的高度和宽度值。

方法2：单击"对话框启动器"按钮▣，打开"大小"对话框。在"尺寸和旋转"栏中设置剪贴画的大小。

2. 裁剪剪贴画

选择需要裁剪的剪贴画，在【格式】→【大小】组中单击"裁剪"按钮▣，当鼠标变为形状后，将其移动到剪贴画四周的控制点上，单击并拖动即可裁剪剪贴画。

3. 修改剪贴画

选择需要修改的剪贴画，在其上单击鼠标右键，在弹出的快捷菜单中选择"编辑图片"命令，此时剪贴画四周将出现控制点，单击其中的一个部分即可将其选中，按【Delete】键或【Backspace】键可将其删除；在选中的部分剪贴画上单击鼠标右键，在弹出的快捷菜单中选择"设置自选图形格式"命令，在打开的对话框中可更改剪贴画的颜色等。

经典例题

【例题】将搜索范围设置为"所有收藏集"，然后搜索"自然"剪贴画，并将搜索到的第2行第2列的剪贴画插入到文档当前位置，最后将其高度调整为8厘米、宽度调整为10厘米。

【解析】本题题目要求较长，实际只考查通过搜索方式插入剪贴画和修改剪贴画大小两个操作，具体操作如下。

1 在【插入】→【插图】组中单击"剪贴画"按钮。

2 在打开的"剪贴画"任务窗格中的"搜索文字"文本框中输入"自然"关键词，在"搜索范围"下拉列表框中选择"所有收藏集"选项。

③ 单击 搜索 按钮开始搜索，结果将显示在下方的列表中。单击第 2 行第 2 列剪贴画右侧的下拉箭头 ▾，在弹出的下拉列表中选择"插入"命令，即可将该剪贴画插入到文档中，操作过程如图 6-6 所示。

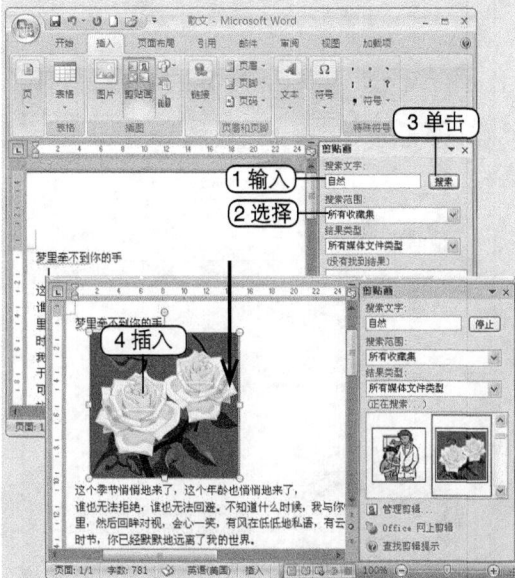

图 6-6 插入剪贴画

④ 保持剪贴画的选中状态，在【格式】→【大小】组中单击"对话框启动器"按钮，如图 6-7 所示。

图 6-7 插入剪贴

⑤ 打开"大小"对话框，在"尺寸和旋转"栏中的"高度"和"宽度"数值框中分别输入"8"和"10"。

⑥ 单击 关闭 按钮即可得到相关效果，操作过程如图 6-8 所示。

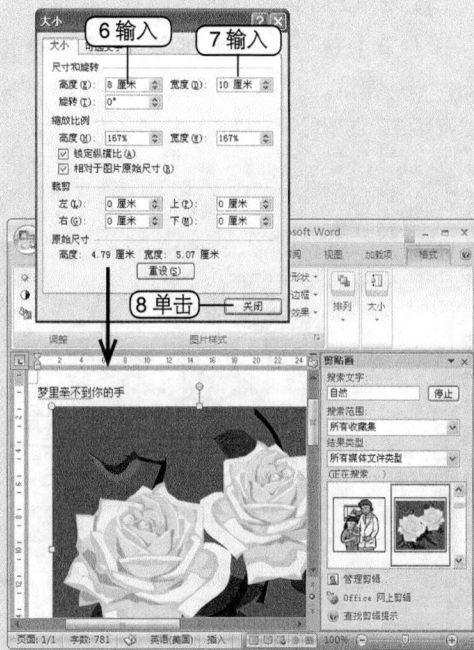

图 6-8 设置剪贴画大小

考点3 设置剪贴画的位置和环绕方式（★★★）

考情分析

该考点抽到考题的概率较高，且单独命题的概率也比较大，考生需要掌握相关的设置方法并能快速答题。

操作指南

选择剪贴画，在【格式】→【排列】组中单击相应的按钮，在弹出的下拉列表中选择需要的选项，即可设置剪贴画位置、文字环绕方式和叠放次序，以及组合和对齐剪贴画。

✎ **经典例题**

【例题1】将当前文档中的剪贴画设置为文字穿越型环绕。

【解析】本题考查的是设置文字环绕方式的方法，具体操作如下。

❶ 选择文档中的剪贴画。

❷ 在【格式】→【排列】组中单击 文字环绕 按钮，在弹出的下拉列表中选择"穿越型环绕"选项即可，操作过程如图6-9所示。

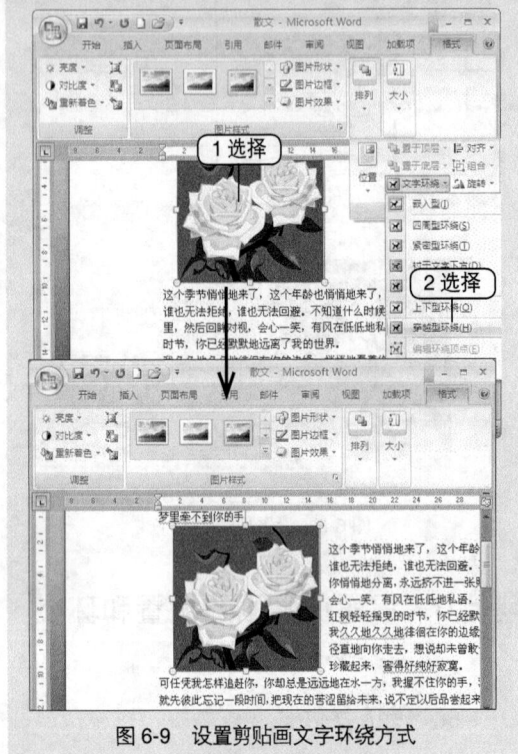

图6-9 设置剪贴画文字环绕方式

【例题2】将选中的剪贴画设置为衬于文字下方，并置于底层。

【解析】本题综合考察文字环绕方式和叠放次序，具体操作如下。

❶ 在【格式】→【排列】组中单击 文字环绕 按钮，在弹出的下拉列表中选择"衬于文字下方"选项。

❷ 在【格式】→【排列】组中单击 置于底层

按钮右侧的 按钮，在弹出的下拉列表中选择"置于底层"选项，操作过程如图6-10所示。

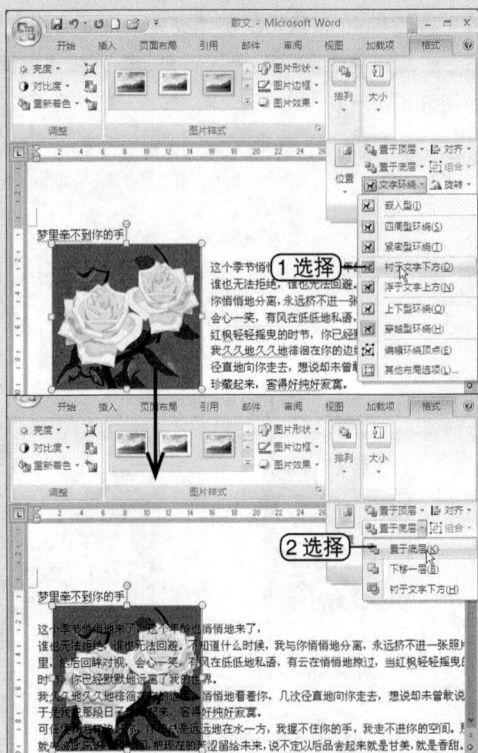

图6-10 设置剪贴画文字环绕方式和叠放次序

考点4 插入图片和更换图片
（★★★）

🔍 **考点分析**

该考点是考纲中要求掌握的考点，且抽到考题的概率较大，因此考生需要特别注意。通常命题方式是要求插入指定的图片或将指定的某张图片更改为另外的图片。

🎨 **考点破解**

1. 插入图片

单击定位插入点，在【插入】→【插图】组中单击"图片"按钮 ，打开"插入图片"对话框，在其中对应参数区根据需要进行设置。默认情况下，图片以嵌入的方式插入。

2.更换图片

选择需要更换的图片,在【格式】→【调整】组中单击 更改图片 按钮,打开"插入图片"对话框,在该对话框中可选择需要替换的图片。

📝 经典例题

【例题】在光标处插入本机默认目录下文件名为"花.jpg"的图片。

【解析】本题直接通过"插入图片"对话框即可完成,具体操作如下。

❶ 在【插入】→【插图】组中单击"图片"按钮,打开"插入图片"对话框。

❷ 在中间的列表中选择"花.jpg"图片。

❸ 单击 插入(S) 按钮将其插入到文档中,操作过程如图6-11所示。

图6-11 插入图片

考点5 设置图片形状和边框
（★★★）

🔍 考情分析

该考点抽到考题的概率较高,命题方式主要包括设置图片的形状、设置图片的边框和设置图片的格式,考生重点把握设置图片形状和边框。

🎨 操作指南

1.设置图片形状

选择需要设置形状的图片,在【格式】→【图片样式】组中单击"图片形状"按钮图片形状,在弹出的下拉列表中选择需要的样式。

2.设置图片边框

选择需要设置边框的图片,在【格式】→【图片样式】组中单击"图片边框"按钮图片边框,在弹出的下拉列表中选择需要的颜色或选择相关的选项设置颜色、粗细、虚线等。

3.设置图片格式

在"图片样式"组中单击"对话框启动器"按钮,打开"设置图片格式"对话框,在左侧单击"线条颜色"选项卡可设置线条颜色,单击"线型"选项卡可设置线型。

📝 经典例题

【例题】为文档中的图片设置形状为"心型"、线型为"短划线"、宽度为"5磅"、线端类型为"圆形"、联接类型为"棱台"、线条颜色为"渐变线"、预设颜色为"彩虹出岫"、角度为"45°"、透明度为"20%"。

【解析】本题题目要求很长,但操作很简单,且指定了具体的设置值,具体操作如下。

❶ 选择文档中的图片。

❷ 在【格式】→【图片样式】组中单击图片形状 按钮,在弹出的下拉列表中选择"心

形"选项。

③ 在【格式】→【图片样式】组中单击"对话框启动器"按钮，打开"设置图片格式"对话框，操作过程如图6-12所示。

图6-12 设置字符间距

④ 单击"线型"选项卡，在"宽度"数值框中输入"5"，在"短划线类型"下拉列表框中选择"短划线"选项，在"线端类型"下拉列表中选择"圆形"选项，在"联接类型"下拉列表框中选择"棱台"选项。

⑤ 单击"线条颜色"选项卡，在其中选中"渐变线"单选项，预设颜色为"彩虹出岫"，角度为"45°"，透明度为"20%"。

⑥ 单击 关闭 按钮即可完成设置。操作

过程如图6-13所示。

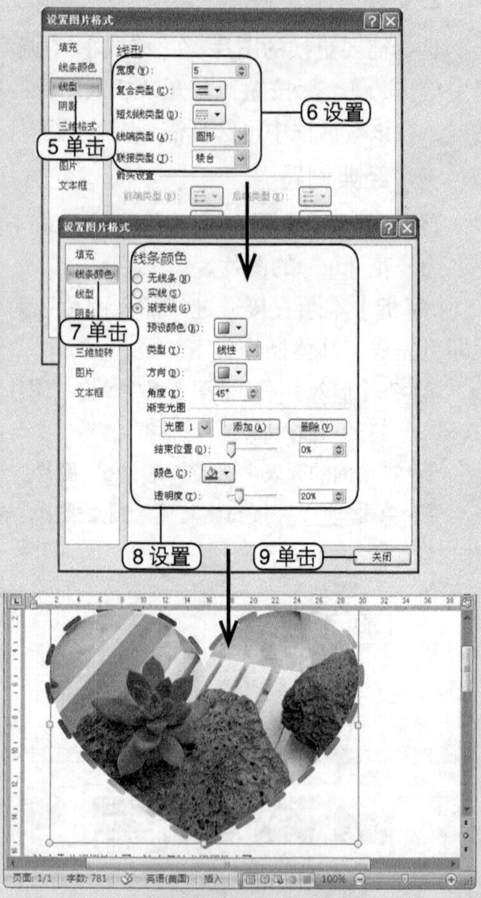

图6-13 设置图片格式

考点6 设置图片样式和效果
（★★★）

📷 考情分析

该考点是考纲中要求掌握的内容，抽到考题的可能性较大，命题时通常是要求考生为图片添加指定的样式和效果。

🪄 操作指南

1. 设置图片样式

选择需要设置样式的图片，在【格式】

→【图片样式】组中单击"其他"按钮，在弹出的下拉列表中选择需要的样式即可。

2.设置图片效果

选择需要设置效果的图片，在【格式】→【图片样式】组中单击 图片效果 按钮，在弹出的下拉列表中选择需要的效果选项即可。

📝 经典例题

【例题】将文档中的图片应用"复杂框架黑色"样式，然后对其应用右上对角透视效果和上透视效果。

【解析】本题要求为图像应用指定的样式和效果，只需在"图片样式"组中进行操作即可，具体操作如下。

❶ 选择文档中的图片，在【格式】→【图片样式】组中单击"其他"按钮，在弹出的下拉列表中选择"复杂框架，黑色"选项，如图6-14所示。

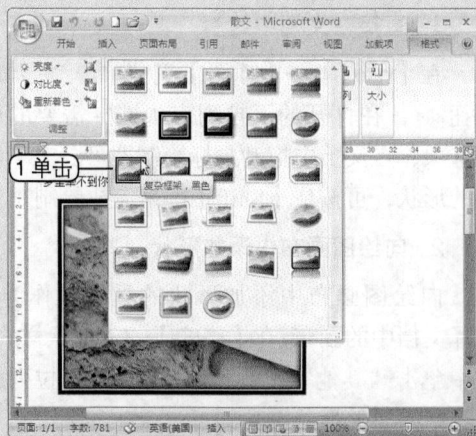

图 6-14　设置图片样式

❷ 在【格式】→【图片样式】组中单击 图片效果 按钮，在弹出的下拉列表的"三维旋转"命令的子菜单的"透视"栏中选择"上透视"选项。

❸ 再次单击 图片效果 按钮，在弹出的下拉列表的"阴影"子菜单的"透视"栏选择"右上对角透视"选项，如图6-15所示。

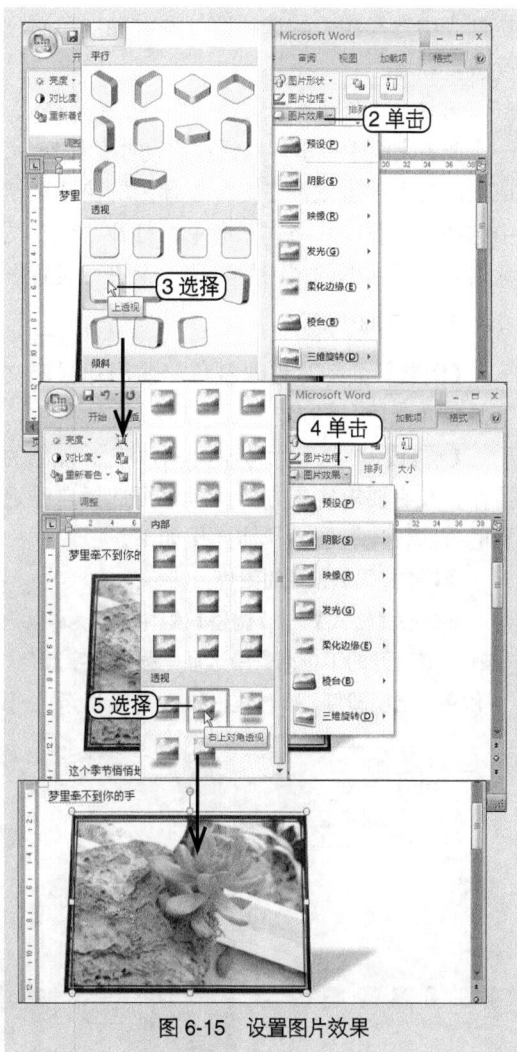

图 6-15　设置图片效果

考点7　调整图片（★★★）

🔍 考情分析

该考点单独出题的概率较大，考生抽到考题的概率也很大。这类考题通常是要求考生将图片设置出指定的效果。

🖋 操作指南

方法 1：选择需要调整的图片，在【格式】→【调整】组中单击相应的按钮，在打开的下拉列表中选择相关的选项即可调整亮度、对比度或重新着色。

方法2：选择需要调整的图片，在【格式】→【调整】组中单击"对话框启动器"按钮，或在图片上单击鼠标右键，在弹出的快捷菜单中选择"设置图片格式"命令，打开"设置图片格式"对话框的"图片"选项卡进行设置。

经典例题

【例题】 为图片更改颜色，使用"强调文字颜色4浅色"样式。

【解析】 本题实际考察为图片重新着色的操作，没有要求实现方法，考生可选择自己熟悉的方法快速答题，具体操作如下。

❶ 选择需要设置的图片。

❷ 在【格式】→【调整】组中单击按钮，在打开的下拉列表中选择"强调文字颜色4浅色"选项即可，操作过程如图6-16所示。

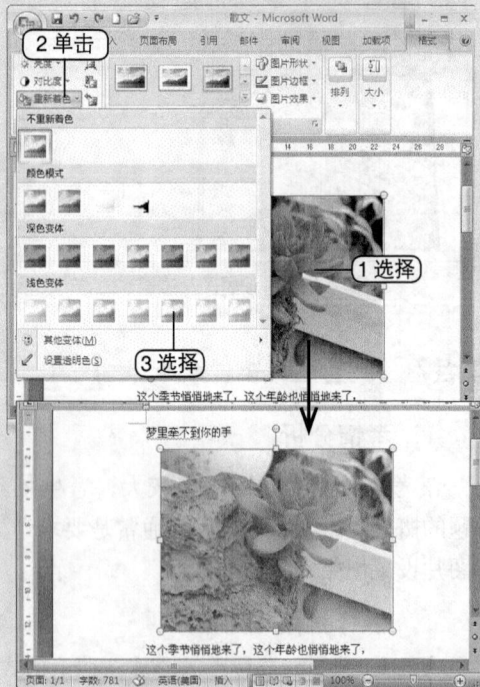

图6-16　调整图片

考场点拨

在要求调整图片时，通常会指定效果选项在第几行几列，考生一定要看清题目，最好通过功能区来答题。

6.3　绘制和编辑形状

说明：练习环境为光盘:\素材\第6章\形状.docx，散文.docx。

考点1　绘制形状（★★★）

考情分析

该考点主要的考查方式是要求考生在文档中绘制不同的形状，考生需要掌握形状的绘制方法，遇到这类考题时才能够快速解答题目。

操作指南

1. 直接在文档中绘制

在【插入】→【插图】组中单击"形状"按钮，在打开的下拉列表中选择需要的形状选项，在文档中拖动鼠标绘制即可。对于规范的形状，可按住【Shift】键来完成绘制。

2. 向绘图画布中添加形状

向绘图画布中添加形状的具体操作为：选择文档中的画布，在【格式】→【形状样式】组中单击"其他"按钮，在打开的下拉列表中选择需要的形状选项即可。

经典例题

【例题】 请在文档中绘制一个正五角星图形。

【解析】 本题考查直接在Word中绘制形状的方法，具体操作如下。

❶ 在【插入】→【插图】组中单击"形状"按钮，在打开的下拉列表中选择"五角星"选项。

2 当鼠标变为+形状时，按住【Shift】键，在文档中单击鼠标左键拖动进行绘制，绘制完成后将自动打开"格式"功能选项卡，操作过程如图 6-17 所示。

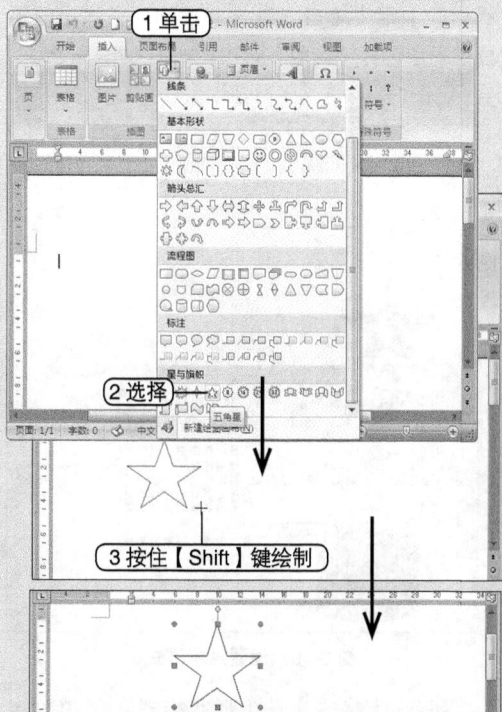

图 6-17 绘制形状

考点2 为形状添加文字（★★★）

考情分析

该考点通常会结合绘制形状考点出题，是考纲中要求掌握的内容，因此考生要掌握在形状中添加文字的方法。命题方法一般是要求考生在指定的形状中输入 ×× 文字。

操作指南

1. 向形状中添加文字

向形状中添加文字的方法为：在形状上单击鼠标右键，在弹出的快捷菜单中选择"添加文字"命令，然后在插入点处输入文本即可。

2. 更改文字方向

在添加了文字的图形上单击鼠标右键，在弹出的快捷菜单中选择"文字方向"命令，打开"文字方向"对话框，在其中选择需要的文字方向选项，单击 确定 按钮即可。

3. 添加或删除顶点

选择要编辑的形状，在【格式】→【插入形状】组中单击 编辑形状 按钮，在弹出的下拉列表中选择需要的选项即可。

经典例题

【例题】利用快捷菜单先在图形上输入文字"星星"，再将图片移动到段落正中。

【解析】本题要求使用快捷菜单在图形上添加文字，然后再调整位置，具体操作如下。

1 选择文档中的图形，在其上单击鼠标右键，在弹出的快捷菜单中选择"添加文字"命令。

2 此时图形中将显示光标插入点，在其中输入"星星"文本。

3 在图形外单击，然后再选择图形，按住鼠标左键不放将其拖动到中间位置释放鼠标，操作过程如图 6-18 所示。

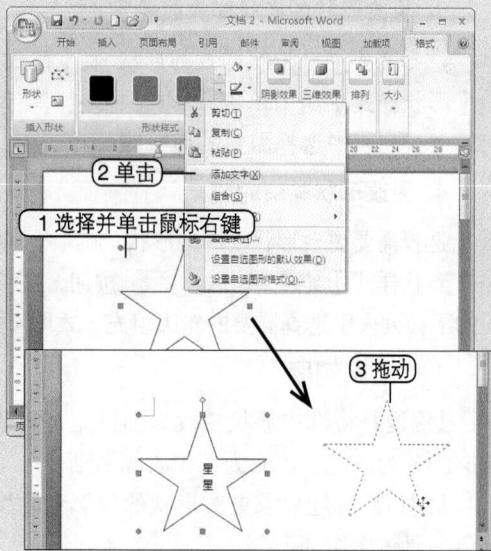

图 6-18 为形状添加文字并改变形状位置

考点3　设置形状样式（★★★）

考情分析

该考点抽到考题的概率较大，通常结合绘制形状考点出题，但也有可能单独出现在考题中。考生需要掌握为形状应用样式的相关方法，遇到这类考题时能够快速答题即可。

操作指南

1. 快速应用形状样式

选择需要应用样式的形状，在【格式】→【形状样式】组中单击"其他"按钮，在弹出的下拉列表中选择需要的预设样式即可。

2. 更改形状填充

选择需要更改填充方式的形状，在【格式】→【形状样式】组中单击 形状填充 按钮，在弹出的下拉列表中选择需要的填充方式，或单击"对话框启动器"按钮，在打开的"设置自选图形格式"对话框中单击 填充效果(F)... 按钮，打开"填充效果"对话框，在其中可设置不同的填充方式。

3. 更改形状的形状样式或轮廓

选择需要更改形状样式的形状，在【格式】→【形状样式】组中单击 更改形状 按钮，在弹出的下拉列表中选择需要的形状即可。

4. 更改形状轮廓的填充

选择需要更改形状轮廓的形状，在【格式】→【形状样式】组中单击 形状轮廓 按钮，在弹出的下拉列表中选择需要的轮廓填充方式即可。

经典例题

【例题】将选中形状更改为圆柱型，更改轮廓颜色为红色，填充为"中心辐射渐变"。

【解析】本题要求更改形状的外形和轮廓颜色，具体操作如下。

1 在【格式】→【形状样式】组中单击 更改形状 按钮，在弹出的下拉列表中选择"圆柱型"选项即可。

2 保持图形选中状态，在【格式】→【形状样式】组中单击 形状轮廓 按钮，在弹出的下拉列表中选择"红色"选项，如图6-19所示。

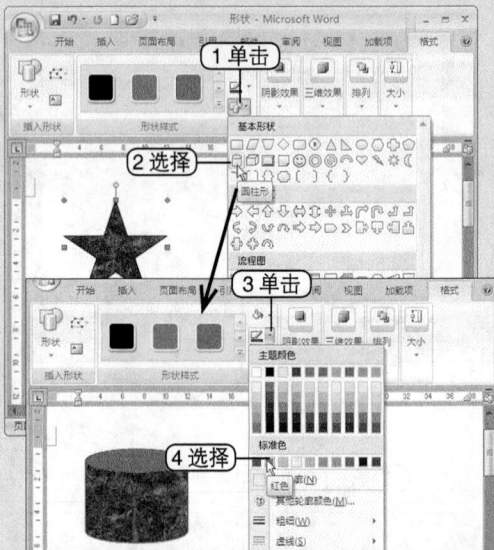

图6-19　设置形状样式

3 在【格式】→【形状样式】组中单击 形状填充 按钮，在弹出的下拉列表中选择"渐变"选项，在子菜单中选择"中心辐射"选项即可。操作过程如图6-20所示。

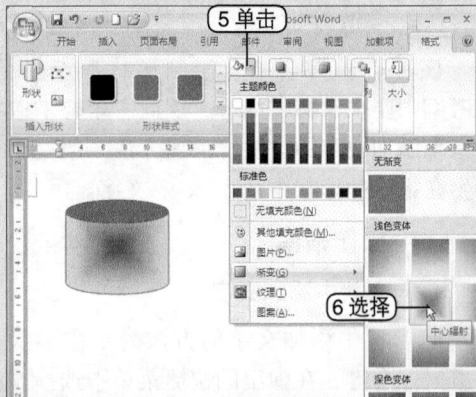

图6-20　设置形状填充

考点4　设置形状阴影和三维效果（★★）

考情分析

该考点是考纲中要求熟悉的内容，但抽到考题的可能性比较大，因此考生需要认真对待，熟悉常用的设置方法。

操作指南

1. 设置阴影

选择需要添加阴影的形状，在【格式】→【阴影效果】组中单击"阴影效果"按钮，在弹出的下拉列表中选择需要的阴影样式即可。

2. 设置三维效果

选择需要添加三维效果的形状，在【格式】→【三维效果】组中单击"三维效果"按钮，在弹出的下拉列表中选择需要的三维效果样式即可。

经典例题

【例题1】将选中图形的阴影颜色更改为黄色。

【解析】本题考查更改阴影颜色的操作，具体操作如下。

❶ 在【格式】→【阴影效果】组中单击"阴影效果"按钮。

❷ 在弹出的下拉列表中选择"阴影颜色"选项，在子菜单中选择"黄色"选项即可，如图6-21所示。

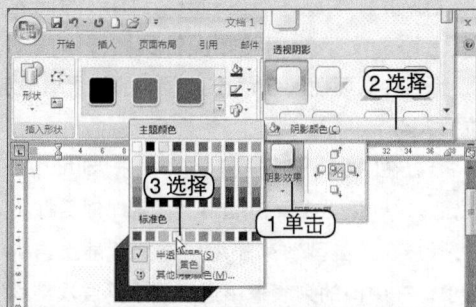

图6-21　更改阴影颜色

【例题2】将文档中的图形更改三维效果，深度更改为"144磅"。

【解析】本题考查对图像设置三维效果的方法，具体操作如下。

❶ 选择文档中的图形，在【格式】→【三维效果】组中单击"三维效果"按钮。

❷ 在弹出的下拉列表中选择"深度"选项，在打开的子菜单中选择"144磅"选项。如图6-22所示。

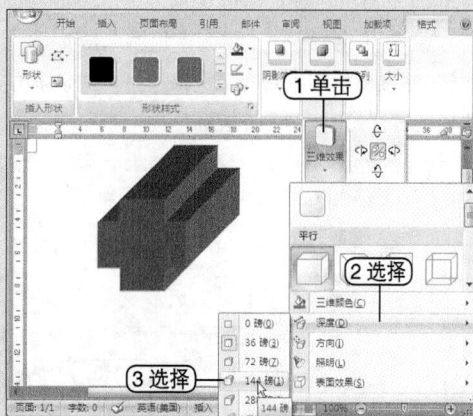

图6-22　更改三维效果的深度

考点5　设置形状叠放次序和组合方式（★★）

考情分析

形状叠放次序和组合方式是考纲中要求熟悉的内容，考试时通常会要求考生设置指定形状的叠放方式或组合方式。遇到这类考题，考生需要正确理解题意来完成。

操作指南

1. 设置形状叠放次序

选择形状，在【格式】→【排列】组中可单击相应的按钮来完成叠放次序的设置。

2. 组合和取消组合

先选择需要组合的第一个形状，按【Shift】

键或【Ctrl】键依次单击其他需要组合的形状,再在【格式】→【排列】组中单击组合按钮,或直接在选择的图形上单击鼠标右键,在弹出的快捷菜单中选择"组合"命令。

经典例题

【例题】将图形设置为在文字下方显示。

【解析】本题考查设置图形叠放次序的方法,具体操作如下。

1 选择文档中的图形。

2 在【格式】→【排列】组中单击置于底层按钮,在弹出的下拉列表中选择"衬于文字下方"选项即可,如图6-23所示。

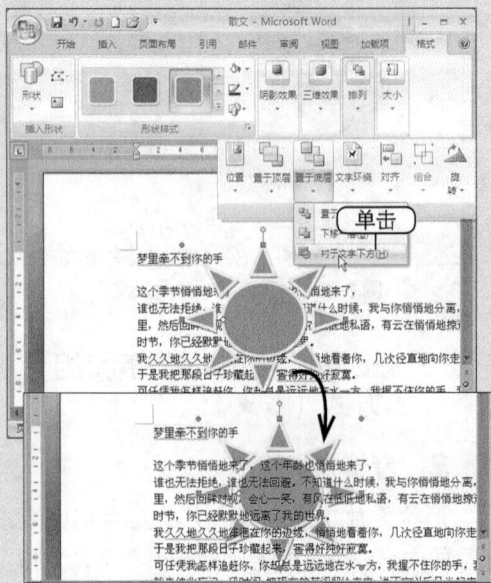

图6-23　设置图形叠放次序

6.4　添加SmartArt图形

考点1　创建SmartArt图形（★★★）

考情分析

该考点抽到考题的可能性较大,考生

要认真对待该考点中的知识。主要掌握创建SmartArt图形和在其中输入文字的方法。

操作指南

单击定位插入点,在【插入】→【插图】组中单击"SmartArt"按钮,打开"选择SmartArt图形"对话框,在其中选择所需的类型和形状,即可创建SmartArt图形。

执行以下任意一种方法可在SmartArt图形上添加文字。

方法1:在SmartArt图形的"[文本]"上单击定位插入点后,输入需要的文本。

方法2:在左侧的文本窗格中的"[文本]"上单击输入文本。

经典例题

【例题】在文档中插入一个水平层次结构图,然后在其上输入相关的文本,完成后的参考效果如图6-24所示。

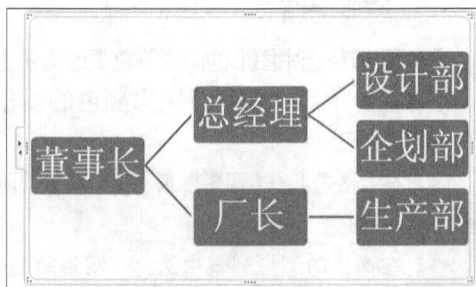

图6-24　水平层次结构图

【解析】本题考查SmartArt图形的插入和在其上添加文字的相关知识,具体操作如下。

1 在需要插入SmartArt图形的位置单击定位插入点。

2 在【插入】→【插图】组中单击"SmartArt"按钮,打开"选择SmartArt图形"对话框。

3 在"类型"列表框中选择"层次结构"选项,在中间的列表框中选择"水平层次结构"选项,如图6-25所示。

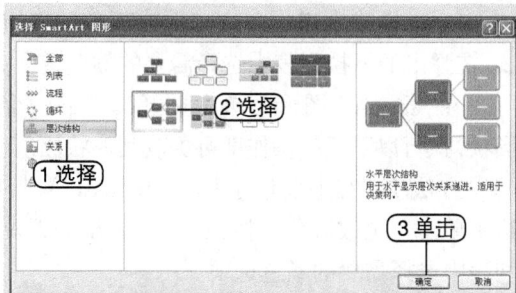

图 6-25　"选择 SmartArt 图形"对话框

4 单击 确定 按钮即可将其插入到文本插入点。

5 在 SmartArt 图形的"[文本]"上单击定位插入点，然后按照图 6-26 所示输入文本即可。

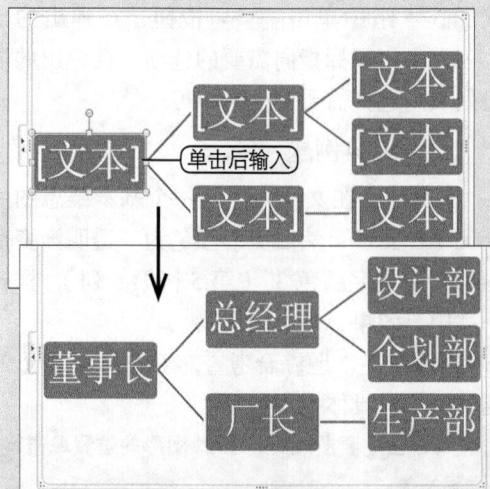

图 6-26　添加文本

考点2　更改SmartArt图形（★★★）

考情分析

该考点抽到考题的概率比较大，因为涉及的知识点较多，单独出题的可能性也比较大。考生需要掌握相关的操作。

操作指南

1. 更改类型和布局

选择需要更改类型和布局的 SmartArt 图

形，在【设计】→【布局】组中单击"其他"按钮，在弹出的下拉列表中选择所需的布局样式，也可在弹出的下拉列表中选择"其他布局"选项，打开"选择 SmartArt 图形"对话框，在其中进行设置。

2. 添加形状

在需要添加形状位置的附近形状上单击，在【设计】→【创建图形】组中单击"添加形状"下侧的下拉按钮，在弹出的下拉列表中选择相应的选项即可添加形状。

3. 升级和降级形状

选择需要进行操作的形状，在【设计】→【创建图形】组中单击升级按钮或降级按钮，即可升级或降级形状。

4. 更改形状

更改形状的方法与添加形状类似，在【格式】→【形状】组中单击"更改形状"按钮，在弹出的下拉列表中选择需要更改的形状，或在需要更改的形状上单击鼠标右键，在弹出的快捷菜单中选择"更改形状"命令，在弹出的子菜单中选择需要的形状即可。

5. 为图形应用快速样式

单击需要应用快速样式的形状，在【设计】→【SmartArt 样式】组中单击"其他"按钮，在弹出的下拉列表中选择需要应用的样式即可。

经典例题

【例题】先删除 SmartArt 图形中的最后一个形状，然后对图形应用"三维卡通"SmartArt 样式（三维第 1 行第 3 列）。

【解析】本题需要先删除指定的形状，然后应用图形样式，具体操作如下。

1 选择最后一个形状，按【Delete】键将其删除。

2 在 SmartArt 图形上的单击选择图形，在

【设计】→【SmartArt 样式】组中单击"其他"按钮，在弹出的下拉列表中选择"卡通"选项。操作过程如图 6-27 所示。

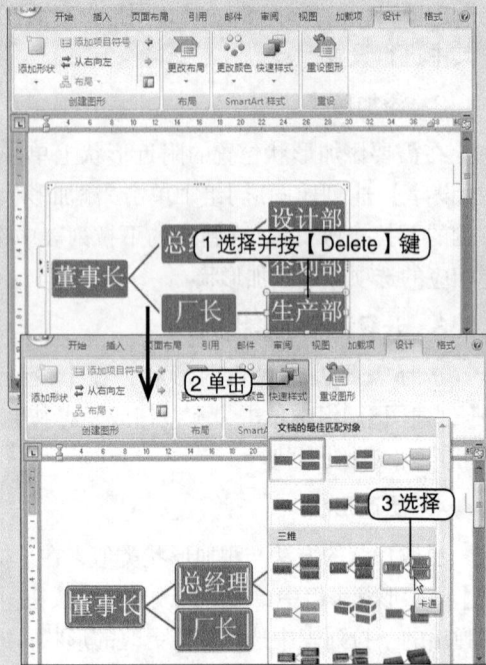

图 6-27　更改 SmartArt 形状样式

考场点拨

在图形上单击鼠标右键，在弹出的快捷菜单中选择"添加形状"命令，在打开的子菜单中也可选择相应的选项来添加形状。

考点3　设置SmartArt图形格式（★）

考情分析

该考点通常结合前面几个考点综合考查，抽到考题的概率较小，考生应重点掌握更改SmartArt 图形的颜色，其他操作进行了解即可。

操作指南

1. 更改 SmartArt 图形颜色

选择整个 SmartArt 图形，在【设计】→

【SmartArt 样式】组中单击"更改颜色"按钮，在弹出的下拉列表中选择需要的颜色选项。

在 SmartArt 图形中单击选择其中的一个形状，执行以下任一操作即可更改其形状颜色。

方法 1：在【设计】→【SmartArt 样式】组中单击"更改颜色"按钮，在弹出的下拉列表中选择需要的颜色选项。

方法 2：在【格式】→【形状样式】组中单击 形状填充 按钮，在弹出的下拉列表中选择需要的形状颜色填充即可。

2. 设置 SmartArt 形状效果

选择要设置效果的形状，在【格式】→【形状样式】组中单击 形状效果 按钮，在弹出的下拉列表中将鼠标指向需要的选项，在弹出的下级列表中选择需要的效果即可。

经典例题

【例题】在文档中插入一个基本维恩图的 SmartArt 图形，然后更改颜色为"透明渐变范围，强调文字颜色 3"（第 5 行第 5 列），样式为"中等效果"。

【解析】本题综合考查对 SmartArt 图形的相关操作，具体操作如下。

❶ 在需要插入 SmartArt 图形的位置单击定位插入点。

❷ 在【插入】→【插图】组中单击"SmartArt"按钮，打开"选择 SmartArt 图形"对话框。

❸ 在"类型"列表框中选择"关系"选项，在中间的列表框中选择"基本维恩图"选项。

❹ 单击 确定 按钮将其插入到文档中。

❺ 在【设计】→【SmartArt 样式】组中单击"更改颜色"按钮。

❻ 在弹出的下拉列表中选择"透明渐变范围，强调文字颜色 3"选项即可，操作过程如图 6-28 所示。

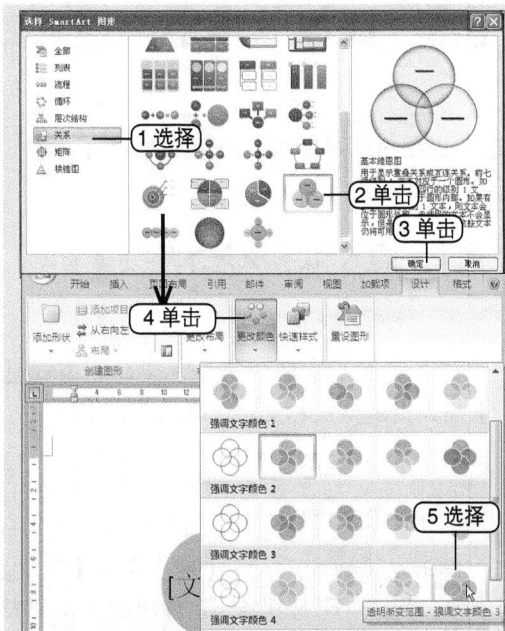

图 6-28　添加 SmartArt 图形

7 在 SmartArt 图形上选择图形，在【设计】→【SmartArt 样式】组中单击"快速样式"按钮（在窗口最大化时单击"其他"按钮）。

8 在弹出的下拉列表中选择"中等效果"选项，如图 6-29 所示。

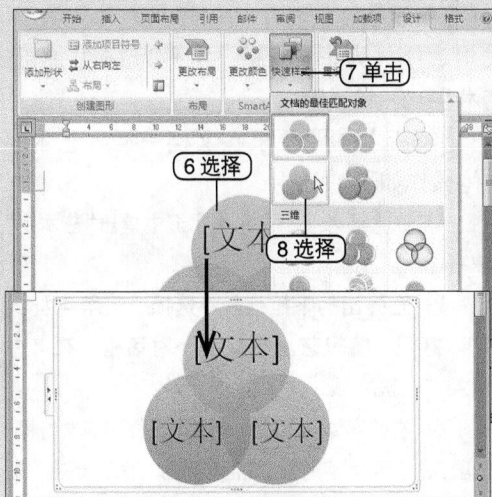

图 6-29　更改图形样式

考点4　设置SmartArt图形中的文字格式（★★★）

🔍 考情分析

该考点是考纲中要求掌握的考点，考生需要认真对待，掌握设置文字格式的方法。命题时，通常会要求考生将指定的文字设置为指定格式。

🎯 操作指南

方法1：选择整个 SmartArt 图形或 SmartArt 图形中的某个形状，在【格式】→【艺术字样式】组中单击"其他"按钮，在弹出的下拉列表中选择需要的艺术字样式即可。

方法2：在文本窗格中选择需要更改文字格式的文本，单击 文本填充 按钮，在弹出的下拉列表中选择需要的颜色、渐变、图片或纹理等填充选项。

在文本窗格中，执行以下方法也可更改图形中文字格式。

方法1：单击 文本轮廓 按钮，在弹出的下拉列表中选择相关的选项可设置文本的轮廓。

方法2：在【格式】→【艺术字样式】组中单击"其他"按钮，在弹出的下拉列表中选择需要的样式。

方法3：单击 文本效果 按钮，在弹出的下拉列表中选择相关的选项可设置文本的效果。

📝 经典例题

【例题】对当前 SmartArt 图形中的文本应用"渐变填充 - 黑色 轮廓 - 白色 外部阴影"样式（第 4 行第 3 列），然后再应用"半映像接触"文本效果。

【解析】本题要求先对文字应用快速样式，再应用文本效果样式，具体操作如下。

1 选择 SmartArt 图形，在【格式】→【艺术字样式】组中单击"快速样式"按钮，在打开的下拉列表中选择"渐变填充 - 黑色 轮廓 - 白色 外部阴影"样式，如图 6-30 所示。

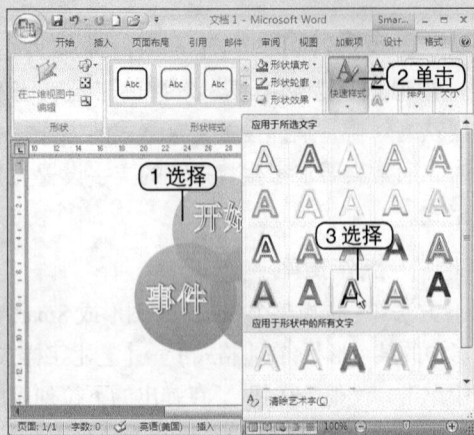

图 6-30　更改文字样式

2 在【格式】→【艺术字样式】组中单击"文本效果"按钮 A·（在窗口最大化时单击"其他"按钮 ），在打开的下拉列表中选择"半映像，接触"选项，操作过程如图 6-31 所示。

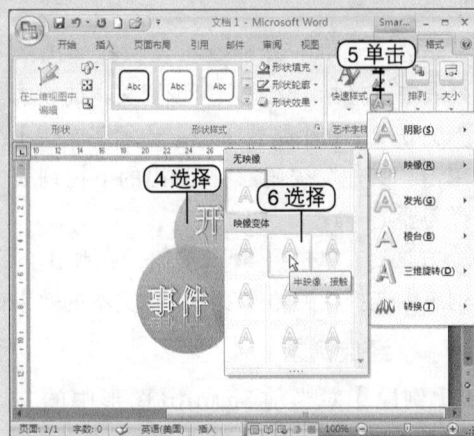

图 6-31　更改文字效果

📖 **考场点拨**

选择文字后，在其上单击鼠标右键，在弹出的快捷菜单中选择"设置文字效果格式"命令，打开"设置文字效果格式"对话框，在其中也可进行设置。

6.5　添加艺术字

◎ 说明：练习环境为光盘：\ 素材 \ 第 6 章 \ 艺术字 .docx。

考点1　插入和编辑艺术字（★★★）

🔍 **考情分析**

该考点属于常考内容，主要命题方式是要求插入指定格式和文字内容的艺术字。

🔧 **考点破解**

1. 插入艺术字

单击定位插入点，在【插入】→【文本】组中单击"艺术字"按钮 A，在弹出的下拉列表中选择要插入的艺术字样式，打开"编辑艺术字文字"对话框，在其中输入需要的文字。

2. 编辑艺术字

选择需要编辑的艺术字，在【格式】→【文字】组中单击相应的按钮可对艺术字进行编辑。

✏️ **经典例题**

【例题】在文档中插入样式为"艺术字样式 4"，字体为华文行楷、字号为 60 并加粗的艺术字"一帆风顺"。

【解析】本题要求在文档中插入艺术字，具体操作如下。

1 在【插入】→【文本】组中单击"艺术字"按钮 A。

2 在弹出的下拉列表中选择"艺术字样式 4"，打开"编辑艺术字文字"对话框，在其中输入"一帆风顺"文字。

3 在"字体"下拉列表框中选择"华文行楷"选项，在"字号"下拉列表框中选择"60"，单击"加粗"按钮 B。

4 单击 确定 按钮,如图 6-32 所示。

图 6-32 插入艺术字

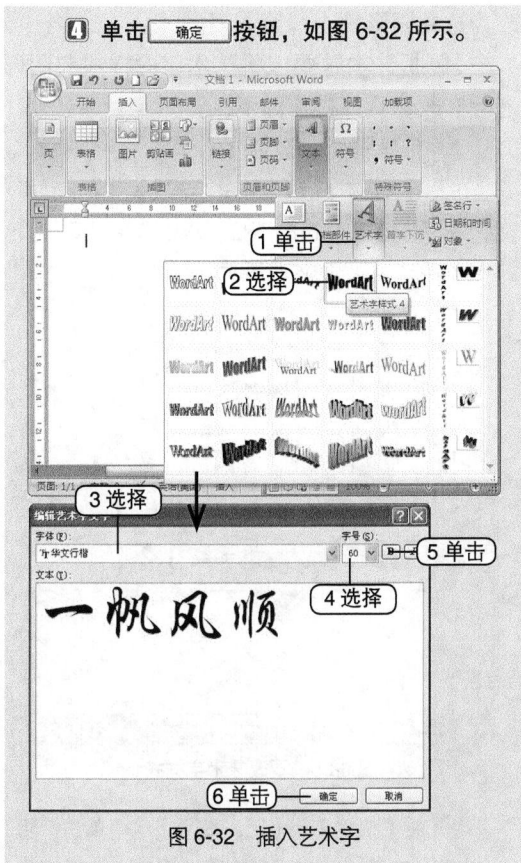

考点2 修改艺术字的样式和形状
(★★★)

考情分析

该考点属于常考内容,主要命题方式是要求将已有的艺术字更改为题目中指定的样式或形状。

操作指南

1. 更改艺术字样式

选择需要更改样式的艺术字,在【格式】→【艺术字样式】组中单击"其他"按钮▾,在弹出的下拉列表中选择需要的艺术字样式即可。

2. 更改艺术字形状

选择需要更改形状的艺术字,在【格式】→【艺术字样式】组中单击 更改形状▾ 按钮,在弹出的下拉列表框中选择需要的艺术字形状。

经典例题

【例题】(1)将选中的艺术字样式更改为艺术字库中第 4 行第 1 列样式;(2)将艺术字字符间距设置为很紧,艺术字为竖排文字。

【解析】本题结合编辑艺术字的考点进行考查,具体操作如下。

1 选择插入的艺术字。

2 在【格式】→【艺术字样式】组中单击"其他"按钮▾,在弹出的下拉列表中选择第 4 行第 1 列的样式。

3 在【格式】→【文字】组中单击"间距"按钮AV,在弹出的下拉列表中选择"很紧"选项,操作过程如图 6-33 所示。

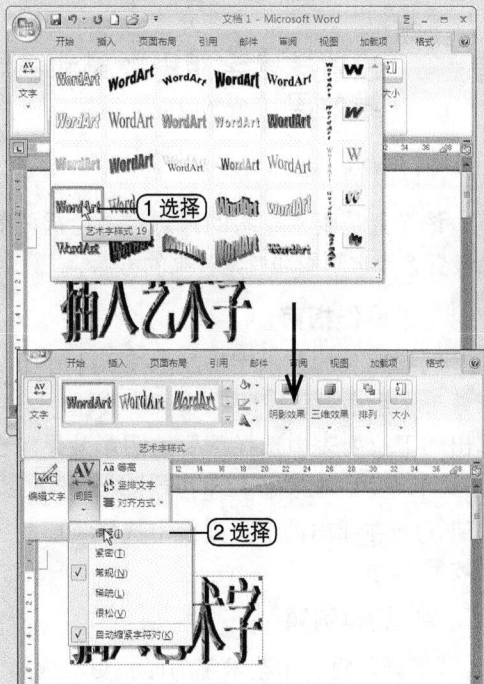

图 6-33 更改艺术字间距

在【格式】→【文字】组中单击 竖排文字 按钮即可将艺术字更改为竖排文字显示，如图 6-34 所示。

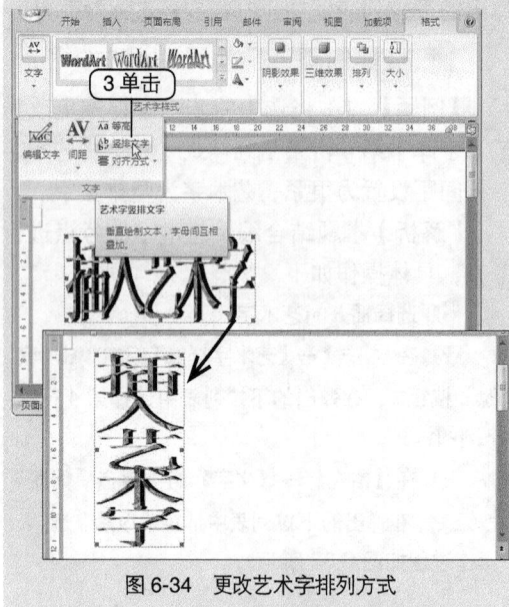

图 6-34 更改艺术字排列方式

考点3 设置艺术字阴影效果和三维效果（★★）

考情分析

该考点是要求熟悉的考点，考生需要熟悉设置艺术字阴影和三维效果的方法。

操作指南

选择插入的艺术字，在【格式】→【阴影效果】组中单击"阴影效果"按钮 ，在弹出的下拉列表中选择需要的阴影效果。在【格式】→【三维效果】组中单击"三维效果"按钮 ，在弹出的下拉列表中选择需要的三维效果。

经典例题

【例题】将选中艺术字的样式更改为第 5 行第 3 列的样式，并将新样式中的阴影效果更

改为透视阴影第 1 行第 3 列。

【解析】本题要求将艺术字的样式和阴影进行修改，具体操作如下。

选择插入的艺术字。

在【格式】→【艺术字样式】组中单击"其他"按钮 ，在弹出的下拉列表中选择第 5 行第 3 列的样式，如图 6-35 所示。

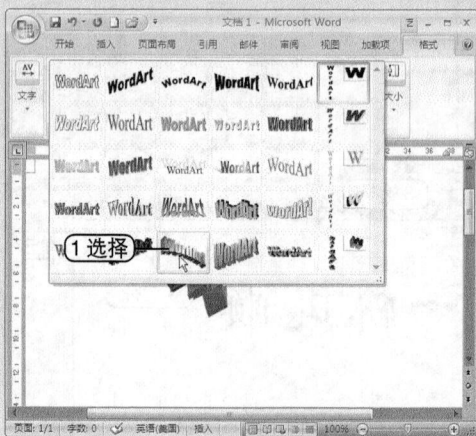

图 6-35 更改艺术字样式

在【格式】→【阴影效果】组中单击"阴影效果"按钮 ，在弹出的下拉列表中选择"透视阴影"栏中第 1 行第 3 列的样式即可，操作过程如图 6-36 所示。

图 6-36 更改艺术字阴影效果

6.6 添加文本框

> ◎ 说明：练习环境为光盘:\素材\第6章\花之歌.docx。

考点1 插入文本框并输入文字（★★★）

考情分析

该考点考查概率较高，但通常结合其他知识点进行综合考查，考生只需掌握两种插入文本框的方法即可。

操作指南

1. 插入文本框并添加内容

在【插入】→【文本】组中单击"文本框"按钮 A，在弹出的下拉列表中可直接选择内置的文本框样式，即可直接创建已应用了样式的文本框；或者在弹出的下拉列表中选择"绘制文本框"或"绘制竖排文本框"选项，在文档中单击并拖动鼠标绘制。

在插入或绘制的文本框中可直接输入文字或插入图片等对象。

2. 为已经存在的文本添加文本框

选择需要添加文本框的文本，在【插入】→【文本】组中单击"文本框"按钮 A，在弹出的下拉列表中选择需要的文本框样式即可。

经典例题

【例题】在文档中插入一个竖排文本框，并在其中输入文字"计算机"。

【解析】本题要求在文档中插入一个竖排的文本框，并在文本框中输入文字"计算机"，具体操作如下。

❶ 在【插入】→【文本】组单击"文本框"按钮 A，在弹出的下拉列表中选择"绘制竖排

文本框"选项。

❷ 在文档中拖动鼠标绘制一个竖排文本框。

❸ 直接在文本框中输入需要的文字，操作过程如图6-37所示。

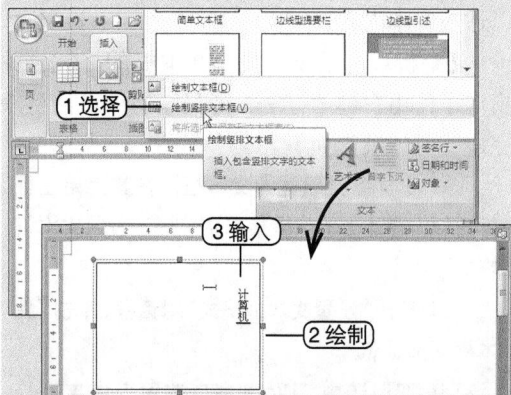

图6-37　插入文本框

考点2 设置文本框格式（★★★）

考情分析

该考点抽到考题概率较大，通常结合插入文本框等知识点共同出题，其命题方式有在指定位置插入文本框，然后设置其边框颜色、大小和环绕方式等。

操作指南

1. 通过"设置文本框格式"对话框

选择绘制的文本框，在【格式】→【文本框样式】组中单击"对话框启动器"按钮 ，在打开的对话框中单击对应的选项卡，在其中进行设置。

执行以下方法也可打开"设置文本框格式"对话框：在文本框上单击鼠标右键，在弹出的快捷菜单中"设置文本框格式"命令。

2. 通过功能区

选择绘制的文本框，在【格式】→【文本框样式】组中单击相应的按钮即可更改文本

框的填充颜色、轮廓颜色或形状。

📝 **经典例题**

【例题】 使用右键菜单取消文本框内的文字自动换行设置，并将其设置为自动调整大小以适应文本内容。

【解析】 本题要求设置文本框的格式，并指定了使用右键的方法，即只能使用对话框来完成，具体操作如下。

❶ 选择需要设置的文本框，在其上单击鼠标右键，在弹出的快捷菜单中选择"设置文本框格式"命令。

❷ 打开"设置文本框格式"对话框，单击"文本框"选项卡。

❸ 取消选中"Word 在自选图形中自动换行"复选框，选中"重新调整自选图形以适应文本"复选框。

❹ 单击 [确定] 按钮即可，操作过程如图6-38 所示。

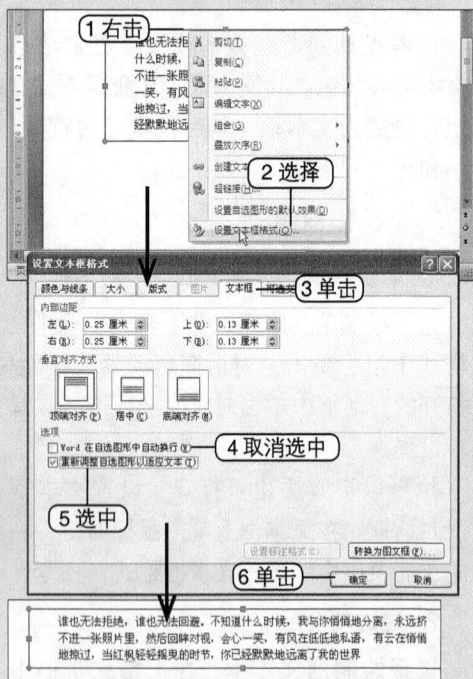

图6-38　设置文本框格式

考点3　排列文本框（★★★）

🔍 **考情分析**

该考点的重点考查范围在设置文本框的环绕方式，因此考生需要着重掌握该操作的实现方法。其他的操作也需要熟悉。

📡 **操作指南**

1. 设置文本框对齐方式

设置文本框对齐方式需要先选择文本框，然后在【格式】→【排列】组中单击"对齐"按钮 🔳，在弹出的下拉列表中选择需要的选项即可。

2. 设置文本框叠放层次

选择需要设置文本框叠放层次的文本框，然后在【格式】→【排列】组中单击 🔳置于顶层 按钮或 🔳置于底层 按钮，在弹出的下拉列表中选择需要的选项即可。

3. 设置文本框文字环绕方式

选择需要设置文字环绕的文本框，然后在【格式】→【排列】组中单击 🔳文字环绕 按钮，在弹出的下拉列表中可选择相关的文字环绕方式选项。

📝 **经典例题**

【例题】 在对话框中设置文本框环绕方式为"浮于文字之上"，并能根据内容自动调整文本框大小。

【解析】 本题要求通过对话框来完成设置，具体操作如下。

❶ 选择文本框，并在其上单击鼠标右键，在弹出的快捷菜单中选择"设置文本框格式"命令。

❷ 打开"设置文本框格式"对话框，单击"版式"选项卡，在其中选择"浮于文字上方"选项。

❸ 单击"文本框"选项卡，选中"重新调整自选图形以适应文本"复选框。

4 单击 确定 按钮即可应用设置，操作过程如图 6-39 所示。

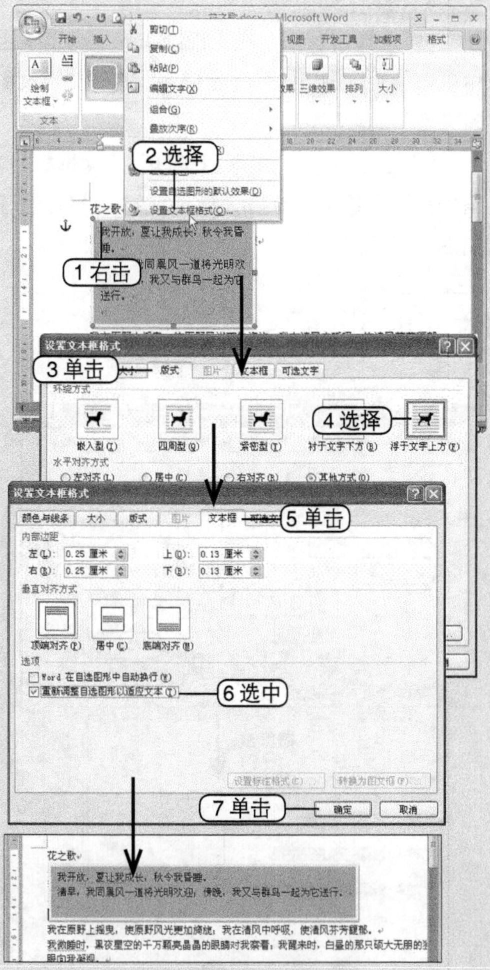

图 6-39　设置文本框环绕方式

6.7　添加图表

考点1　创建图表（★★★）

考情分析

该考点是考纲上要求掌握的内容，考查方式通常为要求考生创建指定类型的图表。考生需要熟练掌握创建图表的方法。

操作指南

单击定位插入点，在【插入】→【插图】组中单击"图表"按钮，打开"插入图表"对话框，在其中进行相应设置，当图表插入到文档中时，将打开 Excel 窗口，在其中可编辑图表的具体数据，编辑完成后退出即可。

经典例题

【例题】在文档中插入一个三维饼图，然后再修改 B 列依次为 12、7、5、15。

【解析】本题考查插入图表并修改数据的方法，具体操作如下。

1 在文档中任意位置单击定位插入点，在【插入】→【插图】组中单击"图表"按钮，如图 6-40 所示。

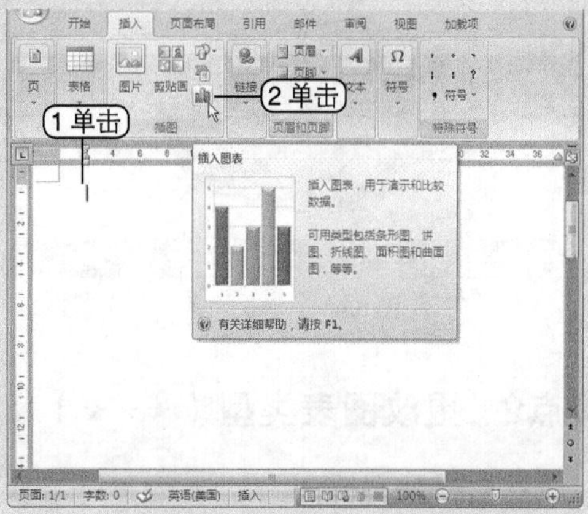

图 6-40　单击"图表"按钮

2 打开"插入图表"对话框，在左侧列表框中选择"饼图"选项，右侧列表框中选择"三维饼图"选项，然后单击 确定 按钮。

3 图表将插入到文档中，同时打开 Excel 窗口，在其中对应的 B 列位置依次输入"12、7、5、15"。

4 单击选项卡区右侧的 × 按钮退出 Excel，返回 Word，即可发现图表发生了相应的变化。操作过程如图 6-41 所示。

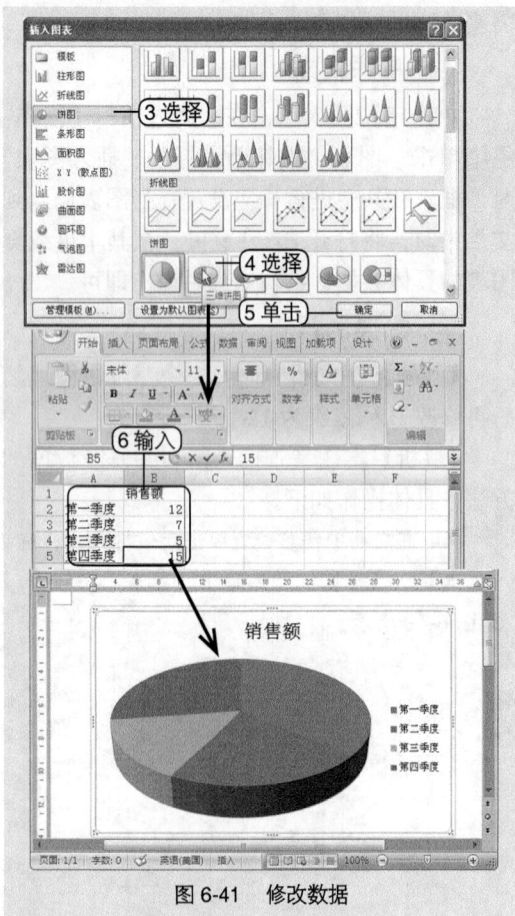

图 6-41　修改数据

考点2　更改图表类型（★★★）

🔍 考情分析

该考点考查概率较大，命题方式一般是要求考生将指定的图表更改为指定的类型。这类考题操作相对简单，望考生切忌掉以轻心。

🎬 操作指南

选择要更改类型的图表，在【设计】→【类型】组中单击"更改图表类型"按钮，打开"更改图表类型"对话框，在其中选择需要的图形。

📝 经典例题

【例题】将上一题插入的图表更改为"堆积条形图"样式。

【解析】本题考查的是更改图表类型的操作，具体操作如下。

1 选择饼状图，在【设计】→【类型】组中单击"更改图表类型"按钮，打开"更改图表类型"对话框。

2 在左侧选择"条形图"选项，右侧选择"堆积条形图"选项，单击 确定 按钮，操作过程如图 6-42 所示。

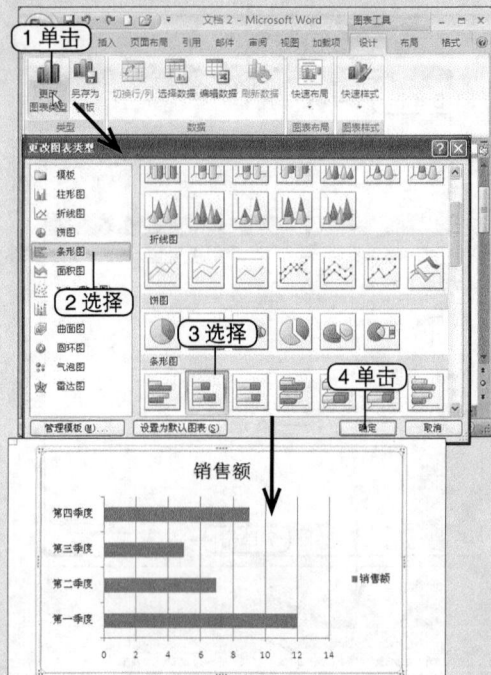

图 6-42　选择图表类型

考点3　更改图表布局（★★★）

🔍 考情分析

该考点是考纲中要求掌握的考点，考查方式与上一考点相似，操作都较为简单，但有时也可能结合其他考点来出题。

🎬 操作指南

选择需要更改布局的图表，在【设计】→【图表布局】组中单击"其他"按钮，在弹出的下拉列表中选择需要的新布局即可。

📝 经典例题

【例题】 将当前文档中的图表更改布局样式为"布局5"（第2行第2列）。

【解析】 该考题考查更改图表布局的方法，具体操作如下。

1️⃣ 选择文档中的图表。

2️⃣ 在【设计】→【图表布局】组中单击"快速布局"按钮⬛（在窗口最大化时单击"其他"按钮⬛），在弹出的下拉列表中选择第2行第2列的布局样式，如图6-43所示。

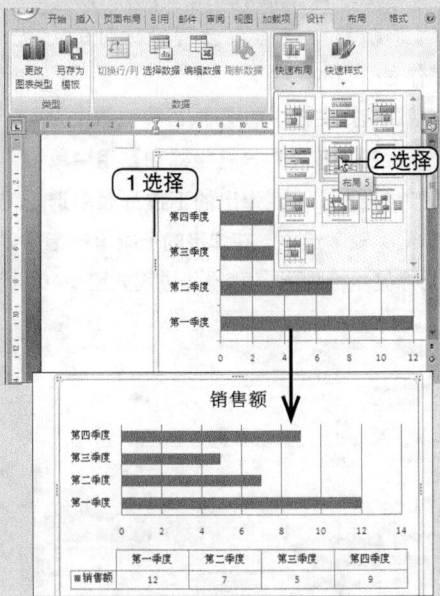

图6-43 设置图表布局方式

考点4 应用图表样式（★★★）

🔍 考情分析

该考点抽到考题的概率较大，但操作方法较为简单，考生根据题目认真答题即可。

🎬 操作指南

应用图表样式的方法是选择图表后，在【设计】→【图表样式】组中单击"其他"按钮⬛，

在弹出的下拉列表中选择需要的图表样式。

📝 经典例题

【例题】 将文档中的图表样式更改为"样式26"（第4行第2列）。

【解析】 本题考查更改图表样式的方法，具体操作如下。

1️⃣ 选择文档中的图表。

2️⃣ 在【设计】→【图表样式】组中单击"快速样式"按钮⬛（在窗口最大化时单击"其他"按⬛），在弹出的下拉列表中选择"样式26"（第4行第2列），如图6-44所示。

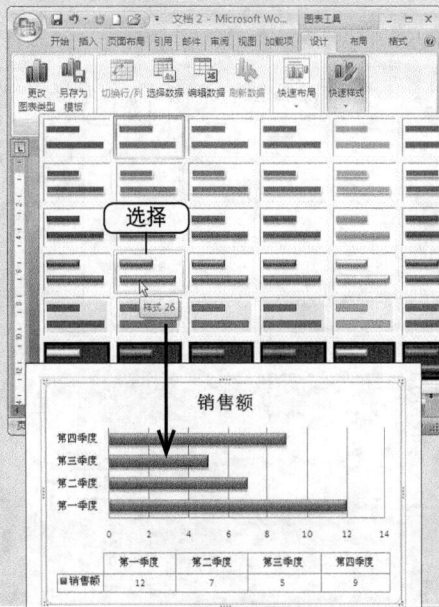

图6-44 应用图表样式

考点5 设置图表标签（★★）

🔍 考情分析

该考点是考纲中要求熟悉的考点，抽到考题的概率不大，考生只需熟悉设置图表标签的方法即可。

🎬 操作指南

设置图表标签的方法是在【布局】→【标

签】组中单击相应的按钮进行设置。

📝 经典例题

【例题】为文档中的图表取消图例显示，然后添加居中数据标签。

【解析】本题考查设置图表标签的方法，具体操作如下。

❶ 选择文档中的图表。

❷ 在【布局】→【标签】组中单击"图例"按钮，在弹出的下拉列表中选择"无"选项。

❸ 单击"数据标签"按钮，在弹出的下拉列表中选择"居中"选项，操作过程如图6-45所示。

图6-45 设置图表标签

考点6 设置图表坐标轴（★★）

🔍 考情分析

该考点抽到考题的概率不大，但需要考生熟悉设置坐标轴的方法。

💿 操作指南

设置图表坐标轴的方法是：选择图表后，在【布局】→【坐标轴】组中单击相应的按钮，在弹出的下拉列表中选择需要的选项即可。

📝 经典例题

【例题】设置图表不显示纵坐标。

【解析】本题考查设置坐标轴的方法，具体操作如下。

❶ 选择文档中的图表。

❷ 在【布局】→【坐标轴】组中单击"坐标轴"按钮，在弹出的下拉列表中选择"主要纵坐标轴"选项，在弹出的子菜单中选择"显示无标签坐标轴"选项，操作过程如图6-46所示。

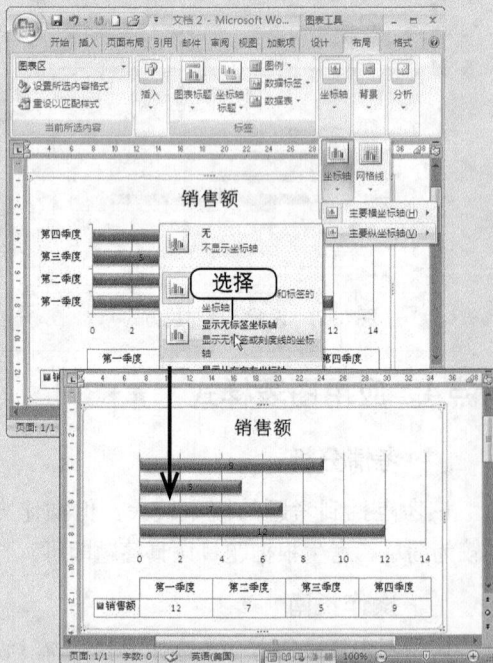

图6-46 设置坐标轴

考点7　设置图表文字格式（★★）

考情分析

该考点抽到考题的概率较小，考查方式通常是要求考生将图表中的文字更改为指定样式的文字。

操作指南

设置图表文字格式的方法是：选择图表后，在【格式】→【艺术字样式】组中选择预设样式，或单击按钮设置填充颜色或轮廓颜色等。

经典例题

【例题】将图表中的文字颜色更改为红色。

【解析】本题考查设置图表文字格式的方法，具体操作如下。

❶ 选择文档中的图表。

❷ 在【格式】→【艺术字样式】组中单击

文本填充 按钮，在弹出的下拉列表中选择"红色"选项，如图6-47所示。

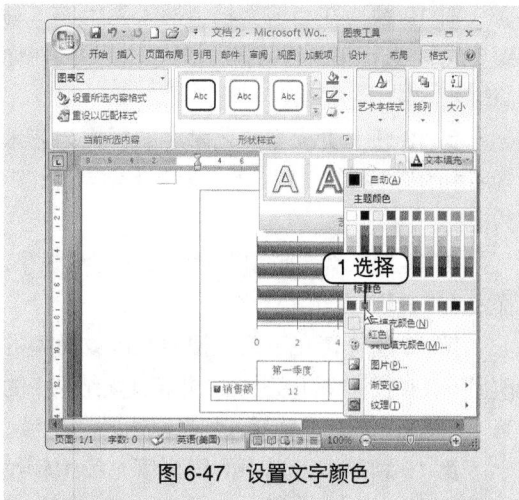

图6-47　设置文字颜色

考场点拨

实际考试环境中窗口都以最大化显示，而书中为了便于考生查看，将窗口缩小后抓图显示，因此单击的一些按钮的样式可能会发生相应的变化，考生按照最大化窗口进行操作即可。

过关强化练习及解题思路

说明：

各题练习环境为光盘：\ 同步练习 \ 第 6 章 \

各题解答演示见光盘：\ 试题精解 \ 第 6 章 \

1. 过关题目

第 1 题　利用右键菜单将图片的文字环绕方式改为"浮于文字上方"。

第 2 题　将图形的高度设为 80%，宽度设为 60%。

第 3 题　在绘图画布中插入一个圆。

第 4 题　将圆图形填充为黄色，线条为红色，线型为 1.5 磅。

第 5 题　在当前文档中插入一个自选图形为爆炸型 2，并加上文字"大减价"。

第 6 题　为当前艺术字设置阴影，样式为阴影样式 13（"透视阴影"栏中第 2 行第 4 列），然后将艺术字与文字的环绕效果设置为紧密型。

第 7 题　在文档中将文本框的宽度设置为 6 厘米，高度设置为 3 厘米。

第 8 题　建立一个"科技公司"关系图，其下有两个部门，分别为销售部和研发部。

第 9 题　创建一个带数据标记的折线图。

第 10 题　将当前绘图画布中的所有图形取消其组合。

第 11 题　将白色星形图形的叠放次序上移一层。

第 12 题　在当前文档中插入艺术字"马到功成",选择第 3 行第 2 种样式,格式为迷你简综艺,24 号,加粗。

第 13 题　更改当前艺术字的样式为艺术字库中的第 1 行第 3 列,并设置艺术字字符间距为很松。

第 14 题　为星形图形对象添加三维效果,样式为"透视"栏中第 3 个。

第 15 题　请在不改变搜索范围或类型的前提下,查找计算机剪贴画,并将搜索结果中的第 1 行第 2 列的剪贴画插入到光标处。

第 16 题　请为选中的图形填充编织物纹理图案(第 1 行第 4 列)。

第 17 题　为当前文本框填充颜色,要求RGB 值分别为 120、150、120。

第 18 题　建立一个循环图,内容分别为:动物、植物与人类。

2. 解题思路

第 1 题　选择图片,在其上单击右键,在弹出的快捷菜单中选择"文字环绕"选项,在弹出的子菜单中选择需要的选项。

第 2 题　利用"大小"对话框进行设置。

第 3 题　在【插入】→【插图】组中单击"形状"按钮,在弹出的下拉列表中选择"新建绘图画布"选项,再在【格式】→【形状】组中的列表框中选择图形。

第 4 题　利用"设置自选图形格式"对话框进行设置。

第 5 题　在【插入】→【插图】组中单击"形状"按钮,在弹出的下拉列表中选择所需选项,然后在图形上单击鼠标右键,在弹出的快捷菜单中选择"添加文字"命令,并进行文字的添加。

第 6 题　在【格式】→【文字】组中单击相应的按钮可对艺术字进行编辑设置。

第 7 题　在【格式】→【大小】组中的

相应数值框中进行设置。

第 8 题　在【插入】→【插图】组中单击"SmartArt"按钮,打开"选择 SmartArt图形"对话框,在其中选择需要的图形选项。

第 9 题　在【插入】→【插图】组中单击"图表"按钮,在打开的"插入图表"对话框中进行设置。

第 10 题　直接在选择的图形上单击鼠标右键,在弹出的快捷菜单中选择"取消组合"命令。

第 11 题　在【格式】→【排列】组中可单击相应的按钮来完成叠放次序的设置。

第 12 题　在【插入】→【文本】组中单击"艺术字"按钮,在弹出的下拉列表中选择要插入的艺术字样式,再利用"编辑艺术字文字"对话框进行设置。

第 13 题　在【格式】→【艺术字样式】组中单击"其他"按钮,在弹出的下拉列表中选择需要的艺术字样式。

第 14 题　在【格式】→【三维效果】组中单击"三维效果"按钮,在弹出的下拉列表中选择需要的选项。

第 15 题　在【插入】→【插图】组中单击"剪贴画"按钮,在打开的"剪贴画"任务窗格中进行设置。

第 16 题　在【格式】→【形状样式】组中单击"形状填充"按钮,在弹出的下拉列表中选择所需选项。

第 17 题　利用"颜色"对话框中的"自定义"选项卡进行设置。

第 18 题　在【插入】→【插图】组中单击"SmartArt"按钮,打开"选择 SmartArt图形"对话框,在其中选择需要的图形选项,再在图形中输入文本。

第7章 ·编辑长文档·

考情分析

本章主要考查在 Word 2007 中编辑长文档的相关操作，共 17 个考点，包括创建大纲，分级显示大纲，移动、展开和折叠大纲，添加题注，添加脚注和尾注，创建交叉引用，使用修订，标记引文和生成引文目录，以及标记索引和创建索引等。本章不少考点都是必考点，主要对长文档进行编辑处理，考生应掌握使用菜单方式打开相关的编辑操作与其他相关操作的方法等。

考点要求

☑ **要求掌握的考点**

考点级别：★★★

- 创建大纲
- 分级显示大纲
- 添加题注
- 插入和编辑批注
- 使用修订
- 设置修订选项

☑ **要求熟悉的考点**

考点级别：★★

- 移动、展开和折叠大纲
- 插入书签

- 生成和更新目录
- 生成和更新图表目录
- 更改和比较文档
- 保护文档

☑ **要求了解的考点**

考点级别：★

- 添加脚注和尾注
- 创建交叉引用
- 标记索引和创建索引
- 标记引文和生成引文目录
- 创建书目引用源和插入书目

7.1 编辑文档大纲

💿 说明：练习环境为光盘 \ 素材 \ 第 7 章 \ 招标书 .docx。

考点1 创建大纲（★★★）

🔍 **考情分析**

该考点抽到考题的概率较大，一般是要求创建指定级数的文档大纲或为段落指定大纲级别。考生应掌握在大纲视图中创建文档大纲的基本方法。

操作指南

1. 创建文档大纲

在【视图】→【文档视图】组中单击"大纲视图"按钮，自动切换到"大纲"功能选项卡，在文档中输入大纲的标题文本，Word将其自动设置为大纲级别1级，应用"标题1"样式，输入各级标题后，利用【大纲】→【大纲工具】组中的相关工具按钮对标题进行所需的设置。

2. 为段落指定大纲级别

选定要设置大纲级别的段落，在【视图】→【文档视图】组中单击"大纲视图"按钮，切换到"大纲"功能选项卡，利用其中的工具按钮进行设置，然后在【开始】→【段落】组中单击"编号"按钮或"多级列表"按钮为各个级别设置格式。

经典例题

【例题】将"招标书.docx"文档中的"2.研制期限为两年。"文本设置为3级大纲级别。

【解析】本题要求为指定文本创建大纲，具体操作如下。

❶ 打开"招标书.docx"文档，在【视图】→【文档视图】组中单击"大纲视图"按钮，切换到"大纲"，如图7-1所示。

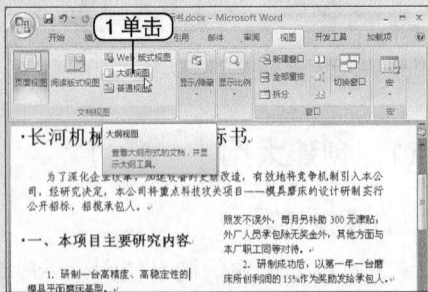

图 7-1 单击"大纲视图"按钮

❷ 选择"2.研制期限为两年。"文本，在【大纲】→【大纲工具】组中单击"大纲级别"下拉列表框的下拉按钮，在弹出的下拉列表中选择"3级"选项，操作过程如图7-2所示。

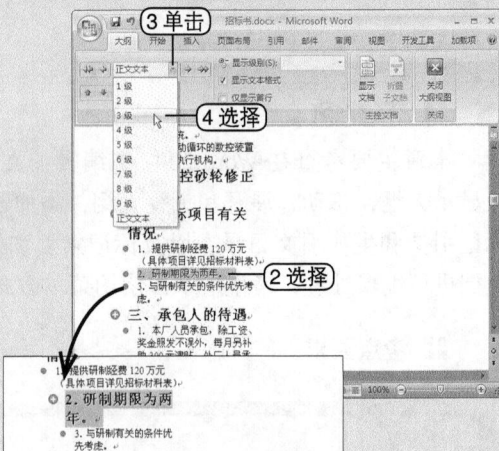

图 7-2 指定段落大纲级别

考点2 分级显示大纲（★★★）

考情分析

该考点出现考题的概率较高，考查方式较为简单，通常情况是以设置文档显示大纲级别来进行考核。

操作指南

创建或设置文档的大纲级别后，可以分级显示文档的大纲。将文档切换到大纲视图，在【大纲】→【大纲工具】组中，可进行级别等选项的选择。

◆ 在"显示级别"下拉列表框中有1级~9级及所有级别供选择。在其中选择要显示的最低级别的编号。

◆ 选中"显示文本格式"复选框，可以在显示文档级别的同时显示文本格式。

◆ 选中"仅显示首行"复选框，可以只显示段落的首行。

经典例题

【例题】当前文档的大纲可查看2级，设为可查看3级及3级以上的内容。

【解析】本题要求为文档设置显示3级及3级以上的大纲，具体操作如下。

1 在【视图】→【文档视图】组中单击"大纲视图"按钮，切换到"大纲"视图。

2 在【大纲】→【大纲工具】组中单击"显示级别"下拉列表框的下拉按钮，在弹出的下拉列表中选择"3级"选项，如图7-3所示。

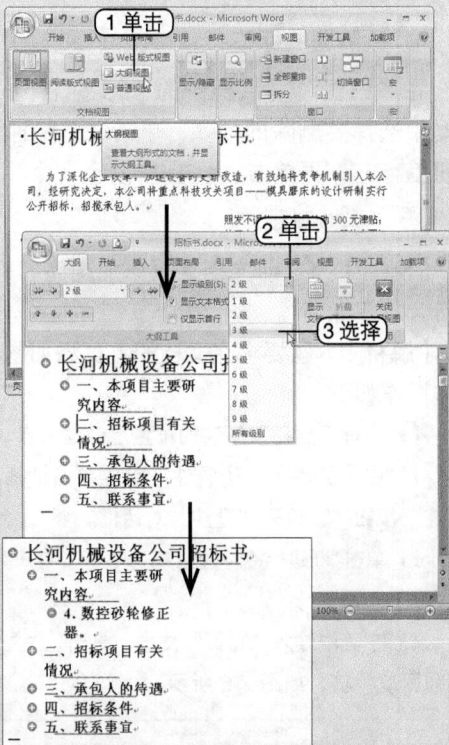

图7-3 设置分级显示大纲

考点3 移动、展开和折叠大纲（★★）

考情分析

该考点在考试中出现考题的概率较大，一般要求对大纲进行移动、展开或折叠处理，操作比较简单，考生掌握基本方法即可。

操作指南

1. 折叠或展开大纲

将插入点移到该标题上，在【大纲】→【大纲工具】组中单击"折叠"按钮或"展开"按钮。单击一次，折叠或展开低一级标题。

如果要折叠或展开某一标题所有下级标题和正文，双击该标题前面的大纲符号即可。

2. 移动大纲

如果要移动某一标题及下级标题和正文，可以将鼠标放在该标题的大纲符号上，待鼠标变成箭头，单击并向上或向下拖动符号，会出现一条横线。当横线到达需要的位置时，释放鼠标即将其可移动到横线位置。

经典例题

【例题】将展开的标题和文本折叠起来，并移动标题"一、本项目主要研究内容"到标题"二、招标项目有关情况"后面。

【解析】本题要求折叠标题和文本，并移动大纲，具体操作如下。

1 将插入点定位到"一、本项目主要研究内容"标题上。

2 在【大纲】→【大纲工具】组中单击"折叠"按钮，连续单击两次即可将该标题的下级标题和文本折叠，如图7-4所示。

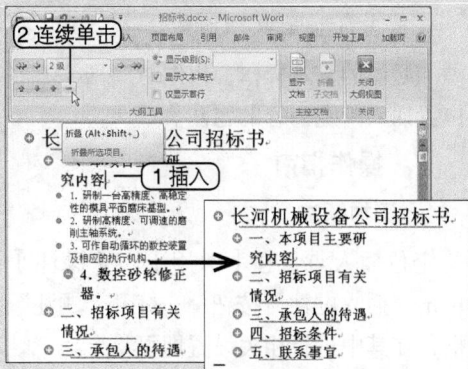

图7-4 折叠大纲

③ 将鼠标移至标题"一、本项目主要研究内容"的大纲符号上，待鼠标变成✛箭头，单击鼠标左键不放并向下拖动到标题"二、招标项目有关情况"后面，释放鼠标，即可移动该标题，如图7-5所示。

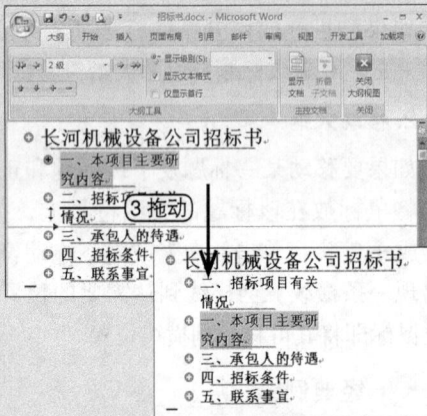

图7-5　移动大纲标题

7.2　使用引用

说明：练习环境为光盘:\素材\第7章\招标书.docx。

考点1　添加题注（★★★）

考情分析

该考点抽到考题的概率较大，考生须掌握添加题注的基本操作，出题时一般考查在指定位置插入指定内容的题注。

操作指南

1.　添加题注

定位插入点，在【引用】→【题注】组中单击"插入题注"按钮，打开"题注"对话框，在其中进行相关设置即可。

2.　新建标签

在【引用】→【题注】组中单击"插入题注"按钮，打开"题注"对话框，在其中单击"新建标签"按钮 新建标签(N)... ，打开"新建标签"对话框，在其中输入新标签名称。

3.　改变编号格式

在【引用】→【题注】组中单击"插入题注"按钮，打开"题注"对话框，在其中单击"编号"按钮 编号(U)... ，打开"题注编号"对话框，在其中进行设置。

4.　删除题注标签

在"题注"对话框中的"标签"下拉列表框中选择要删除的标签，单击"删除标签"按钮 删除标签(D) ，再单击 确定 按钮。

经典例题

【例题】为当前文档首页添加题注"机械设备公司招标书"。

【解析】本题要求在文档的首页添加题注，具体操作如下。

① 在首页要插入题注的位置定位插入点。

② 在【引用】→【题注】组中单击"插入题注"按钮，打开"题注"对话框。

③ 单击"新建标签"按钮 新建标签(N)... ，打开"新建标签"对话框。

④ 在其中输入"首页"文本，单击 确定 按钮新建标签，如图7-6所示。

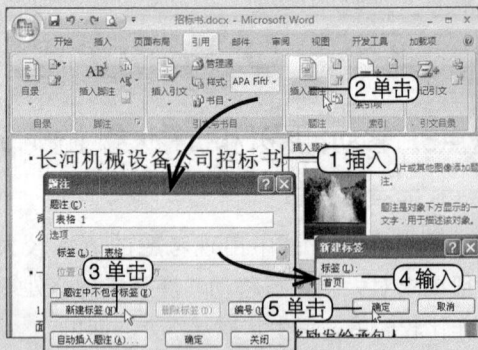

图7-6　新建标签

5 返回"题注"对话框,在"标签"下拉列表框中选择"首页"选项,在"题注"文本框中输入"机械设备公司招标书"文本。

6 单击 确定 按钮,为文档创建题注,如图7-7所示。

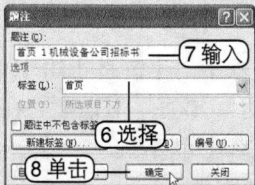

图 7-7 创建题注

考点2 添加脚注和尾注（★）

考情分析

该考点属于需要了解的内容,但出现考题的概率较大,考查时一般要求在指定位置添加指定内容的脚注或尾注并相互转换。

操作指南

1. 添加脚注或尾注

单击要插入脚注或尾注的位置,在【引用】→【脚注】组中单击"插入脚注"按钮 AB¹ 或"插入尾注"按钮 📄,Word将在当前页或文档的结尾处出现一条横线,插入点出现在横线的下面,并且前面有一个编号,这时输入注释文本。

输入完成后,双击脚注或尾注编号,返回文档中插入脚注或尾注的位置。或者在脚注或尾注区域外、文档编辑区单击鼠标,返回文档编辑区。

2. 更改脚注或尾注编号的格式

将插入点置于需要更改脚注或尾注格式的节中（如果文档没有分节,将插入点置于文档中的任意位置）,在【引用】→【脚注】组中单击"对话框启动器"按钮 📄,打开"脚注和尾注"对话框,在其中进行设置即可。

3. 删除脚注或尾注

删除脚注或尾注的方法为：在文档中选定要删除的脚注或尾注编号标记,然后按【Delete】键或【Backspace】键,或执行剪切操作。

4. 脚注和尾注互相转换

当文档中已经存在脚注或尾注,可将脚注与尾注相互转换,在【引用】→【脚注】组中单击"对话框启动器"按钮 📄,打开"脚注和尾注"对话框,单击 转换(C) 按钮,打开"转换注释"对话框,在其中选中相应的单选项即可。

经典例题

【例题1】在当前文档中,插入编号格式为"A,B,C"的尾注。

【解析】本题要求在文档中插入尾注,具体操作如下。

1 在【引用】→【脚注】组中单击"对话框启动器"按钮 📄,打开"脚注和尾注"对话框。

2 在其中"位置"栏下选中"尾注"单选项,在"编号格式"下拉列表框中选择"A,B,C"选项,其他保持默认。

3 单击 插入(I) 按钮,如图7-8所示。

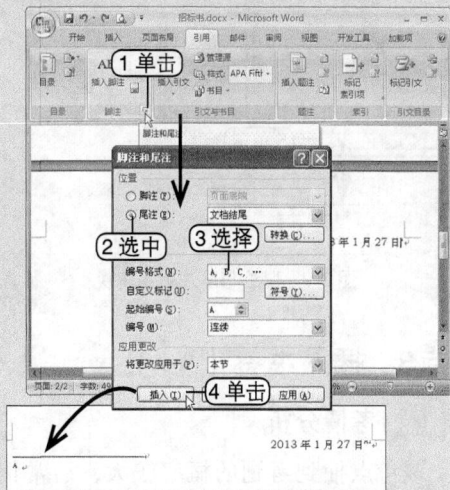

图 7-8 插入尾注

【例题2】将前两题中插入的脚注和尾注相互转换。

【解析】本题要求将脚注和尾注相互转换，具体操作如下。

① 在【引用】→【脚注】组中单击"对话框启动器"按钮，打开"脚注和尾注"对话框。

② 单击"转换"按钮，打开"转换注释"对话框，在其中选中"脚注和尾注相互转换"单选项，单击"确定"按钮。

③ 返回"脚注和尾注"对话框，单击"关闭"按钮，如图7-9所示。

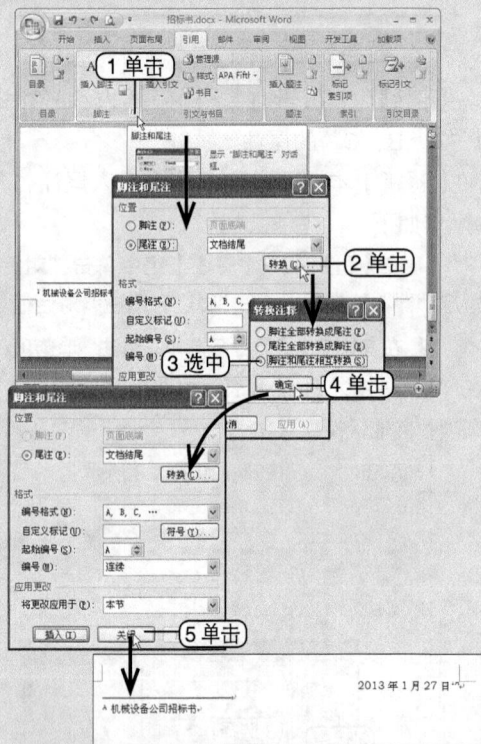

图7-9 脚注与尾注相互转换

考点3 插入书签（★★）

考情分析

该考点抽到考题的概率较大，通常情况是在指定的某位置插入或删除书签。

操作指南

1. 插入书签

单击定位插入点，在【插入】→【链接】组中单击"书签"按钮，打开"书签"对话框，在其中进行设置即可。

2. 定位到特定书签

在【插入】→【链接】组中单击"书签"按钮，打开"书签"对话框。在其中对应参数区根据需要进行设置。

3. 删除书签

在"书签"对话框中选择要删除的书签名称，单击"删除"按钮，被选择的书签即可被删除。

经典例题

【例题】请在文档中的"五、练习事宜"后面添加书签名为"事宜"的书签。

【解析】本题要求在指定位置添加指定内容的书签，具体操作如下。

① 将插入点定位到"五、练习事宜"后面。

② 在【插入】→【链接】组中单击"书签"按钮，打开"书签"对话框。

③ 在其中的"书签名"文本框中输入"事宜"文本，单击"添加"按钮，如图7-10所示。

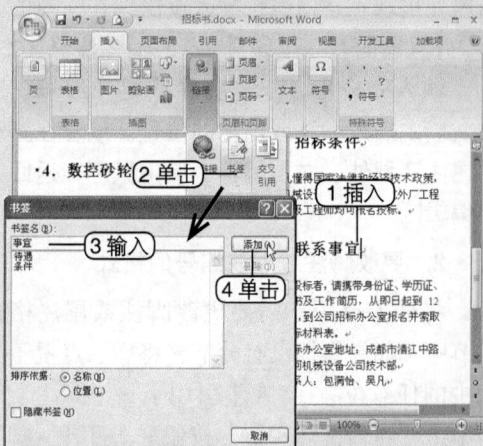

图7-10 插入书签

考点4　创建交叉引用（★）

考情分析

该考点考查概率较低，属于需要了解的内容，一般是在指定位置创建指定类型的交叉引用。

操作指南

在文档中输入交叉引用的引导文本，再在【插入】→【链接】组中单击"交叉引用"按钮，打开"交叉引用"对话框，在其中进行相应的设置，即可插入交叉引用。

经典例题

【例题】在文档中的时间后面插入交叉引用，引用类型为标题项"长河机械设备公司招标书"，引用内容为"标题文字"，其他选项保持不变。

【解析】本题要求为文档中创建交叉引用，具体操作如下。

① 在文档中定位到插入点时间后面。

② 在【插入】→【链接】组中单击"交叉引用"按钮，打开"交叉引用"对话框。

③ 在"引用类型"下拉列表框中选择"标题"选项，在"引用内容"下拉列表框中选择"标题文字"选项，其他参数保持默认。

④ 完成后，单击 插入(I) 按钮，如图7-11所示。

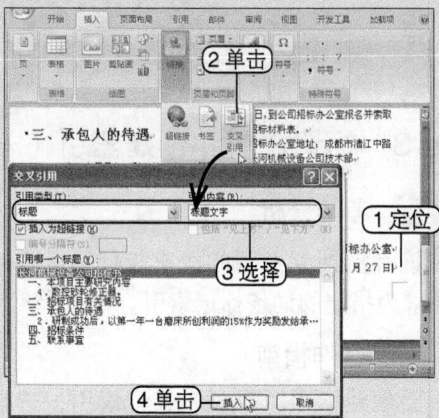

图7-11　创建交叉引用

7.3　创建目录和索引

> 说明：练习环境为光盘 :\ 素材 \ 第 7 章 \ 员工手册 .docx。

考点1　生成和更新目录（★★）

考情分析

该考点抽到考题的概率较大，其考查的主要内容集中在创建自定义样式的目录和更新目录。操作较为简单，考生掌握基本的操作方法即可轻松应对此类考题。

操作指南

1. 用内置样式创建目录

定位光标到要插入目录的位置，通常是在文档开始处，在【引用】→【目录】组中单击"目录"按钮，在弹出的下拉列表中选择所需的内置目录样式。

2. 创建自定义目录

定位光标到要插入目录的位置，在【引用】→【目录】组中单击"目录"按钮，在弹出的下拉列表中选择"插入目录"命令，打开"目录"对话框，在其中进行所需的设置即可。

3. 更新目录

在【引用】→【目录】组中单击"更新目录"按钮，打开"更新目录"对话框，在其中选中所需的单选项。

经典例题

【例题】在文档序言的前一页，自动生成一个包括3级标题在内的目录。

【解析】本题要求为文档自动生成目录，具体操作如下。

① 将光标定位到序言的前一页中。

② 在【引用】→【目录】组中单击"目录"

按钮,在弹出的下拉列表中选择"插入目录"命令,打开"目录"对话框。

③ 在打开的对话框中的"显示级别"数值框中输入"3",再单击 确定 按钮,如图7-12所示。

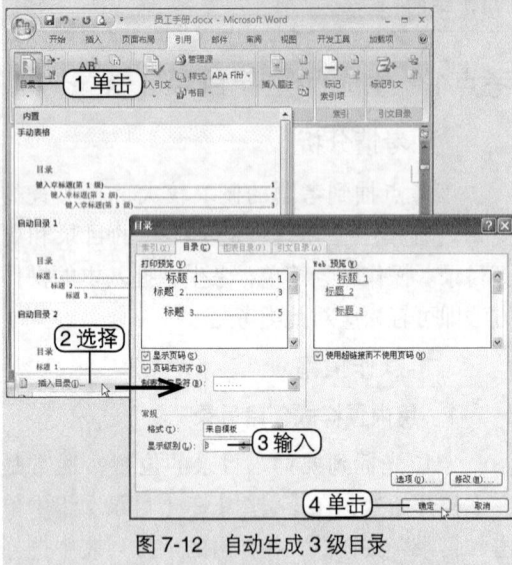

图7-12 自动生成3级目录

考点2 生成和更新图表目录(★★)

考情分析

该考点出现考题的概率较小,操作较为简单,考查时多是为文档生成或更新图表目录,考生掌握基本的操作方法即可。

操作指南

1. 生成图表目录

将插入点定位到要插入图表目录的位置,在【引用】→【题注】组中单击"插入图表目录"按钮,打开"图表目录"对话框,在其中进行需要的设置。

2. 更新图表目录

将插入点移入图表目录区域,在【引用】→【题注】组中单击"更新表格"按钮,打开"更新图表目录"对话框,在其中选中所需

的单选项。

经典例题

【例题】为文档中的图创建图表目录,目录格式为"来自模板"的"表格"。

【解析】本题明确要求为文档创建指定格式的图表目录,具体操作如下。

① 将光标定位到文档中。

② 在【引用】→【题注】组中单击"插入图表目录"按钮,打开"图表目录"对话框。

③ 在其中的"格式"下拉列表框中选择"来自模板"选项,在"题注标签"下拉列表框中选择"表格"选项。

④ 单击 确定 按钮,完成图表目录的创建,操作过程如图7-13所示。

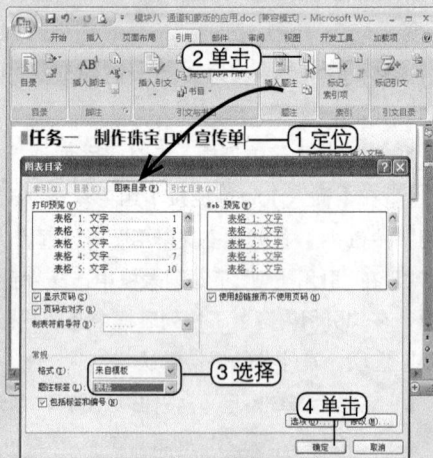

图7-13 创建图表目录

考点3 标记索引和创建索引(★)

考情分析

该考点抽到考题的概率较低,考查时一般要求为指定的词条标记索引。

操作指南

要创建索引,需要先标记索引,选择一种设计,然后才生成索引。

1. 标记索引

选择要标记为索引的单词或短语，在【引用】→【索引】组中单击"标记索引项"按钮 📑，在打开的"标记索引项"对话框中进行所需的设置即可。

2. 创建索引

单击要添加索引的位置，在【引用】→【索引】组中单击"插入索引"按钮 📄，在打开的"索引"对话框中进行所需的设置。

3. 更新索引

将插入点移入索引区域，按【F9】键或在"索引"组中单击"更新索引"按钮 📄。

📝 **经典例题**

【例题】将文本"第一章 公司简介"中的"简介"词条创建为在第一章第一段开头的索引。

【解析】本题要求对文档中的指定词条创建索引，具体操作如下。

❶ 选择"简介"词条。

❷ 在【引用】→【索引】组中单击"标记索引项"按钮 📄，打开"标记索引项"对话框。

❸ 在其中不做任何参数改动，单击 标记(M) 按钮后，再单击 关闭 按钮，完成对"简介"的索引标记，如图7-14所示。

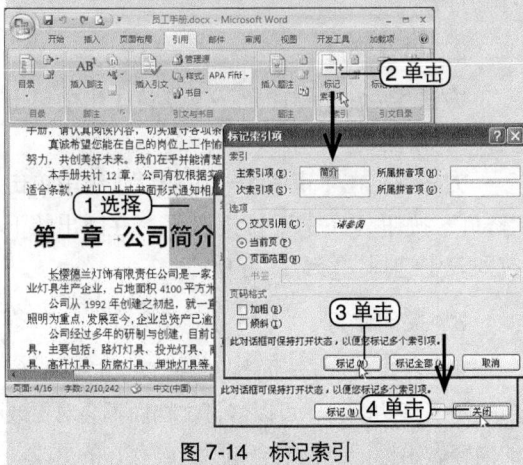

图 7-14 标记索引

❹ 将光标插入到第一章第一段的开头，在【引用】→【索引】组中单击"插入索引"按钮 📄，打开"索引"对话框。

❺ 在对话框中不做任何修改，单击 确定 按钮，如图7-15所示。

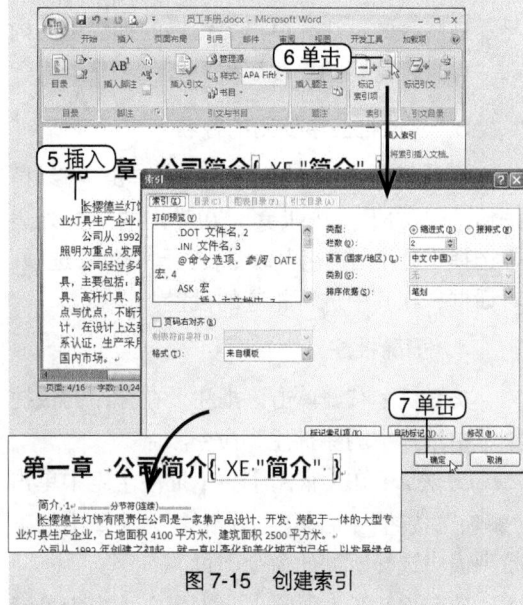

图 7-15 创建索引

7.4 审阅和保护文档

◎ 说明：练习环境为光盘:\素材\第7章\招标书.docx。

考点1 插入和编辑批注（★★★）

🔍 **考情分析**

该考点出现考题的概率较大。考查时一般是要求在指定位置插入指定内容的批注，或者对已有的批注进行编辑。

🎯 **操作指南**

1. 插入批注

选择要进行批注的文本或项目,在【审阅】

→【批注】组中单击"新建批注"按钮 ⬜，弹出批注框，在其中输入批注文本即可。

2. 更改批注

在【审阅】┣【修订】组中单击 📄 显示标记 · 按钮，在弹出的下拉列表中选择"批注"选项，即可显示被隐藏的批注。单击要编辑的批注框的内部，可进行需要的更改。

3. 更改批注中使用的姓名

在【审阅】→【修订】组中单击"修订"按钮 📄 下的下拉按钮 修订·，在弹出的下拉列表中选择"更改用户名"命令，打开"Word 选项"对话框，在其中进行相应的设置。

4. 删除批注

方法1：右键单击该批注，在弹出的快捷菜单中选择"删除批注"命令。

方法2：在【审阅】→【批注】组中单击"删除"按钮 ✖ 下的下拉按钮 删除·，在弹出的下拉列表中选择所需的命令即可。

方法3：在【审阅】→【修订】组中单击"修订"按钮 📄 下的下拉按钮 修订·，在弹出的下拉列表中清除所有审阅者的复选框，只保留要删除其批注的审阅者姓名的复选框，再在【审阅】→【批注】组中单击"删除"按钮 ✖ 下的下拉按钮 删除·，在弹出的下拉列表中选择所需的命令即可。

📝 经典例题

【例题】为文档中的"联系事宜"添加批注，批注内容为"联系电话"。

【解析】本题要求对文档指定文本添加指定批注内容，具体操作如下。

❶ 选择"联系事宜"文本。

❷ 在【审阅】→【批注】组中单击"新建批注"按钮 ⬜。

❸ 在弹出的批注框中输入"联系电话"，如

图 7-16 所示。

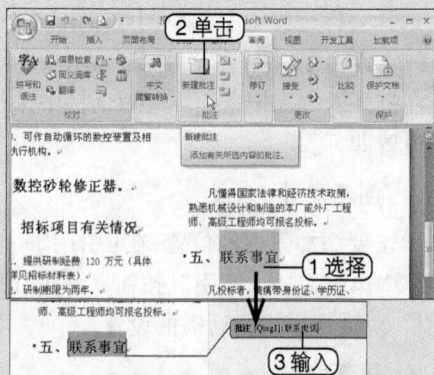

图 7-16　添加批注

考点2　使用修订（★★★）

🔍 考情分析

该考点抽到考题的概率较高，操作比较简单，一般不会单独考核，多与其他考点一起综合考查。

🎯 操作指南

1. 显示修订指示器

右键单击状态栏的空白处，在弹出的快捷菜单中选择"修订"选项。这时，状态栏会出现修订指示器，显示为"修订:关闭"或"修订:打开"。

2. 打开修订

方法1：在【审阅】→【修订】组中单击"修订"按钮 📄。

方法2：在【审阅】→【修订】组中单击"修订"按钮 📄 下的下拉按钮 修订·，在弹出的下拉列表中选择"修订"选项。

3. 关闭修订

关闭修订的方法同打开修订的方法一样。当关闭修订功能时，可以修订文档而不会对更改的内容做出标记，也不会删除已经存在的更改。

📝 **经典例题**

【例题】在文档中显示修订指示器，并打开修订。

【解析】本题要求显示修订指示器，并打开修订，具体操作如下。

❶ 在状态栏的空白处单击右键，在弹出的快捷菜单中选择"修订"选项。

❷ 单击"修订：关闭"指示器，打开修订，操作过程如图 7-17 所示。

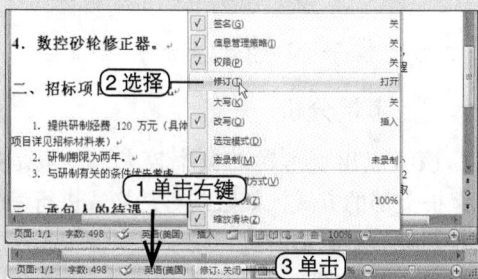

图 7-17　显示修订指示器并打开修订

考点3　设置修订选项（★★★）

🔍 **考情分析**

该考点出现考题的概率较大，一般是要求修改文档的修订设置或者更改修订的查看方式，其操作较为简单，建议考生掌握基本操作方法。

📡 **操作指南**

1. 设置修订选项

在【审阅】→【修订】组中单击"修订"按钮下的下拉按钮，在弹出的下拉列表中选择"修订选项"命令，打开"修订选项"对话框，在其中进行需要的设置。

2. 更改修订的查看方式

更改修订的查看方式，即以内嵌方式查看所有修订，而不是在文档页边距中出现的批注框中查看。

若要显示嵌入式修订，在【审阅】→【修订】组中单击"批注框"按钮，在弹出的下拉列表中选择"以嵌入方式显示所有修订"选项。

📝 **经典例题**

【例题】修改文档的修订设置，将批注框的宽度设置为"3.5 厘米"，设置打印纸张方向为"强制横向"。

【解析】本题要求设置文档的修订选项，具体操作如下。

❶ 在【审阅】→【修订】组中单击"修订"按钮下的下拉按钮。

❷ 在弹出的下拉列表中选择"修订选项"命令，打开"修订选项"对话框。

❸ 在其中的"批注框"栏中的"指定宽度"数值框中输入"3.5 厘米"，在"打印时的纸张方向"下拉列表框中选择"强制横向"选项。

❹ 完成后，单击 确定 按钮，操作过程如图 7-18 所示。

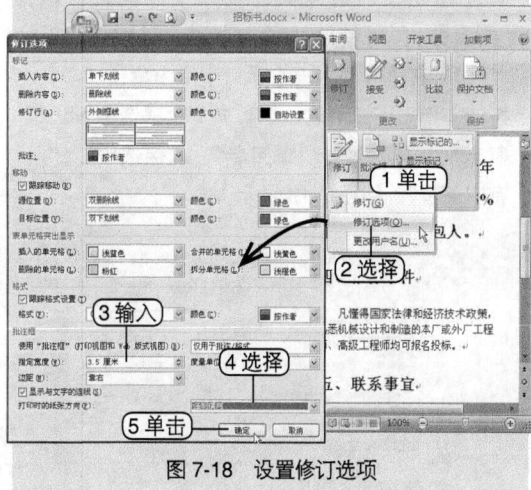

图 7-18　设置修订选项

考点4　更改和比较文档（★★）

🔍 **考情分析**

该考点属于需要熟悉的考点，其抽到考题的概率较小，一般是要求对文档修订的部分进行拒绝或接受。

操作指南

1. 更改文档

在【审阅】→【修订】组中单击 显示标记 按钮，弹出下拉列表，使其中每个复选框旁边都显示 ☑ 标记，在【审阅】→【更改】组中单击"上一条"按钮 或"下一条"按钮 ，选定或切换定位到修订标记中，再在【审阅】→【更改】组中单击"接受"按钮 或"拒绝"按钮 ，接受或拒绝文档中的修订。

2. 比较文档

在【审阅】→【比较】组中单击"比较"按钮 ，在弹出的下拉列表中选择"比较"选项，打开"比较文档"对话框，单击 更多(M) 按钮，在其中进行需要的设置，完成后，新建第3篇文档（比较的文档）。

经典例题

【例题】接受对文档所做的所有修订。

【解析】本题未具体要求使用何种方法接受所有修订，可使用任意一方法，具体操作如下。

1 在【审阅】→【修订】组中单击 显示标记 按钮，弹出下拉列表，使其中每个复选框旁边都显示 ☑ 标记，查看"审阅者"，确保选中了"所有审阅者"，如图7-19所示。

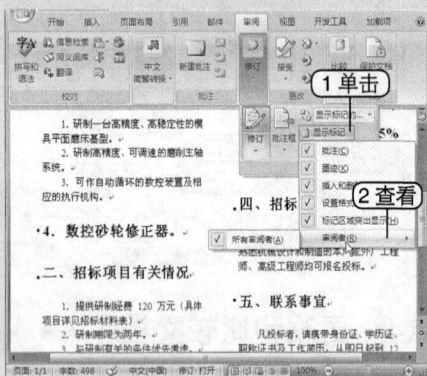

图7-19 标记复选标记

2 在【审阅】→【更改】组中单击"接受"按钮 下的下拉按钮 ，在弹出的下拉列表

中选择"接受对文档的所有修订"选项，如图7-20所示。

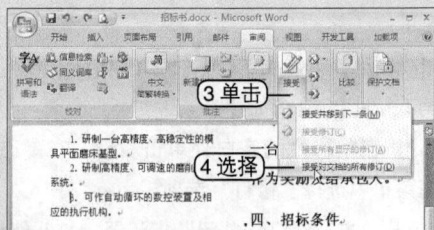

图7-20 接受修订

考点5 保护文档（★★）

考情分析

该考点出现考题的概率较大，一般是指定保护文档的方式，如限制对某格式进行编辑或对某种类型的编辑进行限制，只需根据题目要求进行设置即可。

操作指南

1. 为文档设置打开密码和修改密码

打开要设置密码的文档，单击"Office"按钮 ，在打开的下拉列表中选择"另存为"命令，打开"另存为"对话框，在对话框中单击 工具(L) 按钮，在弹出的下拉类表中选择"常规选项"命令，打开"常规选项"对话框，在其中进行需要的设置。

2. 限制格式和编辑

在【审阅】→【保护】组中单击"保护文档"按钮 ，在弹出的下拉列表中选择"限制格式和编辑"命令，打开文档保护任务窗格，在其中对应参数区根据需要进行设置。

经典例题

【例题】为文档设置修订保护，保护密码为123。

【解析】本题要求对文档设置修订保护，具体操作如下。

① 在【审阅】→【保护】组中单击"保护文档"按钮 。

② 在弹出的下拉列表中选择"限制格式和编辑"命令，打开文档保护任务窗格。

③ 在文档保护任务窗格的"编辑限制"栏下，选中"仅允许在文档中进行此类编辑"复选框，在下方的下拉列表中选择"修订"选项。

④ 单击 [是，启动强制保护] 按钮，在打开的"启动强制保护"对话框中的"新密码"和"确认新密码"文本框中输入"123"，单击 [确定] 按钮，过程如图7-21所示。

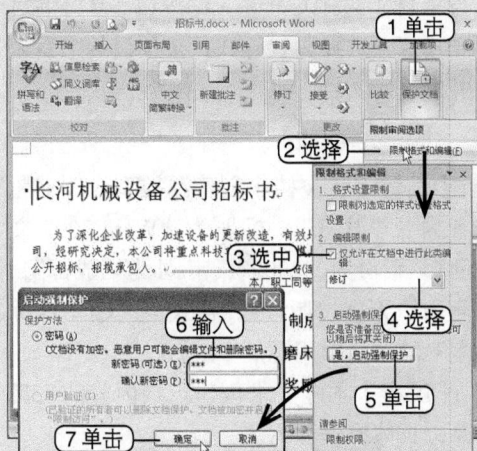

图7-21 设置修订保护

7.5 引文与书目

○ 说明：练习环境为光盘:\素材\第7章\员工手册.docx。

考点1 标记引文和生成引文目录（★）

考情分析

该考点抽到考题的概率较小，属于需要了解的考点，一般是要求为文档中指定文本标

记引文或生成引文目录。

操作指南

1. 添加引文类别

在【引用】→【引文目录】组中单击"标记引文"按钮 ，打开"标记引文"对话框，单击 [类别(G)...] 按钮，打开"编辑类别"对话框，在其中进行设置。

2. 标记引文

选择要标记的引文文本，在【引用】→【引文目录】组中单击"标记引文"按钮 ，打开"标记引文"对话框，在其中进行需要的设置。

3. 生成引文目录

将光标插入要生成引文目录的位置，在【引用】→【引文目录】组中单击"插入引文目录"按钮 ，打开"引文目录"对话框，在其中进行所需的设置，即可生成引文目录。

经典例题

【例题】在打开的文档中为文本"员工聘用规定"标记引文，类别为"规章"。

【解析】本题要求为文档中的指定文本标记引文，具体操作如下。

① 选择"员工聘用规定"文本。

② 在【引用】→【引文目录】组中单击"标记引文"按钮 ，如图7-22所示。

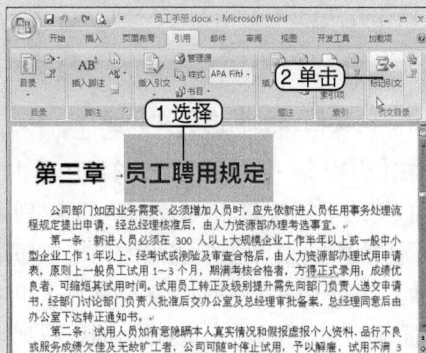

图7-22 选择文本并单击相关按钮

3 在打开的"标记引文"对话框中的"类别"下拉列表框中选择"规章"选项,单击 标记⑩ 按钮,再单击 关闭 按钮,操作过程如图7-23所示。

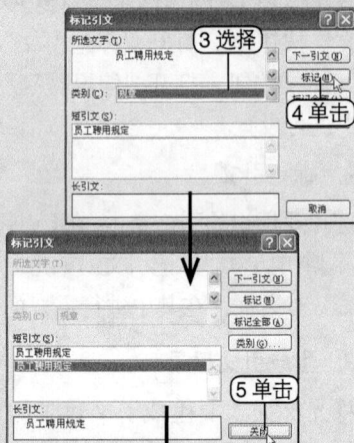

图7-23 标记引文

考点2 创建书目引用源和插入书目(★)

考情分析

该考点出现考题的概率较小,一般是要求创建书目引用源或插入书目,建议考生熟悉基本操作方法。

操作指南

1. 向文档添加新的引文和源

在【引用】→【引文与书目】组中单击"样式"右侧的下拉按钮,在弹出的下拉列表中选择需要的样式,单击要引用的句子或短语的末尾处,在【引用】→【引文与书目】组中单击"插入引文"按钮,在弹出的下拉列表中选择需要的命令,在打开的对应对话框中设置需要的参数,添加新源或新占位符。

2. 编辑引文占位符

在【引用】→【引文与书目】组中单击"管理源"按钮,打开"源管理器"对话框,在"当前列表"列表框中,选择要编辑的占位符,单击 编辑 按钮,或在文档中的占位符上单击鼠标右键,在弹出的快捷菜单中选择"编辑源"命令,打开"编辑源"对话框,在其中进行所需的编辑。

3. 创建书目

单击要插入书目的位置,在【引用】→【引文与书目】组中单击 书目 按钮,弹出书目内置样式库,选择内置样式,按预设的书目格式将书目插入文档。

经典例题

【例题】在文档中创建源类型为"书籍",作者为"李庆庆",标题为"Word 2007文字处理",年份为"2009",市/县为"成都",出版商为"天秤出版社",样式为"GOST-标题排序"的书目引用源。

【解析】本题要求创建指定内容的书目引用源,具体操作如下。

1 在【引用】→【引文与书目】组中单击"样式"右侧的下拉按钮,在弹出的下拉列表中选择"GOST-标题排序"选项,如图7-24所示。

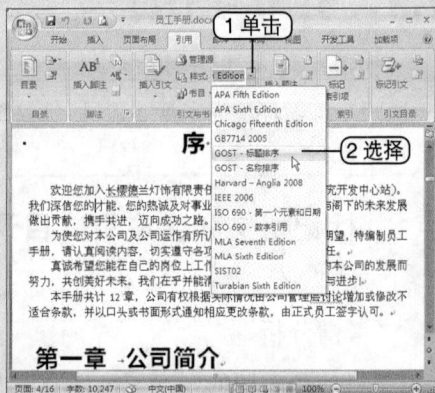

图7-24 选择样式

② 在【引用】→【引文与书目】组中单击"插入引文"按钮🔖,在弹出的下拉列表中选择"添加新源"命令,打开"创建源"对话框。

③ 在打开的对话框中的"源类型"下拉列表框中选择"书籍"选项,在"作者"文本框中输入"李庆庆",在"标题"文本框中输入"Word 2007 文字处理",在"年份"文本框中输入"2009",在"市/县"文本框中输入"成都",在"出版商"文本框中输入"天秤出版社",其他设置保持默认值。

④ 完成后单击 确定 按钮,操作过程如图 7-25 所示。

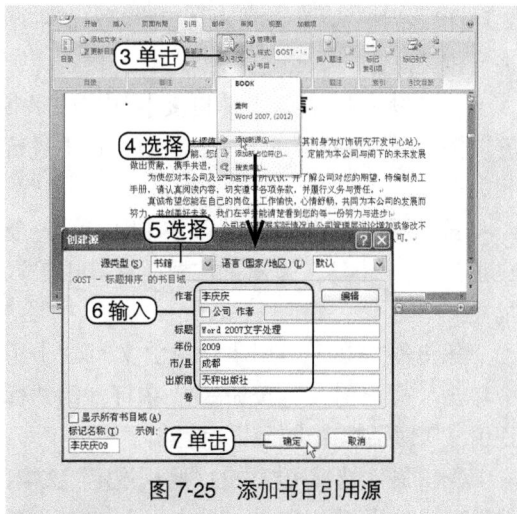

图 7-25　添加书目引用源

过关强化练习及解题思路

🔘 说明:

各题练习环境为光盘:\同步练习\第 7 章\
各题解答演示见光盘:\试题精解\第 7 章\

1. 过关题目

第 1 题　为文档创建现代目录,显示级别为 4 级,其他参数取默认值。

第 2 题　在文本"待遇"后面插入"脚注"交叉引用,引用参数取默认值。

第 3 题　将"二、招标项目有关情况"内容折叠,只显示节标题。

第 4 题　设置文档的尾注编号的格式为"Ⅰ,Ⅱ,Ⅲ,Ⅳ,…"。

第 5 题　利用插入题注的方法为文档中插入题注"图表 1 学生成绩表"。

第 6 题　为文档添加名为"注意事项"的书签。

第 7 题　当前已打开需要审阅的文档,请为已选中的文本插入批注"一定要奖惩分明"。

第 8 题　在打开的文档中输入"日照香炉生紫烟"文本,并为其标记引文,类别为"唐诗宋词"。

第 9 题　将文档中的"聘用规定"词条标记为索引。

第 10 题　设置文档修订标记的插入内容为双下划线,颜色为蓝色。

第 11 题　为文档自定义源类型,并将其插入书目。

2. 解题思路

第 1 题　利用"目录"对话框进行设置。

第 2 题　在【插入】→【链接】组中单击"交叉引用"按钮📑,在打开的"交叉引用"对话框中进行相关设置。

第 3 题　在【大纲】→【大纲工具】组中单击"折叠"按钮━进行折叠。

第 4 题　利用"脚注和尾注"对话框进行设置。

第 5 题　在【引用】→【题注】组中单击"插

入题注"按钮 📄，在打开的"题注"对话框中进行相关设置。

第6题 在【插入】→【链接】组中单击"书签"按钮 📄，在打开的"书签"对话框中进行相关设置。

第7题 在【审阅】→【批注】组中单击"新建批注"按钮 📄，弹出批注框，在其中输入批注文本。

第8题 在【引用】→【引文目录】组中单击"标记引文"按钮 📄，在打开的"标记引文"对话框中进行相关设置。

第9题 选择文档中的"聘用规定"文本，然后在"索引"组中单击"插入索引"按钮 📄。

第10题 在【审阅】→【修订】组中单击"修订"按钮 📄 下的下拉按钮 📄，选择"修订选项"命令，在打开的"修订选项"对话框中进行需要的设置。

第11题 在【引用】→【引文与书目】组中单击"样式"右侧的下拉按钮 📄，在弹出的下拉列表中选择需要的样式。再单击"插入引文"按钮 📄，在弹出的下拉列表中选择需要的命令，在相应对话框中进行设置，然后在【引用】→【引文与书目】组中单击 📄书目 📄 按钮，弹出书目内置样式库，选择内置样式，按预设的书目格式将书目插入文档。

第 **8** 章 ·**Word 的高级应用**·

■■ 考情分析

本章主要考查在 Word 2007 中批量制作邮件、制作信封和标签、制作书法字帖及使用窗体控件等操作，共 14 个考点，包括创建主文档、创建数据源文件、执行邮件合并功能、创建信封、创建稿纸文档、编辑和插入数学公式，创建字帖，以及创建窗体等。本章考点的考题较少，但是也会在考试中出现，考生不可掉以轻心，还请熟悉相关操作。

■■ 考点要求

☑ **要求掌握的考点**
　　考点级别：★★★
　　🔲 创建主文档
　　🔲 创建数据源文件
　　🔲 执行邮件合并功能
　　🔲 创建信封

☑ **要求熟悉的考点**
　　考点级别：★★
　　🔲 设置信封选项
　　🔲 创建稿纸文档
　　🔲 插入数学公式

🔲 编辑数学公式
🔲 创建并向窗体中添加内容控件
🔲 设置控件属性

☑ **要求了解的考点**
　　考点级别：★
　　🔲 制作标签
　　🔲 更改和删除稿纸文档
　　🔲 创建字帖和增减字符
　　🔲 更改书法字帖选项和网格样式

8.1 批量制作邮件

> 🔘 **说明**：练习环境为光盘:\ 素材 \ 第 8 章 \ 成绩通知单 .docx，成绩单 .mdb。

考点1　创建主文档（★★★）

🔍 **考情分析**

该知识点抽到考题的概率较大，但操作较为简单，一般不会单独出题，通常情况下与创建数据源文件 一起综合考查。

操作指南

主文档是合并邮件时发送的文档中内容不变的文档，可以将其保存为模板文档。在 Word 2007 中创建主文档的方法与创建普通文档的方法基本相同。

启动 Word 2007，新建一个空白文档，录入文字，设置文本和段落样式，如字体、字号、行距、段落缩进等，最后保存文档。

经典例题

【例题】创建一个主文档，保存名为"成绩通知单 .docx"。

【解析】本题要求创建名为"成绩通知单 .docx"的主文档，具体操作如下。

①启动 Word 2007，新建一个空白文档。

②输入下图所示的文字，以"成绩通知单"为文件名。

③保存该文档，效果如图 8-1 所示。

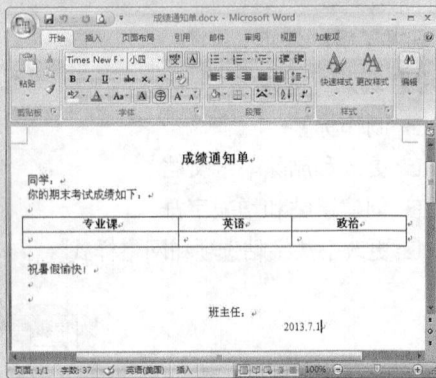

图 8-1 创建的主文档效果

考点2 创建数据源文件（★★★）

考情分析

该考点是需要掌握的考点，考查概率较高，一般结合邮件合并功能一起考查，属于综合性题型。考生需要注意的是由于操作步骤较多，考试时要理解题意并仔细答题。

操作指南

在【邮件】→【开始邮件合并】组中单击"选择收件人"按钮，在弹出的下拉列表中选择"键入新列表"命令，打开"新建地址列表"对话框，在其中对应参数区进行设置。

经典例题

【例题】为"成绩通知单 .docx"主文档创建一个名为"成绩单 .mdb"的数据源文件。

【解析】本题要求创建名为"成绩单 .mdb"的数据源文件，具体操作如下。

①在【邮件】→【开始邮件合并】组中单击"选择收件人"按钮，在弹出的下拉列表中选择"键入新列表"命令，打开"新建地址列表"对话框。

②在对话框中单击 自定义列(Z) 按钮，打开"自定义地址列表"对话框。

③在对话框中选择要修改的字段名，单击"重命名"按钮 重命名(R)... ，打开"重命名域"对话框，在其中输入需要的字段名。完成后单击 确定 按钮，返回"自定义地址列表"对话框，操作过程如图 8-2 所示。

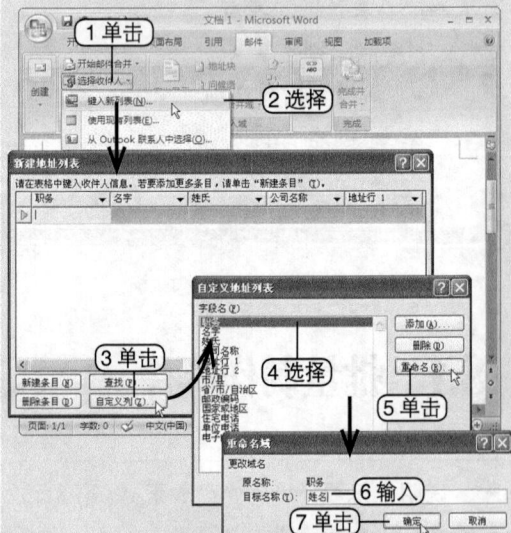

图 8-2 修改字段名

④ 选择不需要的字段名，单击 [删除(D)] 按钮。打开提示对话框，单击 [是(Y)] 按钮即可。

⑤ 删除完成后，返回"自定义地址列表"对话框，单击 [确定] 按钮，操作过程如图8-3所示。

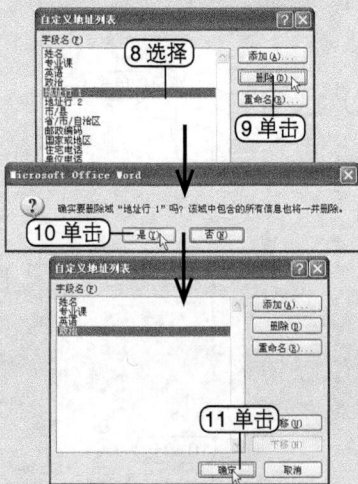

图 8-3　删除字段名

⑥ 打开"保存通讯录"对话框，在其中将数据源保存在默认的"我的数据源"文件夹，输入文件名"成绩单.mdb"，单击 [保存(S)] 按钮。返回"新建地址列表"对话框，在其中输入数据，单击 [确定] 按钮，完成创建，如图8-4所示。

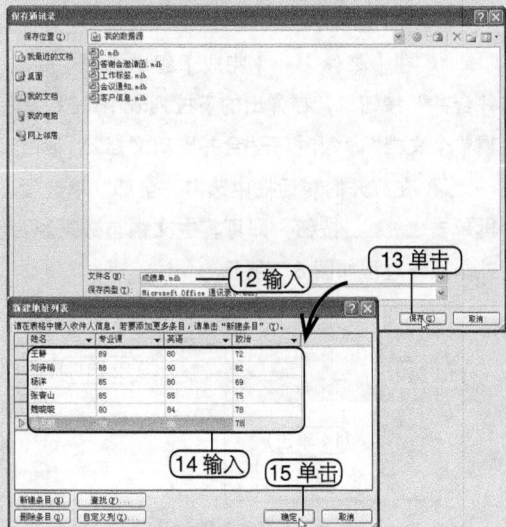

图 8-4　完成数据源文件的创建

考点3　执行邮件合并功能（★★★）

考情分析

该考点抽到考题的概率较大，一般是与前两个考点结合考查，命题时多是将指定主文档和数据文件进行邮件合并。建议考生掌握邮件合并功能的基本操作。

操作指南

1. 利用"邮件"选项卡

打开主文档，在【邮件】→【开始邮件合并】组中单击"开始邮件合并"按钮 📄，在弹出的下拉列表中选择"信函"选项，再在"开始邮件合并"组中单击"选择收件人"按钮 📧，在弹出的下拉列表中选择"使用现有列表"命令，打开"选取数据源"对话框，在其中选择需要的数据源选项。

将光标定位到主文档中需要插入数据源数据的位置处，在"编写和插入域"组中单击 [插入合并域] 按钮右侧的下拉按钮 ▾，在弹出的下拉列表中选择相应的插入数据。

在"预览结果"组中单击"预览结果"按钮 🔍，可看到合并后的文档，预览结果符合要求后，在"完成"组中单击"完成并合并"按钮 📄，在弹出的下拉列表中选择"编辑单个文档"命令，打开"合并到新文档"对话框，在其中进行设置即可，其合并结果将输入新的文档。

2. 利用"邮件合并"任务窗格

打开主文档，在【邮件】→【开始邮件合并】组中单击"开始邮件合并"按钮 📄，在弹出的下拉列表中选择"邮件合并分步向导"选项，打开"邮件合并"任务窗格，在其中的对应参数区根据步骤完成邮件合并的设置。

经典例题

【例题】将考点1和考点2的例题中创建的主文档和数据源文件进行邮件合并，并将王静同学的成绩合并为单个文档显示出来。

【解析】本题要求将主文档和数据源文件进行邮件合并，具体操作如下。

❶ 打开"成绩通知单.docx"主文档，在【邮件】→【开始邮件合并】组中单击"开始邮件合并"按钮，在弹出的下拉列表中选择"信函"选项。

❷ 在【邮件】→【开始邮件合并】组中单击"选择收件人"按钮，在弹出的下拉列表中选择"使用现有列表"命令，打开"选取数据源"对话框。

❸ 在其中选择"成绩单.mdb"数据源文件，单击 打开(O) 按钮，操作过程如图8-5所示。

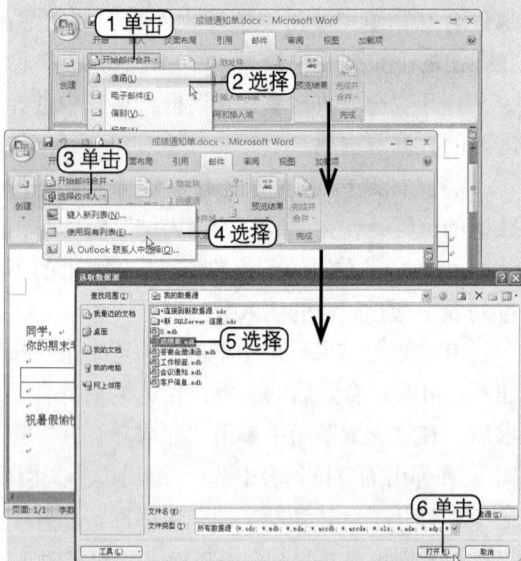

图 8-5　选择"成绩单.mdb"数据源文件

❹ 返回主文档窗口，将光标插入到主文档中的"同学"前，在【邮件】→【编写和插入域】组中单击 插入合并域 按钮右侧的下拉按钮，在弹出的下拉列表中选择"姓名"数据插入到"同学"前。

❺ 采用同样的方法插入"专业课"、"英语"和"政治"的合并域。

❻ 在【邮件】→【预览结果】组中单击"预

览结果"按钮，在屏幕上可看到合并后的"王静同学"的成绩通知单的预览文档，操作过程如图8-6所示。

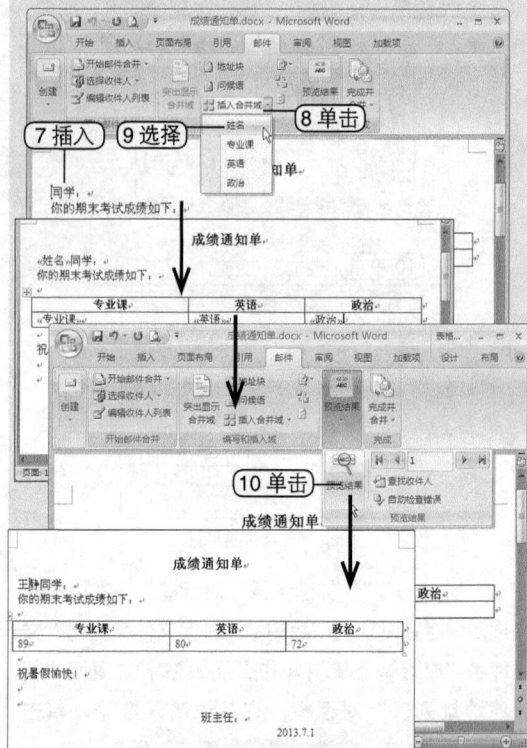

图 8-6　显示预览文档

❼ 在【邮件】→【完成】组中单击"完成并合并"按钮，在弹出的下拉列表中选择"编辑单个文档"命令，打开"合并到新文档"对话框。

❽ 在打开的对话框中选中"全部"单选项，再单击 确定 按钮，即可将主文档与数据源合并，操作过程如图8-7所示。

图 8-7　完成邮件合并

8.2 制作信封和标签

考点1 创建信封（★★★）

考情分析

该考点抽到考题的概率较高。命题方式比较简单，多与下一考点一起综合考查，一般是创建单个指定内容的信封或者创建批量的信封等，建议考生掌握基本的操作方法。

操作指南

1. 制作单个信封

在【邮件】→【创建】组中单击"中文信封"按钮，打开"信封制作向导"对话框之一，在其中单击下一步按钮，按步骤依次打开对话框，并在其中进行相应设置。

值得注意的是在"信封制作向导"对话框之三"选择信封生成的方式和数量"中需选中"键入收信人信息，生成单个信封"单选项。

2. 制作批量信封

在【邮件】→【创建】组中单击"中文信封"按钮，打开"信封制作向导"对话框之一，在其中单击下一步按钮，按步骤依次打开对话框，并在其中进行相应设置。

与制作单个信封不同之处在于在"信封制作向导"对话框之三中需选中"基于地址簿文件，生成批量信封"单选项。

经典例题

【例题】利用向导创建一个样为"国内信封 -ZL（230×120）"的信封，其中收信人

姓名为"王晓刚"，职务为"经理"，地址为"北京市东大街 13 号"，邮编为"100010"；寄信人姓名为"刘强"，地址为"成都市春熙路 9 号"，邮编为"610016"。

【解析】本题要求创建指定内容的信封，具体操作如下。

1 在【邮件】→【创建】组中单击"中文信封"按钮，打开"信封制作向导"对话框之一，在其中单击下一步按钮，过程如图 8-8 所示。

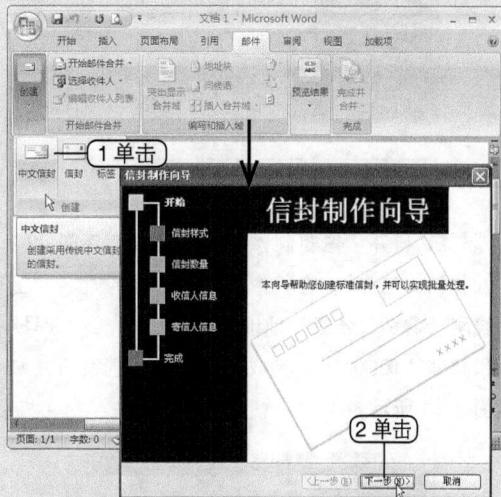

图 8-8 打开"信封制作向导"对话框之一

2 打开"信封制作向导"对话框之二"选择信封样式"，在其中选择"国内信封 -ZL：（230×120）"的信封样式，其他保持默认，单击下一步按钮，如图 8-9 所示。

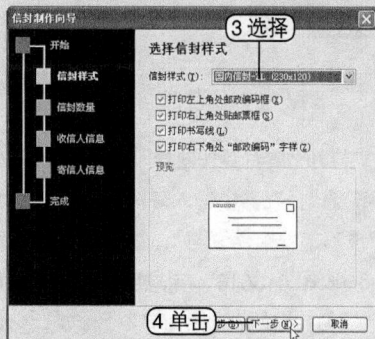

图 8-9 选择信封样式

③ 打开"信封制作向导"对话框之三"选择生成信封的方式和数量",在其中选中"键入收信人信息,生成单个信封"单选项,单击 下一步(N)> 按钮,如图8-10所示。

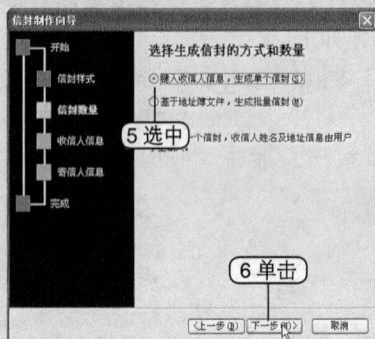

图8-10 选择信封数量

④ 打开"信封制作向导"对话框之四"输入收信人信息",在其中输入收信人的姓名"王晓刚"、称谓"经理"、地址"北京市东大街13号"和邮编"100010"。完成后单击 下一步(N)> 按钮,如图8-11所示。

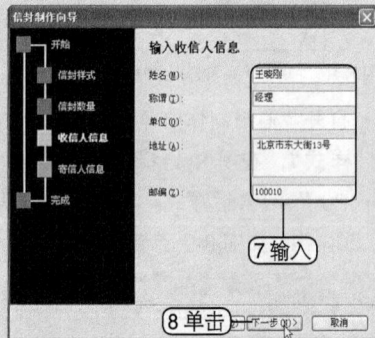

图8-11 输入收信人信息

⑤ 打开"信封制作向导"对话框之五"输入寄信人信息",在其中输入寄信人的姓名"刘强"、地址"成都市春熙路9号"、单位"××有限责任公司"和邮编"610016",完成后单击 下一步(N)> 按钮。

⑥ 打开"信封制作向导"对话框之六,单击 完成(F) 按钮,在新文档中出现制作完成的信封,操作过程如图8-12所示。

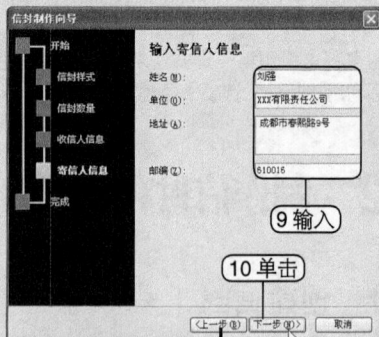

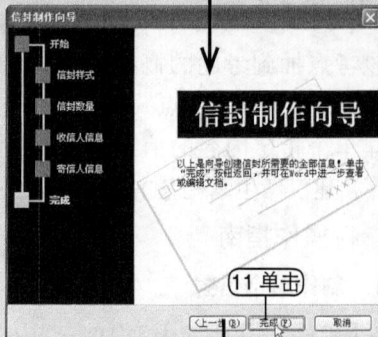

图8-12 完成信封的制作

考点2　设置信封选项(★★)

考情分析

该考点单独出现在考题中的概率较低,但属于需要考生熟悉的考点,建议考生不要忽视其基本操作,考查时一般是要求创建指定大小的信封。

操作指南

在【邮件】→【创建】组中单击"信封"

按钮，打开"信封和标签"对话框的"信封"选项卡，单击 选项(0) 按钮，打开"信封选项"对话框，在其中对应参数区进行设置，完成后单击 确定 按钮，返回"信封和标签"对话框，再单击 添加到文档(A) 按钮，将信封添加到文档的顶端。

经典例题

【例题】设置信封尺寸为"普通3（125×176毫米）"，寄信人信息为默认，距信封左边3厘米，距上边4.5厘米，将创建的信封添加到当前文档。

【解析】本题要求创建指定大小的信封，具体操作如下。

1 在【邮件】→【创建】组中单击"信封"按钮，打开"信封和标签"对话框，在其中中单击 选项(0) 按钮，操作过程如图8-13所示。

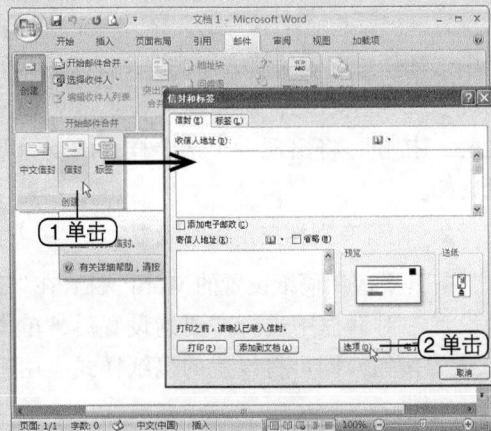

图 8-13 打开"信封和标签"对话框

2 打开"信封选项"对话框，在其中的"信封尺寸"下拉列表框中选择"普通3（125×176毫米）"选项，在边距栏分别输入左边为"3厘米"，上边为"4.5厘米"。

3 单击 确定 按钮，返回到"信封和标签"对话框。

4 单击 添加到文档(A) 按钮，将信封添加到文档的顶端，操作过程如图8-14所示。

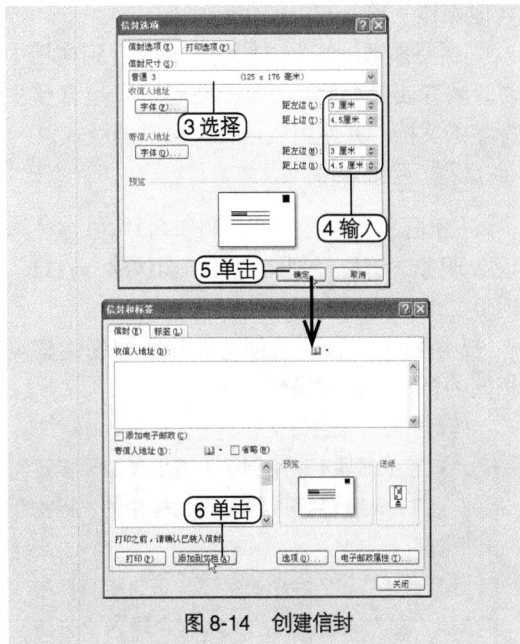

图 8-14 创建信封

考点3 制作标签（★）

考情分析

该考点操作较为简单，出现考题的概率较小，一般是创建以指定字符为名的标签及制作指定大小的标签等。

操作指南

1. 打印单个标签

打开一个空白文档，在【邮件】→【创建】组中单击"标签"按钮，打开"信封和标签"对话框中的"标签"选项卡，在其中对应参数区根据需要进行设置，完成后单击 确定 按钮，返回"信封和标签"对话框，再单击 打印(P) 按钮，打印单个标签。

2. 创建整页相同的标签

创建整页相同的标签的方法与打印单个标签的方法类似。区别在于将选中"单个标签"单选项改为选中"全页为相同标签"单选项，其他操作一样。

当要预览标签，以便编辑并保存到文档中时，可单击 新建文档(D) 按钮，创建一个包含整页标签的文档，并使用表格设置标签的版式。

经典例题

【例题】为某公司员工制作名片，姓名"李涛"，职务"销售经理"，电话"010-64531111"，地址"北京德内大街19号"。

【解析】本题要求创建名片，即创建整页相同的标签，具体操作如下。

1 打开一个空白文档。

2 在【邮件】→【创建】组中单击"标签"按钮，打开"信封和标签"对话框中的"标签"选项卡。

3 在"打印"栏中选中"全页为相同标签"单选项，在"地址"栏的文本框中输入"李涛、销售经理、Tel：010-64531111、地址：北京德内大街19号"。

4 单击 新建文档(D) 按钮即可创建此名片，操作过程如图8-15所示。

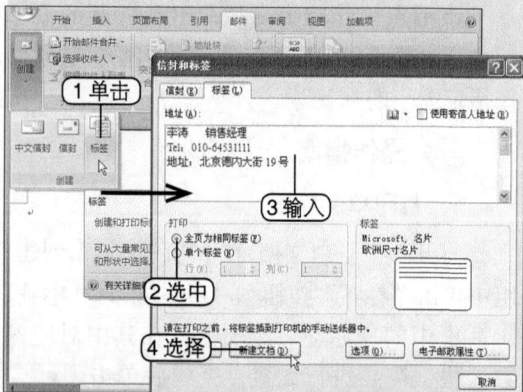

图8-15 创建名片

考场点拨

在"标签选项"对话框中，单击"新建标签"按钮 新建标签(N) ，打开"标签详情"对话框，在其中便可进行自定义标签设置。

8.3 使用稿纸

说明：练习环境为光盘:\素材\第8章\荷花淀.docx。

考点1 创建稿纸文档（★★）

考情分析

该考点抽到考题的概率较小，操作较为简单，考查时一般是创建指定样式的稿纸文档或者在当前文档应用指定的稿纸设置。

操作指南

1. 创建空白的稿纸文档

打开一个空白文档，在【页面布局】→【稿纸】组中单击"稿纸设置"按钮，打开"稿纸设置"对话框，在其中的"格式"下拉列表框中选择任意有效的稿纸样式后，稿纸的其他属性变为可用状态，对属性进行更改后单击 确定 按钮，将出现一个选定样式的空白稿纸文档。

2. 向现有文档应用稿纸设置

打开要应用稿纸设置的Word文档，在"稿纸设置"对话框中进行需要的设置后，单击 确定 按钮，即可将设置的稿纸样式应用于现有文档。

经典例题

【例题】创建一个空白的稿纸文档，其格式为"行线式稿纸"，行数和列数为"24×25"，颜色为"绿色"（第2行第4列）。

【解析】本题要求创建指定样式的空白稿纸文档，具体操作如下。

1 打开一个空白文档。

2 在【页面布局】→【稿纸】组中单击"稿纸设置"按钮，打开"稿纸设置"对话框。

③ 在其中的"格式"下拉列表框中选择"行线式稿纸"选项，在"行数 × 列数"下拉列表框中选择"24×25"选项，在"网格颜色"下拉列表框中选择"绿色"选项。

④ 单击 确定 按钮，出现选定样式的空白稿纸文档，操作过程如图 8-16 所示。

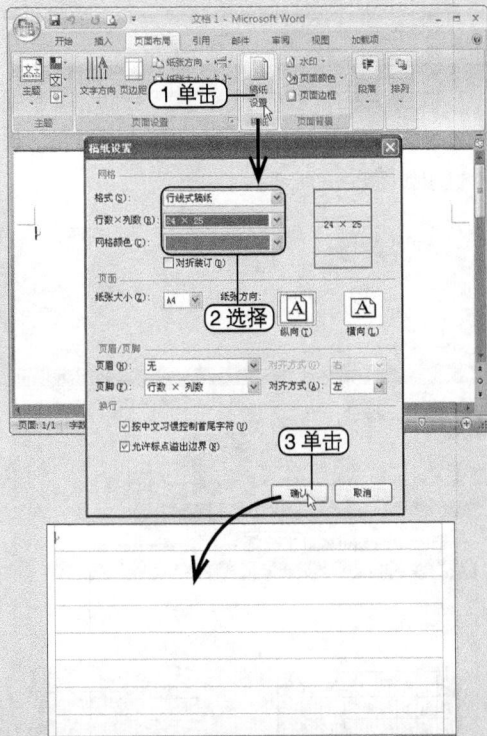

图 8-16 创建空白稿纸文档

考点2 更改和删除稿纸文档（★）

考情分析

该考点出现考题的概率较小，属于考生了解的考点，操作简单，出题时一般是更改当前文档的稿纸设置。

操作指南

1. 更改稿纸文档的设置

打开要更改稿纸设置的文档，在【页面

布局】→【稿纸】组中单击"稿纸设置"按钮，打开"稿纸设置"对话框，在其中根据需要对各属性进行更改。

2. 删除文档中现有的稿纸设置

打开要删除稿纸设置的文档，在"稿纸设置"对话框中的"格式"下拉列表框中选择"非稿纸文档"选项，单击 确定 按钮，即可删除文档中现有的稿纸设置。

经典例题

【例题】请更改当前文档的稿纸设置，网格颜色为红色（第3行第1列），添加页眉"第 X 页 共 Y 页"。

【解析】本题要求对当前文档更改稿纸设置，具体操作如下。

① 在【页面布局】→【稿纸】组中单击"稿纸设置"按钮，打开"稿纸设置"对话框。

② 在其中的"网格颜色"下拉列表框中将颜色更改为"红色"（第3行第1列），在"页眉"下拉列表框中将选项更改为"第 X 页 共 Y 页"。

③ 单击 确定 按钮，过程如图 8-17 所示。

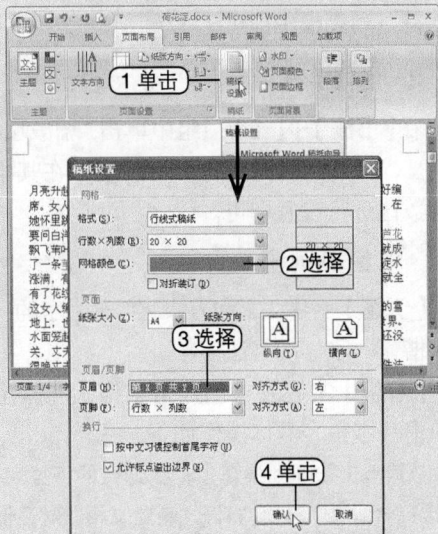

图 8-17 更改当前文档的稿纸设置

8.4 制作书法字帖

🔘 说明：练习环境为光盘:\素材\第8章\家和万事兴.docx。

考点1 创建字帖和增减字符（★）

🔍 考情分析

该考点抽到考题的概率较低，考查时一般是创建指定样式的字帖或增减字帖中指定的字符，考生使用基本操作方法即可应对此类考题。

🎨 操作指南

1. 创建书法字帖

单击Office按钮🔳，在弹出的下拉列表中选择"新建"选项，打开"新建文档"对话框，在其中选择"书法字帖"选项，单击 创建 按钮，创建一个空白的书法字帖文档，同时打开"增减字符"对话框，在其中选择要制作字帖的字符，单击 添加(A) 按钮，将字符添加到"已用字符"列表框中即可。

2. 增减字符

在【书法】→【书法】组中单击"增减字符"按钮🔳，打开"增减字符"对话框，在其中对应参数区进行设置即可。

📝 经典例题

【例题】创建"家和万事兴"5个字的"汉仪智楷繁"字体的书法字帖。

【解析】本题要求创建指定格式和指定内容的书法字帖，具体操作如下。

① 单击Office按钮🔳，在弹出的下拉列表中选择"新建"选项，打开"新建文档"对话框。

② 在其中选择"书法字帖"选项，单击"创

建"按钮 创建 ，创建一个空白的书法字帖文档，同时打开"增减字符"对话框。

③ 在对话框中的"字体"栏中的"书法字体"单选项后的下拉列表框中选择"汉仪智楷繁"选项。

④ 在"可用字符"列表框中依次选择"家和万事兴"5个字对应的繁体字，并添加到"已用字符"列表框中。

⑤ 添加完毕后，单击 关闭 按钮，即可在已创建的书法字帖文档中看到添加的字符，操作过程如图8-18所示。

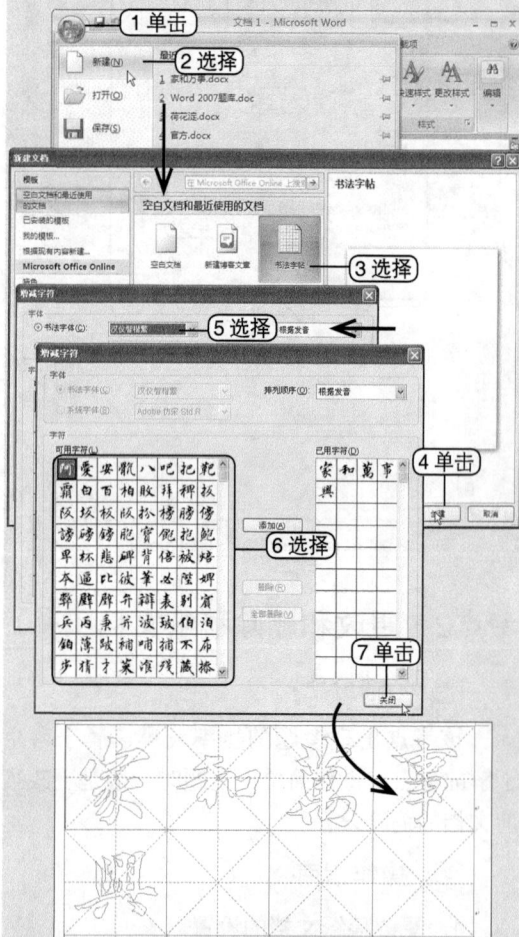

图8-18 创建书法字帖

考点2　更改书法字帖选项和网格样式（★）

🔍 考情分析

该考点出现考题的概率较小，考查时一般要求更改书法字帖的选项、文字排列及网格边框样式。

🎯 操作指南

1. 更改书法字帖选项

在【书法】→【书法】组中单击"选项"按钮，打开"选项"对话框，在其中根据需要进行相关设置即可。

2. 更改书法字帖的文字排列

在【书法】→【书法】组中单击"文字排列"按钮，在弹出的下拉列表中选择相应的选项即可。

3. 更改书法字帖的网格样式

在【书法】→【书法】组中单击"网格样式"按钮，在弹出的下拉列表中选择需要的选项即可。

📝 经典例题

【例题】将当前书法字帖的文字颜色更改为"青色"，文字效果更改为"实心字"，网格线条颜色更改为"红色"。

【解析】本题要求更改书法字帖选项，具体操作如下。

❶ 在【书法】→【书法】组中单击"选项"按钮，打开"选项"对话框。

❷ 在其中的"字体"选项卡中的"颜色"下拉列表框中选择"青色"（第5列第2行）选项，

并取消选中"空心字"复选框。

❸ 单击"网格"选项卡，在"线条颜色"下拉列表框中选择"红色"（第1列第3行）选项。

❹ 单击 ▢确定▢ 按钮，过程如图8-19所示。

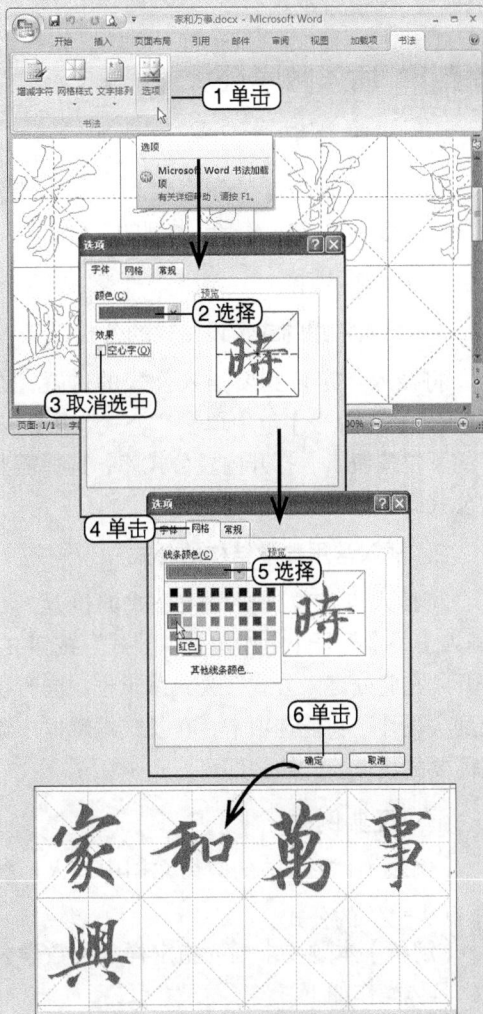

图8-19　更改书法字帖选项

8.5 使用数学公式

🔘 **说明**：练习环境为光盘:\素材\第8章\修改数学公式 .docx。

考点1 插入数学公式（★★）

🔍 考情分析

该考点出现考题的概率较高，操作较为简单，一般是要求插入指定类型的数学公式。

🎨 操作指南

1. 插入常用的或预设格式的公式

将插入点定位到要插入公式的位置，在【插入】→【符号】组中单击"公式"按钮 π 下的下拉按钮，打开内置公式库，选择需要的公式即可。

2. 插入常用数学结构的公式

将插入点定位到要插入公式的位置，在【插入】→【符号】组中单击"公式"按钮 π，打开"在此处键入公式"公式编辑框，同时切换到"设计"功能选项卡，在公式编辑框中输入需要的数学公式结构即可。

📝 经典例题

【例题1】在当前的空白文档中插入形如"$\iint_0^t F(x) = C$"的公式。

【解析】本题要求插入指定样式的数学公式，具体操作如下。

❶ 在【插入】→【符号】组中单击"公式"按钮 π，打开"在此处键入公式"公式编辑框，同时切换到"设计"功能选项卡。

❷ 在【设计】→【结构】组中单击"积分"按钮，在弹出的"积分"列表框中选择"二重积分"（第2列第2行）选项。

❸ 在公式编辑框中的相应位置依次输入0、

t、F(x)、"="、C的数学符号，操作过程如图8-20所示。

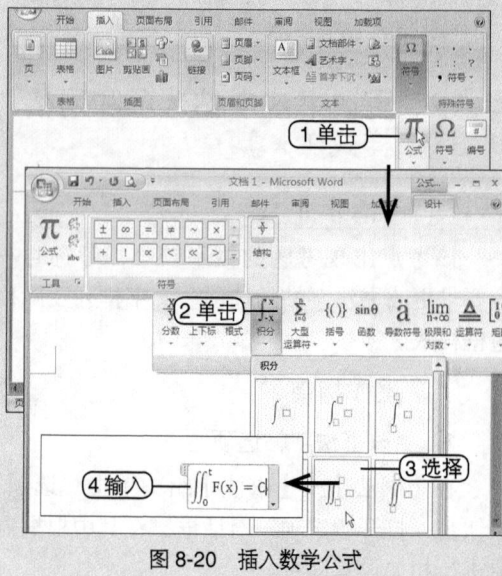

图8-20 插入数学公式

【例题2】利用"公式"中的"内置"公式库，在插入点处插入"三角恒等式1"公式。

【解析】本题明确要求利用内置公式库插入公式，具体操作如下。

❶ 在【插入】→【符号】组中单击"公式"按钮 π 下的下拉按钮，打开内置公式库。

❷ 在打开的公式库中选择"三角恒等式1"选项即可，如图8-21所示。

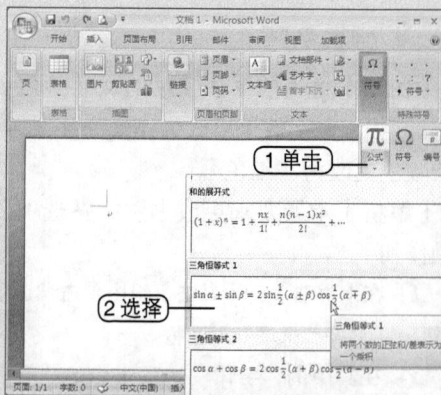

图8-21 插入内置数学公式

考点2　编辑数学公式（★★）

考情分析

该考点抽到考题的概率较低，一般要求对数学公式进行指定格式的编辑，考生掌握基本操作方法即可。

操作指南

1. 修改公式的格式

选择公式后，在【设计】→【工具】组中单击"专业型"按钮或"线性"按钮，或单击鼠标右键，在打开的快捷菜单中选择"专业型"或"线性"命令可转换公式的格式。

2. 设置公式内嵌

◈ 设置公式内嵌，公式可以与文字处于同一行，否则公式将独占一行。

◈ 当公式独占一行时，单击公式框右下角的箭头，在弹出的列表中选择"更改为'内嵌'"命令，公式便会与文字同行。

◈ 当公式为内嵌状态时，单击公式框右下角的箭头，在弹出的列表中选择"更改为'显示'"命令，公式便会独占一行。

3. 更改字号和颜色

用鼠标右键单击公式，在弹出的快捷菜单中选择"字体"命令，打开"字体"对话框，在其中进行字号和颜色的更改。

4. 修改公式

如果需要修改公式，可以直接修改其结构，添加、删除字符、符号等。

经典例题

【例题1】在不改变选项卡的情况下，修改当前文档中的公式对齐方式为左对齐，左边距为2厘米。

【解析】本题要求对文档中的数学公式进行修改，具体操作如下。

❶ 选择公式，在【设计】→【工具】组中单击"对话框启动器"按钮，打开"公式选项"对话框。

❷ 在其中的"左边距"数值框中输入"2厘米"，在"对齐方式"下拉列表框中选择"左对齐"选项，其他保持默认设置。

❸ 单击 ▭确定▭ 按钮，过程如图 8-22 所示。

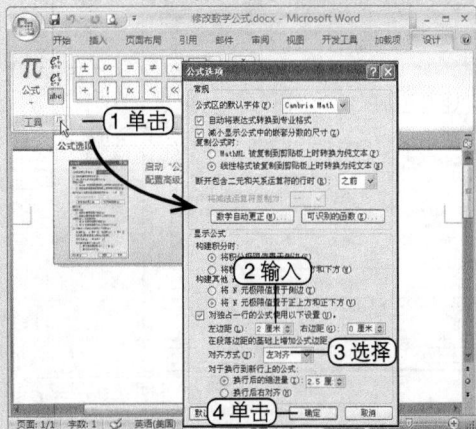

图 8-22　修改数学公式

【例题2】将文档中的公式格式更改为"线性"，并将公式的颜色改为"蓝色"。

【解析】本题要求更改公式的格式和颜色，具体操作如下。

❶ 选择公式，在【设计】→【工具】组中单击"线性"按钮，操作过程如图 8-23 所示。

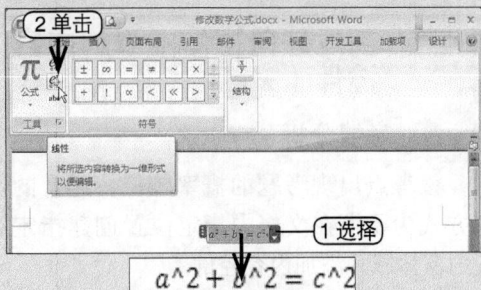

$$a\char`\^2 + b\char`\^2 = c\char`\^2$$

图 8-23　更改公式的格式

❷ 用鼠标右键单击公式，在弹出的快捷菜单中选择"字体"命令，打开"字体"对话框。

❸ 在"字体颜色"下拉列表框中选择"蓝色"选项，单击 ▭确定▭ 按钮，如图 8-24 所示。

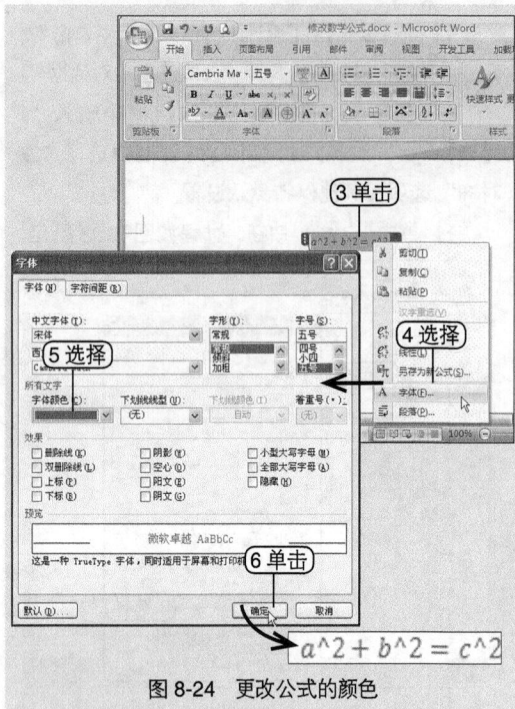

图 8-24　更改公式的颜色

8.6　使用窗体

说明：练习环境为光盘 :\素材\第 8 章\窗体 .docx，员工信息窗体域 .docx。

考点 1　创建并向窗体中添加内容控件（★★）

考情分析

该考点出现考题的概率较低，通常的考查方式为要求在文档中指定位置创建指定类型的窗体域并添加内容控件。

操作指南

新建一个模板或文档，为新文档命名，并保存，在文档中选择要插入控件的位置，在【开发工具】→【控件】组中单击"设计模式"按钮，使其处于选中状态，然后在"控件"组

中单击需要的控件按钮，即可插入对应的控件。

经典例题

【例题】在"窗体 .docx"文档中创建员工信息的窗体域，效果如图 8-28 所示。

【解析】本题要求在文档中创建窗体，具体操作如下。

1 打开"窗体 .docx"文档。

2 将插入点定位到"姓名"右侧的单元格中，在【开发工具】→【控件】组中单击"格式文本"按钮 Aa，插入"格式文本"控件，如图 8-25 所示。

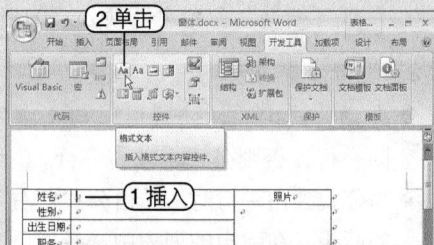

图 8-25　插入"格式文本"控件

3 将插入点定位到"性别"右侧的单元格中，在"控件"组中单击"旧式工具"按钮，在弹出下拉列表中的"ActiveX 控件"栏中单击"选项按钮（ActiveX 控件）"按钮，插入"选项按钮"控件，如图 8-26 所示。

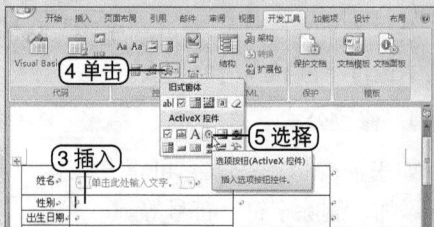

图 8-26　插入"选项按钮"控件

4 按【Enter】键换行，再次插入"选项按钮"控件。

5 将插入点定位到"出生日期"右侧的单元格中，在"控件"组中单击"日期选取器"按钮，插入"日期选取器"控件，如图 8-27 所示。

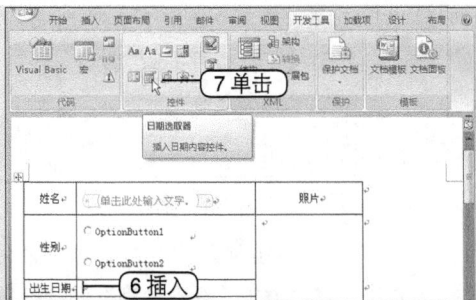
图 8-27 插入"日期选取器"控件

⑥ 将插入点定位到"职务"右侧的单元格中，在"控件"组中单击"下拉列表"按钮，插入"下拉列表"控件。

⑦ 将插入点定位到"照片"下侧的单元格中，在"控件"组中单击"图片内容控件"按钮，插入"照片内容"控件，操作过程如图8-28 所示。

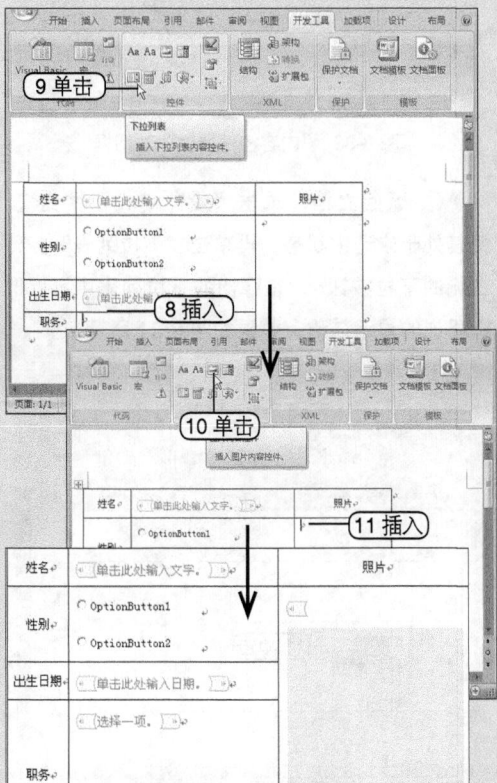
图 8-28 完成窗体创建

考点2 设置控件属性（★★）

考情分析

该考点出现考题的概率较小，考查时一般要求更改指定控件的属性。

操作指南

在【开发工具】→【控件】组中单击"设计模式"按钮，使其处于选中状态，然后选择要设置属性的内容控件，单击"属性"按钮，打开"内容控件属性"对话框，在其中对内容控件进行相关的设置。注意不同控件的属性是不相同的。

经典例题

【例题】 将当前文档中的"选项按钮"控件标题，分别更改为"男"和"女"，再给"下拉列表"控件添加显示名称："销售经理"、"经理助理"和"销售员"。

【解析】 本题要求为窗体内容控件设置属性，具体操作如下。

❶ 在【开发工具】→【控件】组中单击"设计模式"按钮，使其处于选中状态，如图8-29 所示。

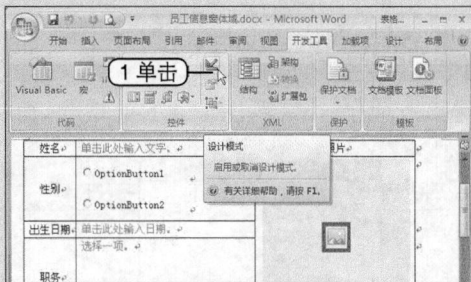
图 8-29 单击"设计模式"按钮

❷ 选择第一个"选项按钮"控件，单击"属性"按钮，打开"属性"对话框。

❸ 在对话框中的"Caption"右侧的单元格中更改标题为"男"，单击按钮，如图8-30 所示。

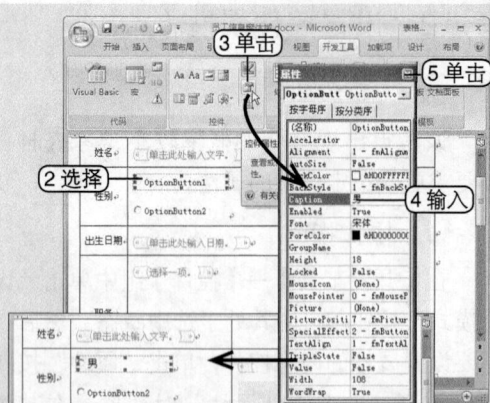

图 8-30 更改"选项按钮"控件标题

[4] 用同样的方法，将第二个"选项按钮"控件的标题更改为"女"。

[5] 选择"下拉列表"控件，单击鼠标右键，在弹出的快捷菜单中选择"属性"命令，打开"内容控件属性"对话框。

[6] 在对话框中单击 添加(A)... 按钮，打开"添加选项"对话框，操作过程如图 8-31 所示。

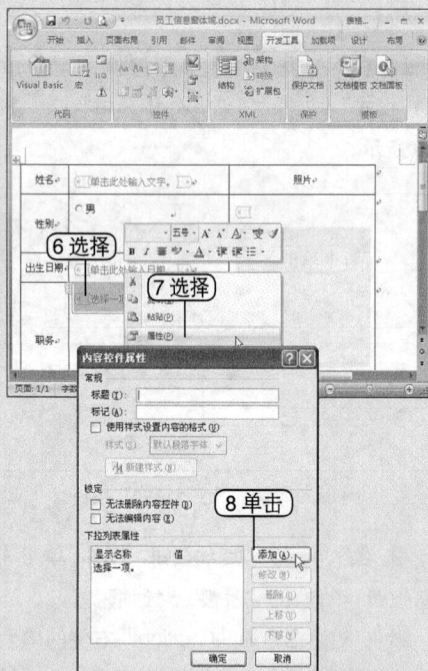

图 8-31 打开"内容控件属性"对话框

[7] 在"显示名称"文本框中输入"销售经理"，单击 确定 按钮，如图 8-32 所示。

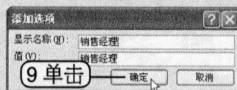

图 8-32 添加显示名称

[8] 返回"内容控件属性"对话框，采用同样的方法，依次添加"经理助理"和"销售员"的显示名称。完成后单击 确定 按钮，如图 8-33 所示。

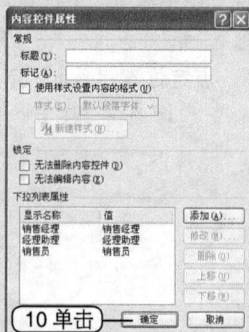

图 8-33 "内容控件属性"对话框

[9] 返回文档，单击"设计模式"按钮 ，使其处于未选中状态，再单击"下拉列表"控件右侧的下拉按钮 ，在弹出的下拉列表中可以选择添加的显示名称，效果如图 8-34 所示。

图 8-34 添加显示名称后的效果

过关强化练习及解题思路

> **说明：**
> 各题练习环境为光盘：\ 同步练习 \ 第 8 章 \
> 各题解答演示见光盘：\ 试题精解 \ 第 8 章 \

1. 过关题目

第 1 题 打开 Word 文档，新建一个平衡信函模板，并保存。

第 2 题 把当前选中文字的方向转换成水平，并设置收件人为"秘书 兰芳"，保存为"通知"。

第 3 题 在当前插入点处进行邮件合并，插入源为"姓名"。

第 4 题 创建一个样式为"国内信封 -C5（229×162）"的空白中文信封。

第 5 题 制作产品编号为"Avery A4/A5 2490"的单个标签，以选中的文本为标签内容打印输出，其他参数保持不变。

第 6 题 在当前光标处，插入两个复选框窗体，分别为"是"和"否"。

第 7 题 为打开的文档应用稿纸设置。格式为"方格式稿纸"，行数 × 列数为"10×20"，网格颜色为"酸橙色"（第 3 列第 3 行），并添加页眉"第 X 页 共 Y 页"。

第 8 题 创建一个书法字帖。书法字体为"汉仪唐隶繁"，选用文字为"三、心、二、友、波、猜、炊"。

第 9 题 利用内置公式库，插入"傅里叶级数"公式，并在不改变选项卡的情况下，再将对齐方式设置为"左对齐"，左边距为"4.5厘米"，公式格式为"线性"。

第 10 题 修改选中控件的属性值，将第

一条内容的显示名称和值都更改为"技术处"。

2. 解题思路

第 1 题 启动 Word 2007，单击"Office"按钮，选择"新建"命令进行设置。

第 2 题 通过文字方向设置文字，然后使用邮件合并设置收件人，最后保存即可。

第 3 题 利用 "邮件合并" 任务窗格进行合并。

第 4 题 利用"信封制作向导"对话框，按步骤在其中对应参数区设置。

第 5 题 在【邮件】→【创建】组中单击"标签"按钮，打开"信封和标签"对话框中的"标签"选项卡，在其中进行需要的操作。

第 6 题 在【开发工具】→【控件】组中单击"设计模式"按钮，使其处于选中状态，再单击需要的控件按钮，插入对应的控件。

第 7 题 在【页面布局】→【稿纸】组中单击"稿纸设置"按钮，打开"稿纸设置"对话框，在其中进行相关设置。

第 8 题 单击"Office"按钮，选择"新建"选项，在打开的"新建文档"对话框中双击"书法字帖"选项，创建书法字帖文档，再在"增减字符"对话框中选用相应文字。

第 9 题 在【插入】→【符号】组中单击"公式"按钮 π 下的下拉按钮，在打开的内置公式库中选择，再利用"公式选项"对话框进行相关设置。

第 10 题 选择要设置属性的内容控件，单击"属性"按钮，在打开的对话框中设置。

全真模拟试题